미르카, 수학에 빠지다

미르카, 수학에 빠지다

선택과 무작위 알고리즘

유키 히로시 지음 · 김소영 옮김

이지북
EZbook

차례

③ **171억 7986만 9184의 고독**

4 확률의 불확실함

⑤ 기댓값

⑥ 붙잡기 힘든 미래

⑦ 행렬

⑧ 나 홀로 랜덤 워크

9 강하게, 바르게, 아름답게

⑩ 무작위 알고리즘

소년 소녀, 수학의 숲에서 놀다

내 앞에 길은 없다.
내 뒤에 길은 생겨난다.
_다카무라 고타로, 『도정』

나는 세상을 이해하고 싶다.
나는 나를 이해하고 싶다.

세상의 넓이를 이해하고 싶다.
나의 깊이를 이해하고 싶다.

속마음을 이해받고 싶다.
세상에게, 그녀에게, 이해받고 싶다.
그러나 나는 모르겠다.
나는 나를 모르겠다.
현재의 내 모습을 봐 주길 원하는지, 나는 모르겠다.

과묵한 빨강머리 여자아이.
새로운 계절과 새로운 만남.
거기서 생겨나는 새로운 수수께끼.

하나를 고르면 다른 것은 고를 수 없다.

무한의 길에서 하나를 고른다.

확정된 과거. 정해지지 않은 미래.
그 경계에 위치한 현재.

미래가 현재가 된다면 시점은 하나밖에 남지 않는다.
정해지지 않은 미래를, 확정된 과거로 넘기면서 걸어가는 현재.

선택해야 진로가 정해진다.
선택해야 미래로 나아간다.

이해가 되지 않아도 나는 선택한다.
이해가 되지 않아도 나는 살아간다.
선택하면서 나는 살아간다. 걸어가면서 길을 만든다.

내 앞에 길은 없다.
내 뒤에 길은 생겨난다.

세상을 바르게 이해하는지는 모르겠다.
자신을 바르게 이해하는지도 모르겠다.
그러나 나는, 오늘도 걷는다.

알 수 없는 내일을 알기 위해.
풀 수 없는 수수께끼를 풀기 위해.

너와의 미래를 꿈꾸면서…….

절대 지지 않는 게임

나는 어디에 있는가.
여기는 대륙인가, 아니면 섬인가.
사람이 살고 있는가, 아니면 아무도 없는가.
야수가 덮칠 위험은 있는가, 없는가.
나는 아직 아무것도 알 수 없었다.
_『로빈슨 크루소』

1. 주사위 던지기

2개의 주사위

"오빠, 문제 풀자!" 유리가 외쳤다.

"알았어. 오늘은 어떤 문제로 할까?" 내가 대답했다.

"내가 문제 낼게."

주사위 게임

앨리스와 밥이 주사위 게임을 한다. 주사위를 한 번씩 던져 큰 수가 나오는 쪽이 이기는 이 게임에서 앨리스가 이길 확률은 얼마나 될까?

포근하고 따스한 4월. 이곳은 내 방.

이웃집에 사는 이종사촌 유리는 중학교 2학년, 아니 이제 중학교 3학년이 되었다. 어릴 적부터 같이 어울려 지내 온 유리는 쉬는 날이면 우리 집에 놀러 오는데, 요즘에는 수학 이야기를 나누거나 문제를 풀곤 한다.

"음…… 대칭이니까 앨리스가 이길 확률은 $\frac{1}{2}$ 아닐까?"

"땡!" 유리가 즐거운 표정을 지었다.

"아, 아니다. 둘이……."

"둘이 비기는 경우는 생각 못 했지?"

"깜박했네. 앨리스와 밥이 던지는 주사위는 각각 6가지 경우가 될 테니까 모든 경우의 수는 6×6으로 36가지가 돼. 36가지는 전부 같은 확률로 일어나고."

모든 경우의 수 = 앨리스의 주사위 6가지 × 밥의 주사위 6가지 = 36가지

"36가지 중에서 앨리스와 밥의 주사위 수가 똑같이 나올 경우의 수는 6가지. 이때는 무승부. 그렇다면 승패가 결정될 수 있는 수는 36−6이니까 30가지. 그 절반인 15가지가 앨리스가 이길 확률이고, 나머지 15가지는 밥이 이길 확률이지."

$$
\begin{aligned}
\text{앨리스가 이기는 경우의 수} &= \frac{\langle \text{승패가 정해지는 경우의 수} \rangle}{2} \\
&= \frac{\langle \text{모든 경우의 수 [36]} \rangle - \langle \text{비기는 경우의 수 [6]} \rangle}{2} \\
&= \frac{36-6}{2} \\
&= \frac{30}{2} \\
&= 15
\end{aligned}
$$

"그러니까 앨리스가 이길 확률은 이렇게 되네."

$$
\begin{aligned}
\text{앨리스가 이길 확률} &= \frac{\langle \text{앨리스가 이기는 경우의 수 [15]} \rangle}{\langle \text{모든 경우의 수 [36]} \rangle} \\
&= \frac{15}{36} \\
&= \frac{5}{12}
\end{aligned}
$$

"네, 정답입니다. 앨리스가 이길 확률은 $\frac{5}{12}$입니다. 오빠가 무승부의 경우를 깜박하는 실수를 하다니 놀랐다옹." 유리가 고양이 말투로 대답했다.

"그럴 때도 있는 거지."

"까다로운 문제는 '표로 생각하라'고 오빠가 가르쳐 줬잖아."

		밥					
		1 ⚀	2 ⚁	3 ⚂	4 ⚃	5 ⚄	6 ⚅
앨리스	1 ⚀	무승부	밥	밥	밥	밥	밥
	2 ⚁	앨리스	무승부	밥	밥	밥	밥
	3 ⚂	앨리스	앨리스	무승부	밥	밥	밥
	4 ⚃	앨리스	앨리스	앨리스	무승부	밥	밥
	5 ⚄	앨리스	앨리스	앨리스	앨리스	무승부	밥
	6 ⚅	앨리스	앨리스	앨리스	앨리스	앨리스	무승부

앨리스와 밥의 주사위 게임

"물론 그렇지."

방심해서 하찮은 실수를 하다니…… 아쉽다.

"$\frac{15}{36} = \frac{5}{12}$라는 건 이런 거지?"

$$= \frac{15}{36} = \frac{5}{12}$$

"맞아. 이번엔 내가 문제를 낼게."

내가 도전하듯 말했다.

"뭐야, 고3이 중3을 상대로 이렇게 진지하기야?"

2. 동전 던지기

2개의 동전

2개의 동전 던지기

앨리스는 100원짜리 동전과 10원짜리 동전을 한 번씩 던진 다음에 이렇게 말했다.

"적어도 하나는 '앞면'이 나왔어요."

이때 두 동전 모두 앞면이 나올 확률은 얼마인가?

"간단하잖아. 적어도 동전 하나는 앞면이 나왔다는 사실을 이미 알려 줬으니까 두 동전이 모두 앞면인지는 나머지 동전이 앞면인가에 따라 정해지지. 그러니까 당연히 확률은 $\frac{1}{2}$이지."

유리가 곧바로 대답했다.

"틀렸어. 확률은 $\frac{1}{2}$이 아니야."

"뭐라고?"

유리는 놀란 표정으로 물었다.

"말도 안 돼!"

"말이 돼."

"말도 안 돼!"

"확률 문제에서는 '전체를 내려다보는 것'이 중요해."

"$\frac{1}{2}$이 맞는 것 같은데……."

"유리, 내 말 듣고 있어?"

"듣고 있어. 전체를 내려다보는 게 중요하다고 했잖아."

"이 문제에서는 100원짜리 동전과 10원짜리 동전의 앞면과 뒷면을 생각해야 해."

	100원 동전	10원 동전
HH	앞면	앞면
HT	앞면	뒷면
TH	뒷면	앞면
TT	뒷면	뒷면

"이 HH는 뭐야?" 유리가 물었다.

"H는 앞면이고 T는 뒷면을 뜻해. 머리(Head)와 꼬리(Tail)의 첫 글자로, 동전의 앞면과 뒷면을 말할 때 자주 쓰이거든."

"우와, 몰랐어."

"100원짜리 동전과 10원짜리 동전을 던졌을 때 이 HH, HT, TH, TT는 모두 같은 확률로 일어나잖아."

"맞아. 그런데 TT는 나올 수가 없어. 적어도 한쪽은 '앞면'이 나왔다고 했으니까."

"바로 그거야. 그러니까 실제로는 HH, 또는 HT, 또는 TH 중 하나만 일어나지."

	100원 동전	10원 동전
HH	앞면	앞면
HT	앞면	뒷면
TH	뒷면	앞면
~~TT~~	~~뒷면~~	~~뒷면~~

"아……."

"HH, HT, TH 이 세 가지는 모두 같은 확률인 $\frac{1}{3}$로 일어나. 이 중에서 둘

다 앞면이 나오는 건 HH뿐이야. 그러니까 구하는 확률은 $\frac{1}{3}$이라는 거지.”

“음…….”

생각에 잠긴 유리의 머리카락이 금빛으로 번쩍였다.

“정답은 $\frac{1}{3}$이야. 이제 알겠어?”

“오빠, 앨리스가 처음에 뭐라고 했지?”

“적어도 하나는 ‘앞면’이 나왔다고 했지.”

“알았다! ‘적어도 하나는’이라는 말이 중요해. 앨리스가 ‘앞면’이라고 말한 동전은 100원일 수도 있고 10원일 수도 있잖아. 두 가지가 있어.”

“그렇지. 적어도 하나가 앞면이 나오는 경우는 3가지가 있고, 그중에 둘 다 앞면이 나오는 경우는 HH밖에 없어. 그런데 하나만 앞면이 나오는 경우는 HT 또는 TH로 2가지가 있잖아.”

“그렇구나.”

“아까 얘기했지만 확률에서는 ‘전체를 내려다보는 것’이 중요하거든.”

1개의 동전

“아자자자!”

유리가 팔을 쭉 뻗어 기지개를 켰다.

“푸는 건 시시해. 진짜 동전 던지기로 해 보자! 100원짜리 동전 있어?”

내가 100원짜리 동전을 내주자 유리는 동전을 엄지손가락으로 튕겨 올렸다. 경쾌한 금속음과 함께 은빛 동전이 위로 솟구쳤다가 떨어졌다. 유리는 왼손으로 동전을 능숙하게 잡아챈 다음 오른손으로 덮었다.

“오, 잘하네.”

“앞면이 나오면 내가 이기고 뒷면이 나오면 오빠가 지는 거야!”

“알았…… 그건 안 돼지!”

“쳇, 눈치 챘구나.”

“당연하지. 그런 조건이면 너만 이기는 거잖아!”

“아냐. 동전이 옆면으로 우뚝 서면 오빠가 이기는 거야.”

“뭐라고? 하하하하!”

우리는 서로를 바라보며 웃었다.

"이제 제대로 할게. 앞이야, 뒤야?"

유리는 동전을 덮은 손을 쑥 내밀었다.

"뒤!"

유리가 손을 열었다.

"땡! 앞면입니다."

"엉? 숫자가 적혀 있는 쪽이니까 뒷면이잖아. 오빠가 이겼네."

"치사해!"

유리의 볼이 불룩해졌다.

앞면　　　　　뒷면

"이번에는 치사한 오빠한테 어려운 문제를 내겠어."

그때 주방에 계신 엄마가 우리를 부르셨다.

"얘들아, 간식 먹자!"

"네! 간식이 오빠를 구한 줄 알아."

"간식이 나를 살렸다고?"

"이번은 내가 봐줄게."

유리는 재빨리 방을 나갔다.

나는 어이없는 표정으로 터덜터덜 주방으로 향했다.

복권의 기억

식탁 위에는 크래커가 담긴 접시와 수프가 든 머그잔이 놓여 있었다.

"이게 뭐지?"

나는 수프 향을 맡으며 말했다.

"새로운 향신료를 넣은 수프 메뉴야. 먹어 보고 어떤지 말해 줘."

자신만만한 표정의 엄마.

"냄새 좋아요!" 유리가 말했다.

"유리는 정말 착하구나."

"윽, 맛이 좀⋯⋯." 나는 한 입 먹고 신음하듯 말했다.

"그 반응은 뭐지? 이 엄마는 매일 요리하는 사람이라고. 며칠 전에 네가 크림수프 만든다더니 요상한 죽을 만들어 놓았잖아. 그래 놓고 맛이 없다고 지적을 해?"

"그땐 내가 하겠다고 한 게 아니라 엄마가 억지로 주방으로 떠밀었잖아요. 그리고 좀 전에 엄마가 맛이 어떤지 말해 달라고 했잖아요⋯⋯."

"크림수프는 잘 휘젓기만 하면 되는 요리란 말야."

엄마는 내 반론을 무시해 버렸다.

"맞다, 새해에도⋯⋯ 콩자반 졸이다가 냄비 다 태워 먹었지."

"그때는 책에 정신이 팔려서 불 조절하는 걸 깜박한 거고⋯⋯."

"오빠, 집안일도 척척 잘할 수 있기를 바랄게. 안 그러면 나도 안심이 안 된다고." 유리가 말했다.

"무슨 소리야?"

뭐가 뭔지⋯⋯ 머리가 어질어질하다.

"오빠가 공부는 잘 가르쳐 주니?" 엄마가 유리를 향해 물으셨다.

"네, 아까 확률 문제를 배웠어요."

어른들을 대할 때 유리는 싹싹하기 그지없다. 준비해 둔 귀여운 미소도 정확한 타이밍에 날려 준다.

"확률이라고 하니까 전철역 근처에서 본 '봄맞이 한정 복권' 광고지가 생각나네." 엄마가 말을 꺼냈다.

"아, '1등 당첨 복권 판매한 집'이라고 광고하는 데 말이죠?" 내가 말했다.

봄맞이 한정 복권!
1등 당첨 복권 판매한 집!

손글씨로 문구를 적은 광고지에는 '1등'이라는 글자가 유독 굵고 진하게 되어 있었다.

"정말 그 가게는 당첨 확률이 높은 걸까?"

"엄마, 그건 말도 안 돼요. '1등 당첨 복권을 판매한 집'이라는 문구에 현혹되면 안 된다고요."

"그래? 당첨 복권이 나온 집이니까 그만큼 확률이 높은 거 아니니?"

"수학적으로 말이 안 돼."

"그래도 운이라는 게 있잖니."

"엄마, 복권은 기억력이란 게 없거든요. 과거에 어느 가게에서 당첨이 되었는지 복권은 기억할 수 없단 말예요. 그런 포스터에 속지 마세요."

엄마는 완전히 수긍하지 않는 눈치다.

"오빠, 포스터에 '1등 복권 판매한 집'이라고 써 놓은 주장 자체는 수학적으로 틀린 게 아니잖아." 그새 수프를 싹 비운 유리가 말했다.

"무슨 말이야?"

유리까지 합세하고 나서다니…….

"생각해 봐, '1등 복권 판매한 집'이라는 말은 사실이잖아. '이 집에서 사면 당첨이 잘 됩니다'라고 쓰여 있지는 않잖아!"

"그건 그렇지. 그럼 사는 사람이 혼자 착각했다는 뜻인가? 그건 너무하네."

"그렇지."

"확률은 직감을 거스를 때가 많아. 꼼꼼히 계산하지 않으면 속기 마련이지."

"이제 그만. 수프 좀 먹으렴."

3. 몬티홀 문제

봉투 3개

수프를 겨우 다 먹고 나서 유리와 나는 다시 방으로 돌아왔다.

"확률 하면 몬티홀 문제가 유명해." 내가 말했다.

몬티홀 문제

사회자는 책상 위에 봉투 3개를 올려놓고 말했다.

사회자 : 이 3개의 봉투 중 1개에만 상품권이 들어 있습니다. 나머지 2개는 비어 있어요. 자, 무엇을 고르실 건가요?

당신이 봉투 하나를 집어 들자 사회자가 이렇게 말했다.

사회자 : 저는 빈 봉투가 어떤 것인지 알고 있습니다. 힌트를 드리지요. 책상 위에 남은 2개의 봉투 중 하나를 열어 보여드리겠습니다. 책상 위에 남은 2개의 봉투 중에 상품권이 든 봉투가 있다면 저는 빈 봉투를 열겠습니다. 책상 위에 남은 2개의 봉투가 모두 빈 봉투라면 저는 그중 하나를 열겠습니다.

사회자는 책상 위에 남은 2개의 봉투 중에서 하나를 열어 보여준다. 봉투는 비어 있다.

사회자 : 자, 당신이 처음에 고른 봉투를 선택해도 되고, 책상 위에 남은 봉투와 바꿀 수도 있습니다. 어떻게 하시겠습니까?

당신은 상품권을 갖고 싶다. 처음에 고른 봉투를 선택할 것인가, 아니면 책상 위에 남은 봉투와 바꿀 것인가?

"말도 안 되는 게임이야."

유리가 딱 잘라 말했다.

"그렇지 않아. 〈렛츠 메이크 어 딜(Let's Make a Deal)〉이라는 TV 프로그램에서 실제로 방송한 게임이야. 상품권 봉투와 빈 봉투 대신 염소와 자동차를 고르는 게임이었지."

"난 염소가 좋은데."

"염소는 빈 봉투라고. 자동차가 상품권 봉투고."

"그걸 왜 몬티홀 문제라고 해?"

"몬티홀은 프로그램의 사회자 이름이야."

"그런데 말이야, 사회자가 빈 봉투를 열었다고 해도 처음에 고른 봉투 안의 상품권이 없어지거나 하는 건 아니지?"

"당연하지."

"그럼 바꾸는 의미가 없잖아. ……알겠다, 이거 함정 문제! 처음에 고른 봉투를 선택하던 다른 봉투랑 바꾸든 사실은 '둘 다 당첨될 확률은 같다'는 뜻이잖아?"

"꽤 깊이 파고들었는데? 그렇다면 유리의 결론은?"

"나는…… 바꾸든 안 바꾸든 당첨될 확률은 같음!"

"땡!"

내가 유리의 말투를 흉내 내서 말했다.

"아니라고?"

"남아 있는 봉투와 바꾸는 게 낫다는 게 정답."

"바꾸는 게 낫다고? 진짜로?"

"진짜야. 모든 경우를 나열해 보면 알 수 있어. 봉투에 A, B, C라고 이름을 붙여서 표를 그려 보자. 당첨을 ○, 꽝을 ×라고 표시하면 이렇게 되겠지."

확률		A	B	C	
1	$\frac{1}{3}$	○	×	×	A가 당첨될 확률
	$\frac{1}{3}$	×	○	×	B가 당첨될 확률
	$\frac{1}{3}$	×	×	○	C가 당첨될 확률

"뭐, 그렇지."

유리가 고개를 끄덕였다.

"이 3가지는 똑같이 확률이 $\frac{1}{3}$ 이야. 그리고 고르는 방법은 각각 3가지씩이지. 다시 표로 만들어 볼게. 고른 봉투에는 [ ]로 표시해 둘게."

	확률		A	B	C	
1	$\frac{1}{3}$	$\frac{1}{9}$	[○]	×	×	A가 당첨이고 A를 고른 경우
		$\frac{1}{9}$	○	[×]	×	A가 당첨이고 B를 고른 경우
		$\frac{1}{9}$	○	×	[×]	A가 당첨이고 C를 고른 경우
	$\frac{1}{3}$	$\frac{1}{9}$	[×]	○	×	B가 당첨이고 A를 고른 경우
		$\frac{1}{9}$	×	[○]	×	B가 당첨이고 B를 고른 경우
		$\frac{1}{9}$	×	○	[×]	B가 당첨이고 C를 고른 경우
	$\frac{1}{3}$	$\frac{1}{9}$	[×]	×	○	C가 당첨이고 A를 고른 경우
		$\frac{1}{9}$	×	[×]	○	C가 당첨이고 B를 고른 경우
		$\frac{1}{9}$	×	×	[○]	C가 당첨이고 C를 고른 경우

"3×3이니까 총 9가지가 되고, 각각 똑같이 $\frac{1}{9}$ 의 확률을 갖고 있지. 그런데 만약 당첨인 봉투를 골랐다면 사회자가 열어 볼 수 있는 빈 봉투는 둘 중 하나야. 이때 확률 $\frac{1}{9}$ 은 두 가지로 분해되니까 $\frac{1}{18}$ 이 되지."

"흠……."

"하지만 꽝인 봉투를 골랐다면 사회자가 열어 볼 수 있는 빈 봉투는 하나밖에 남지 않아. 이때 확률 $\frac{1}{9}$ 은 변하지 않아. 헷갈리니까 표로 정리해 보자. 반드시 일어날 확률은 $1 \rightarrow \frac{1}{3} \rightarrow \frac{1}{9} \rightarrow \frac{1}{18}$ 로 쪼개진 거지."

확률				A	B	C	
1	$\frac{1}{3}$	$\frac{1}{9}$	$\frac{1}{18}$	[○]	✳	×	A가 당첨인데 A를 고르고 B가 개봉된 경우
			$\frac{1}{18}$	[○]	×	✳	A가 당첨인데 A를 고르고 C가 개봉된 경우
		$\frac{1}{9}$		○	[×]	✳	A가 당첨인데 B를 고르고 C가 개봉된 경우
		$\frac{1}{9}$		○	✳	[×]	A가 당첨인데 C를 고르고 B가 개봉된 경우
	$\frac{1}{3}$	$\frac{1}{9}$		[×]	○	✳	B가 당첨인데 A를 고르고 C가 개봉된 경우
		$\frac{1}{9}$	$\frac{1}{18}$	✳	[○]	×	B가 당첨인데 B를 고르고 A가 개봉된 경우
			$\frac{1}{18}$	×	[○]	✳	B가 당첨인데 B를 고르고 C가 개봉된 경우
		$\frac{1}{9}$		✳	○	[×]	B가 당첨인데 C를 고르고 A가 개봉된 경우
	$\frac{1}{3}$	$\frac{1}{9}$		[×]	✳	○	C가 당첨인데 A를 고르고 B가 개봉된 경우
		$\frac{1}{9}$		✳	[×]	○	C가 당첨인데 B를 고르고 A가 개봉된 경우
		$\frac{1}{9}$	$\frac{1}{18}$	✳	×	[○]	C가 당첨인데 C를 고르고 A가 개봉된 경우
			$\frac{1}{18}$	×	✳	[○]	C가 당첨인데 C를 고르고 B가 개봉된 경우

"이거 꽤나 번거롭다웅." 유리는 투덜거리면서도 내가 다시 정리한 표를 살펴보고 있다. "그래서?"

"그래서 처음에 고른 봉투가 당첨일 경우는 [○]인 거지."

처음에 고른 봉투가 당첨일 확률＝[○]의 확률의 합

$$= \frac{1}{18} + \frac{1}{18} + \frac{1}{18} + \frac{1}{18} + \frac{1}{18} + \frac{1}{18}$$
$$= \frac{6}{18}$$
$$= \frac{1}{3}$$

"잘 봐. 유리가 말한 대로 당첨을 고를 확률은 $\frac{1}{3}$이야. 마찬가지로 바꾼 봉투가 당첨일 확률은 [×]의 확률을 모두 더한 거야."

바꾼 봉투가 당첨일 확률＝[×]의 확률의 합

$$= \frac{1}{9} + \frac{1}{9} + \frac{1}{9} + \frac{1}{9} + \frac{1}{9} + \frac{1}{9}$$
$$= \frac{6}{9}$$
$$= \frac{2}{3}$$

처음에 고른 봉투가 당첨일 확률＝$\frac{1}{3}$

바꾼 봉투가 당첨일 확률＝$\frac{2}{3}$

"그러니까 바꾸는 게 더 낫다는 결론이지."

"이치는 알 것 같아. 그런데 좀 더 속 시원하게 알고 싶은데……."

유리는 머리 뒤로 손깍지를 끼고 찜찜한 표정을 지었다.

"그렇다면 알기 쉽게 설명할 방법이 있지. 예를 들어 봉투가 3개가 아니라 1만 개 있다고 치자. 그중에 상품권이 들어 있는 건 딱 하나야."

"꺄하하하! 뭐야 그게……."

"그중에서 넌 한 개를 고르고 사회자는 나머지 9999개 중에서 빈 봉투 9998개를 열어서 보여 주는 거야. 이때 너는 봉투를 바꾸는 게 나을까?"

"당연히 바꾸는 게 낫지. 처음에 고른 봉투가 당첨일 확률은 $\frac{1}{10000}$ 이잖아. 이건 거의 꽝이라는 거지. 남은 봉투 9999개 중 한 개에 상품권이 들어 있을 확률은 $\frac{9999}{10000}$ 야. 그리고 사회자는 어느 봉투에 상품권이 들어 있는지 알고 있으니까 상품권이 든 봉투는 손대지 않고 조심해서 9998개를 다 열어 보는 거지. 꽝이 나올 확률은…… 음, 얼마인지는 모르겠다."

"사회자는 상품권 봉투를 제외한 나머지 9998개를 열었어. 다시 말하면 상품권이 들어 있을 확률 $\frac{9999}{10000}$ 를 나머지 한 개에 다 집어넣은 셈이지."

"콩자반조림 만들 때처럼?" 유리가 히죽 웃으며 말했다.

"뭐, 그런 셈이야. 3개일 때도 똑같이 생각할 수 있어. 처음에 당첨인 봉투를 뽑을 확률은 $\frac{1}{3}$이야. 반대로 말하면 책상 위에 남은 봉투가 당첨일 확률은 $\frac{2}{3}$야. 사회자는 빈 봉투를 열어서 나머지 확률 $\frac{2}{3}$를 봉투 한 개에 몰아 준 거나 마찬가지지."

"흠흠."

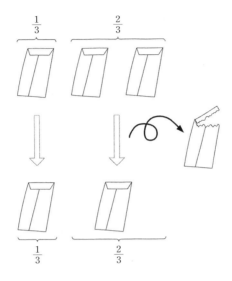

"그러니까 몬티홀 문제는 다음 중 하나를 고르라는 문제야."

- 확률이 $\frac{1}{3}$인 손에 든 봉투
- 확률이 $\frac{2}{3}$인 책상 위의 봉투

"그럼 처음부터 그렇게 말할 것이지."

아…….

신의 관점

"오빠, '표로 생각하기' 꽤 괜찮은 것 같아."

"그렇지? '표로 생각하기'는 전체를 내려다보는 방법 중 하나야. 말하자면 '신의 관점'인 셈이지."

"신의 관점이라고? 신은 미래까지 내다볼 수 있을까?"

"전지전능하니까 그러지 않을까?"

"그럼 내가 이 문제를 풀 수 있을지 없을지, 누구랑 결혼할지, 언제 죽을지도 다 안다는 거야?"

"그럴지도 모르지. 유리가 집에서 공부를 잘 하고 있는지도."

"흠."

"중학교 3학년! 올해 고등학교 진학 시험을 치러야 하잖아."

나는 손가락으로 유리를 가리키며 말했다.

"아, 생각나게 하지 말라고. 그러는 오빠는 고등학교 3학년! 대학 입시를 치러야지."

유리가 손가락으로 나를 가리키며 말했다.

"꾸엑!"

나는 익살맞은 표정을 지어 보였지만 내심 찔끔했다.

"고등학교 시험은 걱정 안 되는데 미르카 언니랑 오빠가 졸업하면 학교에서 볼 수 없다는 게 아쉬워." 유리가 말했다.

"테트라가 있잖아."

"뭐, 그렇지. 테트라 언니는 3학년이 되니까."

"편하게 생각을 나눌 사람이 곁에 있다는 건 중요한 거 같아."

"그런가? 편하게 생각을 나눌 수 있는 사람이라……."

유리는 갑자기 입을 다물었다.

편하게 생각을 나눌 수 있는 사람…… 말해 놓고 보니 정말 그런 것 같다.

그런 만남으로 인해 나의 일상에 큰 변화가 있었다. 고등학교에 입학하기 전까지는 이런 일상을 맞이하게 될 줄 꿈에도 몰랐다. 수학 이야기를 나눌 수 있는 상대. 고1 봄에 미르카를 만나고, 고2 봄에 테트라를 만났다.

앞으로는…… 어떤 만남이 기다리고 있을까.

"오빠, 질문이 하나 있는데……."

머리카락을 만지작거리며 우물쭈물하는 유리.

"뭔데 이렇게 뜸을 들이지?"

"있잖아, 오빠는…… 그런 거 말야……."

"왜 그렇게 웅얼대는 거야?"

"그러니까 말야, 오빠…… 뽀뽀해 본 적 있어?"

정육면체의 모든 면이 완전히 똑같다면
어떤 수가 나왔을 때 어떻게 구분할 수 있단 말인가.
_『컴퓨터 수학』

우직하게 한 걸음 두 걸음

1. 고등학교

테트라

"선배!"

씩씩한 목소리에 나는 뒤를 돌아봤다.

수업이 끝난 후 교실 밖 복도. 벽에는 '조용히!'라고 적힌 종이가 붙어 있다.

"테트라, 조용히 불러 줄래?" 내가 말했다.

2학년인 테트라는 작고 귀엽고 씩씩한 소녀다. 때로는 열정이 넘치는 게 문제지만 말이다.

"앗, 죄송합니다."

테트라는 머리를 긁적였다. 늘 똑같은 부탁, 늘 똑같은 대답, 늘 똑같은 테트라…… 뒤에 처음 보는 여자애가 서 있다. 불꽃처럼 빨간 머리색이 눈에 띄었다. 길지도 짧지도 않은, 어깨까지 닿는 머리카락을 아무렇게나 자른 듯한 헤어스타일. 마치 야생 동물 같은 인상이다.

"선배, 이 친구는 1학년인 리사예요." 테트라가 소개했다.

아, 올해 입학한 신입생이구나. 나에겐 테트라가 항상 1학년 같은데 테트라에게도 후배가 생겼다니…… 왠지 신기하다.

테트라의 소개에도 빨강머리 신입생은 무표정한 얼굴로 말없이 서 있을 뿐이다. 묘한 개성을 지닌 아이 같다.

"잘 부탁해." 내가 먼저 인사했다.

"내 이름은…… 나라비쿠라 리사."

빨강머리 소녀는 허스키한 목소리로 대답했다.

리사

도서실. 리사와 테트라 그리고 나는 한 줄로 나란히 앉아 있다. 리사는 얇은 노트북 자판을 두드리고 있다. 노트북도 자기 머리색처럼 빨간색이다. 테트라가 "저기" 하고 말을 걸 때만 잠깐 시선을 돌릴 뿐 리사는 내내 아무 말 없이 노트북 화면만 향해 있다. 그러는 사이에도 손가락은 쉴 새 없이 자판을 두드리고 있다. 화면을 보지 않고 자판을 치다니…… 대단하다.

"그런데 '나라비쿠라'라면 그 나라비쿠라 도서관?" 내가 리사에게 물었다.

리사는 말없이 고개를 끄덕였다.

"네, 리사는 그 나라비쿠라 도서관의…… 나라비쿠라 박사님의 딸이에요." 테트라가 대답했다.

"아, 그렇구나" 하고 대답하면서 리사를 쳐다봤지만 리사는 자기와 관계없는 일이라는 듯 노트북 속 세계에 빠져 있다. 대화는 더 이상 이어지지 않고 어색한 침묵만이 흐른다.

"2학년이 된 기분이 어때?" 내가 테트라에게 물었다.

"글쎄요, 새 학기라서 그런지 새로운 도전을 하고 싶어요." 테트라는 양손을 깍지 끼며 말했다.

"새로운 도전이라니?"

"**알고리즘** 공부를 시작하려고요."

"알고리즘?" 내가 되물었다. "알고리즘이라면 컴퓨터에서 수행되는 계산 순서 말인가?"

"네, 맞아요. 알고리즘이란 주어진 **입력**에서 필요한 **출력**을 얻어 낼 때 정해진 **명확한 순서**를 말해요. 그 순서는 대체로 컴퓨터가 프로그램으로 실행하죠."

테트라는 신이 나서 설명을 계속했다.

"알고리즘에는 몇 가지 특징이 있어요. 입력이 있고 출력이 있다는 것, 순서가 명확하다는 것, 그리고…… 죄송해요, 특징이 두 개 더 있었는데 까먹었네요. 아무튼 알고리즘에서는 순서가 뒤섞이지 않게 하는 게 중요해요."

"그렇구나."

나는 컴퓨터에 대해서는 잘 모른다. 프로그래밍에 관한 책을 읽어 보긴 했지만 완전히 이해하기는 쉽지 않았다.

"그 알고리즘을 공부한다고?"

"네. 전부터 프로그래밍에 대해 조금씩 공부하고 있었어요. 게다가 며칠 전에 무라키 선생님이 알고리즘 공부도 해 보라고 권하셨거든요. 그러면서 선형 검색 카드를 주셨어요."

"선형 검색?"

"저도 선배에게 가르칠 수 있는 게 생겼네요."

테트라는 싱긋 웃었다.

선형 검색

선형 검색이란 탐색을 해 주는 알고리즘의 일종인데, 수열 안에 특정한 수가 있는지 없는지 순서대로 찾는 방법이에요. 찾는 대상이 늘 수인 건 아니지만 설명을 쉽게 하기 위해 수로 예를 들어 볼게요. 이런 수열이 있다고 해 봐요.

$$\langle\ 31,\quad 41,\quad 59,\quad 26,\quad 53\ \rangle$$

이 5개의 수 안에, 그러니까 예를 들면 26이라는 수가 있는지 없는지 알아보도록 할게요. 사람이라면 누구나 한눈에 26이 '있다'는 걸 알 수 있죠. 하지만 컴퓨터는 하나하나 찾아보지 않으면 알 수 없어요. 선형 검색이란 '처음부터 순서대로 찾아보자'는 알고리즘이니까 26을 찾을 때는 이런 형태로 진행돼요.

⟨㉛, 41, 59, 26, 53⟩   첫 번째 수는 31이고 26과 같지 않다.

⟨31, ㊶, 59, 26, 53⟩   두 번째 수는 41이고 26과 같지 않다.

⟨31, 41, ㊾, 26, 53⟩   세 번째 수는 59이고 26과 같지 않다.

⟨31, 41, 59, ㉖, 53⟩   네 번째 수는 26이고 26과 같다.

찾음!

"그거야 당연한 거 아니야?" 내가 말했다.

"네. 저도 처음엔 그렇게 생각했어요. 그런데……."

테트라는 말을 멈추고 생긋 웃었다.

"당연한 것부터 시작하는 게 좋은 거잖아요!"

"그렇긴 하지."

'당연한 것부터 시작하는 건 좋은 것.'

이 말은 언젠가 내가 테트라에게 해 준 말이다. 기억하고 있었구나.

평소에는 내가 테트라에게 수학 이야기를 들려주거나 문제 풀이를 도와주곤 하는데 오늘은 내가 테트라에게 배우고 있다. 신선하다.

"예를 들어 수가 100만 개 있다고 할게요."

테트라는 양팔을 활짝 펼치며 말했다.

"수가 그렇게 많으면 사람이 순서대로 찾기는 꽤 힘들겠죠. 하지만 컴퓨터는 문제없어요. 알고리즘을 잘 쓰면 말이죠."

"와, 테트라 제대로 공부했구나. 그러고 보니 테트라는 나중에 컴퓨터 분야에서 일하고 싶다고 했지? 그런데 난 아직 알고리즘이라는 개념이 들어오지가 않네."

"선형 검색이라는 알고리즘을 정리해 보면……."

테트라는 말을 하다 말고 카드 한 장을 꺼냈다.

"선형 검색은 n개의 수가 나열된 수열 $A = (A[1], A[2], A[3], \cdots, A[n])$와 수 v를 주고 수열 A 안에서 v를 찾는 알고리즘이에요. **입력**은 A와 n과 v를 해요."

나는 고개를 끄덕였다.

"A[1]이라는 건 A₁이라는 거야?"

"맞아요. 여기서는 $A_1, A_2, A_3, \cdots, A_n$으로 쓰는 대신 $A[1], A[2], A[3], \cdots, A[n]$으로 썼어요. A[1]은 수열 A의 첫 번째 수예요."

"응, 이해했어."

"선형 검색 알고리즘에 수열 A와 수열의 크기 n과 찾는 수 v를 입력하는 거예요. 그리고 수열 A 안에 v와 같은 수가 있는 경우에는 '있다'로 출력하고, 없는 경우에는 '없다'로 출력하도록 해요. **출력**은 '있다' 또는 '없다'가 되겠죠."

"그렇구나. 출력이라는 건 결과를 말하는 거지?"

"네, 맞아요. 그리고 선형 검색 알고리즘의 절차는 이렇게 표현할 수 있어요."

테트라는 다른 카드를 또 꺼냈다.

"여기서는 **의사 코드**를 써서 절차를 표현했어요."

"의사 코드?"

"의사 코드라는 건 흉내 낸 프로그램이에요. 영어로는 'pseudo code'라고 하죠. 여기에서 보여준 절차는 컴퓨터가 직접 실행할 수 있는 건 아니지만 프로그램과 같은 표기법을 빌려서 알고리즘을 문자로 나타낸 거예요."

"아하······."

"무라키 선생님 말씀으로는 알고리즘 표현이 책에 따라 천차만별이라고 하셨어요. 어떤 식으로 표현하든 상관없지만 입력해서 출력을 구하는 절차가 명확해야 한다고 하셨어요."

"그렇구나. 그리고 이게 선형 검색 알고리즘이구나."

"네. 한마디로 말하면 A[1], A[2], A[3], ···이런 식으로 A[n]까지 순서대로 찾아보고 v와 같은 값이 있는지 체크하는 거지요."

"이 절차는 L1부터 읽으면 되는 건가?"

테트라는 고개를 끄덕이더니 말을 이었다.

"맞아요. 선생님은 L1부터 L10까지 각 스텝을 **실행**하라고 하셨어요."

"실행한다고?"

테트라는 노트를 다시 읽어 보더니 천천히 말했다.

"아, 무라키 선생님은 자신이 컴퓨터라는 생각으로 알고리즘을 '실행'해 보라고 말하셨어요."

- '나는 컴퓨터다'라고 생각한다.
- 알고리즘과 입력이 주어졌다고 생각한다.
- 절차를 한 단계 한 단계 우직하게 실행한다.

"귀찮아 보여도 그렇게 하는 게 알고리즘을 이해하는 가장 좋은 방법이라고 하셨어요."

"아하……."

"저는 이렇게 시험해 보는 게 재미있어요. 끈기가 필요한 거라서…… 그러니까 전 이제 컴퓨터가 되겠습니다!"

"아주 씩씩한 컴퓨터구나." 내가 말했다.

"컴퓨테트라 가동." 리사가 낮게 말했다.

워크 스루

지금부터 구체적인 입력 사례 하나를 사용해서 선형 검색 알고리즘의 절차를 한 걸음 한 걸음 실행하겠습니다. 쭉 걸어 보는 거죠. 이런 걸 '워크 스루(walk through)'한다고 표현해요.

이런 입력이 주어졌다고 칠게요.

$$\begin{cases} A = (31, 41, 59, 26, 53) \\ n = 5 \\ v = 26 \end{cases}$$

즉 $A[1] = 31$, $A[2] = 41$, $A[3] = 59$, $A[4] = 26$, $A[5] = 53$, 이렇게 다섯 개의 수에서 선형 검색으로 26이라는 수를 찾는 거예요.

선형 검색 알고리즘의 절차는 행 L1부터 시작합니다.

① L1: procedure LINEAR-SEARCH(A, n, v)

이 행은 LINEAR-SEARCH라는 이름의 **절차**(procedure)를 이제부터 시작한다는 걸 나타내요. A와 n과 v라는 입력이 주어졌다는 내용이에요.

다음 행인 L2로 가 볼게요.

② L2: $k \leftarrow 1$

이 행에서는 변수 k에 1을 **대입**하는 거예요. 이 행을 실행하면 k라는 변수의 값은 1이 되죠. 아, k라는 건 현재 주목하고 있는 k번째 변수예요.

행 L3으로 갈게요.

③ L3: while $k \leqq n$ do

이 행에서는 **반복**의 조건을 알아보는 거예요. 'while'은 조건이 성립하는 동안 'end-while'까지의 행을 반복해서 실행한다는 걸 나타내는 키워드죠. 여기서는 $k \leqq n$이 조건이에요.

변수 n은 수열의 크기를 뜻하니까 $k \leqq n$은 '주목하는 장소가 수열의 범위 내에 있어야 한다'라는 조건이에요. 정확히는 $1 \leqq k \leqq n$인데, 변수 k는 1부터 늘어나니까 n 이하라는 조건만 있으면 되죠. 현재는 $k=1$, $n=5$이니까 조건 $k \leqq n$은 성립해요.

조건이 성립하니까 다음 행 L4로 갈게요.

④ L4: if A[k]$=v$ then

이 행에서는 조건의 성립을 알아보는 거예요. 'if'는 조건이 성립할 때만 'end-if'의 행을 실행한다는 걸 나타내는 키워드예요. 여기서는 A[k]$=v$가 조건이에요.

A[k]$=v$라는 조건은 '주목하는 수가 찾고 있는 수와 같다'라는 조건에 들어맞죠.

현재는 $k=1$이니까 입력된 수열에서 A[k]$=$A[1]$=31$이라는 걸 알 수 있어요. 따라서 A[k]=31, v=26이 되고, 조건 A[k]=v는 성립하지 않아요. 수열의 첫 번째 수는 찾는 대상이 아니라는 뜻이죠. 조건이 성립하지 않으니 'end-if'의 행은 실행하지 않고 넘어가요.

결국 행 L7로 점프하게 돼요.

⑤ L7: $k \leftarrow k+1$

이 행에서는 변수 k에 식 $k+1$의 값을 대입해요. 현재 $k=1$이니까 식 $k+1$의 값은 2가 되고, 변수 k의 값은 1에서 2로 늘어나요. 이렇게 하면 주목하는 장소가 하나 앞으로 이동했다는 뜻이 돼요.

행 L8로 갈게요.

⑥ L8: end-while

이 행의 'end-while'은 행 L3의 'while'에 대응해요.

행 L3으로 돌아갈게요.

◆◆◆

"테트라, 정말 열심히 공부했구나." 나는 감탄하듯 말했다.

"그, 그런가요……." 테트라의 얼굴이 붉어졌다.

"형식과 의미를 넘나들면서 설명해 주는 게 흥미롭네. 프로그램의 문자 설명과 알고리즘의 해석이 함께 이루어지고 있으니까. 그런데 좀 복잡하긴 하다." 나는 의사 코드 설명이 자세히 적혀 있는 테트라의 노트를 들여다보면서 말했다.

"그렇죠. 하지만 단단히 각오를 하고 변수의 값을 메모하면서 한 걸음 한 걸음 앞으로 가다 보면 그렇게 복잡하지 않아요."

"계속해." 리사가 말했다.

◆◆◆

⑦ L3: while $k \leq n$ do

행 L3으로 돌아가서 반복 조건을 다시 알아볼게요.

현재 $k=2, n=5$이니까 조건 $k \leq n$은 성립해요.

행 L4로 갈게요.

⑧ L4: if A[k]=v then

다시 조건을 알아볼게요. 현재 변수 k의 값은 2니까 조건 A[k]=v가 성립하지 않아요. 입력한 A[2]의 값은 41이고, v의 값은 26이니까요. 수열의 두 번째는 찾는 수가 아니라는 뜻이에요. 따라서 행 L5와 행 L6을 건너뛰고 행 L7로 갈게요.

⑨ L7: $k \leftarrow k+1$

또 변수 k의 값을 1 늘려요. 이제 변수 k의 값은 3이에요. 행 L8로 갈게요.

⑩ L8: end-while

다시 행 L3으로 돌아가요.

◆◆◆

⑪ L3: while $k \leq n$ do

현재 $k=3$이니까 $k \leq n$은 성립해요. 행 L4로 갈게요.

⑫ L4: if A[k]=v then

현재 $k=3$이니까 A[k]=v는 성립하지 않아요. 입력한 A[3]의 값은 59이니까요. 행 L7로 건너뛸게요.

⑬ L7: $k \leftarrow k+1$

변수 k의 값은 4가 됐어요. 행 L8로 갈게요.

⑭ L8: end-while

또다시 행 L3으로 돌아가요.

◆◆◆

"계속 똑같은 걸 반복하는구나." 내가 말했다.

"네." 테트라가 말했다. "그래도 k의 값은 늘어나니까요."

"계속해." 리사가 말했다.

◆◆◆

⑮ L3: whle $k \leqq n$ do

현재 $k=4$이니까 $k \leqq n$은 성립해요. 행 L4로 갈게요.

⑯ L4: if A$[k]=v$ then

현재 $k=4$이니까 A$[k]=v$라는 조건은 성립해요! A[4]의 값은 26과 같으니까요. 드디어 'if'의 조건이 성립했어요. 행 L5로 갈게요.

⑰ L5: return 〈있다〉

'return'은 이 절차의 **출력**을 나타내는 키워드예요. 실행 결과를 〈있다〉로 하고, 'end-procedure'의 행 L10으로 건너뛸게요.

⑱ L10: end-procedure

이상으로 절차 LINEAR-SEARCH를 종료합니다.

이렇게 해서 ①부터 ⑱까지 18단계로 알고리즘이 종료되었어요. A$=(31, 41, 59, 26, 53)$, $n=5$, $v=26$이라는 입력에 대해 〈있다〉라는 출력을 얻게 된 거죠.

◆◆◆

"과정이 꽤나 길구나." 내가 말했다.

"후, 그렇죠. 〈31, 41, 59, 26, 53〉 안에 26이 있는지를 찾기까지 이렇게 번거로운 단계를 거치는 거죠. 변수 k의 값이 몇 번이나 바뀌니까 복잡해요."

"결국 어떤 작동의 원리가 있다는 말이네."

"네, 지금 워크 스루로 실행한 행을 순서대로 정리하면 이렇게 돼요."

```
L1:   procedure LINEAR-SEARCH(A, n, v)    ①
L2:       k ← 1                            ②
L3:       while k ≦ n do                   ③  ⑦  ⑪  ⑮
L4:           if A[k] = v then             ④  ⑧  ⑫  ⑯
L5:               return 〈있다〉                        ⑰
L6:           end-if
L7:           k ← k+1                       ⑤  ⑨  ⑬
L8:       end-while                         ⑥  ⑩  ⑭
L9:       return 〈없다〉
L10: end-procedure                                    ⑱
```

선형 검색의 워크 스루
[입력은 A = (31, 41, 59, 26, 53), n = 5, v = 26]

"오호……."

"컴퓨터는 대단해요! 비슷한 작업을 아무리 반복해도 싫증 내지 않으니까요."

"테트라의 끈기가 대단한걸?"

"컴퓨테트라." 리사가 말했다.

선형 검색의 해석

"그런데 무라키 선생님은 이 카드 문제도 연구 과제로 낸 걸까?"

"아, 맞아요!" 테트라가 곧바로 대답했다.

무라키 선생님은 늘 우리에게 문제가 담긴 카드를 주신다. 'OO를 구하라'라는 문제일 때도 있지만, 아예 문제의 형태가 아닌 경우도 많다. 수학적인 어떤 주제를 툭 던져 주고 그에 대해 자유롭게 생각해서 흥미로운 속성을 발견하라는 뜻이다. 우리는 카드에 담긴 내용을 힌트로 삼아 직접 문제를 만들거나 풀기도 한다. 수업 시간에 배우는 방식과는 차이가 있다.

나는 1학년 때부터 무라키 선생님과 이런 식으로 소통해 왔기 때문에 어떤 문제에 대해 골똘히 생각하고 직접 풀어 보는 습관이 몸에 배어 있다. 주어진 문제를 풀기보다는 스스로 문제를 만들어 내는 방식이다.

하지만 테트라가 설명해 준 이번 카드는 지금까지 해 온 것과는 조금 다르다. 수학적 사고가 필요한 부분은 어떤 것이지? 수식은 $k \leq n$이나 $A[k] = v$처럼 간단한 것들뿐인데…….

"선형 검색은 알겠는데, 여기서 어디로 나아갈 수 있을까? 이 카드로 어떤 문제를 만들 수 있지?" 내가 물었다.

"그러네요……." 테트라는 눈을 깜박이며 말끝을 흐렸다.

우리가 대화하는 내내 리사는 노트북 자판을 두드리고 있다.

"이 알고리즘을 **압축**하는 건 어떨까요? 알고리즘은 출력을 얻기 위한 것이니까 시간을 단축시키는 게 좋겠죠."

나는 고개를 끄덕였다.

"하지만 선형 검색 알고리즘이란 쉽게 말해 처음부터 절차대로 알아보는 방법이잖아. 그걸 가속화할 수 있을까? 게다가 우리는 종이에 적는 방식으로 해야 하는데 시간을 측정하기도 어렵지."

"으, 그렇구나……." 테트라는 신음 같은 소리를 냈다.

"실행 횟수." 리사가 이렇게 말했다.

나와 테트라는 리사 쪽으로 고개를 돌렸다. 리사는 무덤덤한 표정으로 우리를 바라보고 있는데, 두 손은 여전히 자판 위에서 춤을 추고 있었다.

"실행 횟수? 그게 뭐야?" 내가 물었다.

"행마다."

빨강머리 소녀는 계속 타자를 치며 짧게 말했다. 목이 쉰 듯한 갈라진 음성에 묘한 매력이 있다. 말 한마디 한마디가 강렬하게 와 닿는다.

"행마다 실행한 횟수를 센다는 건가? 아, 좀 전에 'end-procedure'는 ⑱이었으니까 18스텝을 실행한 거죠. 그러니까 **실행 스텝 수**는 18이에요." 테트라가 말했다.

"하지만 그 18이라는 실행 수는 이번 경우에 한정된 거잖아." 내가 말했다.

"무슨 말이죠?"

"잘 봐, 주어진 입력에 따라서 수열 A 안에 수 v가 있는 경우도 있고 없는 경우도 있어. 또 v가 수열 초반에 나올 수도 있고 마지막에 나올 수도 있지. 그렇게 경우가 다양한데 일일이 나눌 수는 없잖아."

"아……."

"게다가 테트라가 아까 말했던 것처럼 $n = 100$만이 될 수도 있잖아. v가 있을 모든 위치와 모든 경우를 고려해서 실행 스텝 수를 생각할 수는 없지 않아?"

"그, 그러네요……."

선형 검색의 해석(v가 있는 경우)

리사는 말없이 노트북을 돌려 우리에게 화면을 보여 주었다. 화면에는 표가 띄워져 있었고, 행마다 1이나 M 등의 실행 횟수가 적혀 있었다.

	실행 횟수	선형 검색
L1:	1	procedure LINEAR-SEARCH(A, n, v)
L2:	1	$k \leftarrow 1$
L3:	M	while $k \leq n$ do
L4:	M	if $A[k] = v$ then
L5:	1	return 〈있다〉
L6:	0	end-if
L7:	M−1	$k \leftarrow k+1$
L8:	M−1	end-while
L9:	0	return 〈없다〉
L10:	1	end-procedure

v가 있는 경우의 실행 횟수

"M이 뭐지?" 테트라가 리사에게 물었다.

"v의 위치." 리사가 짧게 대답했다.

"그렇구나. L1부터 L10까지 각 행을 몇 번씩 실행했는지를 기록한 건가……." 나는 알고리즘을 보면서 말했다.

아! 이건 수학에서 늘 하는 거다. 반복하는 횟수가 너무 많아서 한 가지로 정할 수 없다면 변수를 사용하면 되는 거다. M이라는 변수를 도입하는 것, 즉 '변수의 도입에 따른 일반화'이다.

"그걸 어떻게 적용하죠?" 테트라가 물었다.

"각 행의 실행 횟수를 합하면 전체의 실행 스텝 수를 구할 수 있잖아! M이라는 변수를 포함한 식이 될 거야."

v가 있는 경우의 실행 스텝 수
$$= L1 + L2 + L3 + L4 + L5 + L6 + L7 + L8 + L9 + L10$$
$$= 1 + 1 + M + M + 1 + 0 + (M-1) + (M-1) + 0 + 1$$
$$= M + M + M + M + 1 + 1 + 1 + 1 - 1 - 1$$
$$= 4M + 2$$

"v가 있는 경우 '$4M+2$' 스텝을 실행하면 출력을 얻을 수 있다는 거군요!"

"맞아. 예를 들면 테트라가 예를 든 경우에서는 26을 찾았지만, 이때……."

"저요, 저요, 저요, 저요! 제가 할게요!" 테트라가 갑자기 소리를 높였다.

"검산하면 되죠?"

"응, 맞아."

나와 테트라는 일반화한 식을 이끌어 낸 다음에 무엇을 해야 할지 잘 알고 있다. 구체적인 예시를 들어서 검산을 하는 것이다.

"처음 경우에는 ⟨31, 41, 59, 26, 53⟩ 안에 26이 있는지를 알아보는 거였죠. 26의 위치는 네 번째니까 M=4라는 거죠."

실행 스텝 수
$$= 4M + 2$$
$$= 4 \times 4 + 2 \qquad \text{M=4를 대입}$$
$$= 18 \qquad \text{계산}$$

"오! 확실히 4M+2=18 스텝에서 끝난다는 결론이 나왔어요."

"응, 이렇게 v가 있는 경우에는 실행 스텝 수가 4M+2라는 결론이 나왔어. 그렇다면 당연히 다음 문제는 수열 안에…….."

"수 v가 없는 경우의 실행 스텝 수를 찾는 것이겠네요."

테트라가 내 말을 이어받았다.

문제 2-1 선형 검색의 실행 스텝 수

수열 A=(A[1], A[2], A[3], …, A[n]) 안에 v가 없는 경우, 선형 검색의 실행 스텝 수를 구하라.

선형 검색의 해석(v가 없는 경우)

리사는 다시 노트북 화면을 보여 주었다.

	실행 횟수	선형 검색
L1:	1	procedure LINEAR-SEARCH(A, n, v)
L2:	1	$k \leftarrow 1$
L3:	$n+1$	while $k \leq n$ do
L4:	n	if A[k]=v then
L5:	0	return 〈있다〉
L6:	0	end-if
L7:	n	$k \leftarrow k+1$
L8:	n	end-while
L9:	1	return 〈없다〉
L10:	1	end-procedure

v가 없는 경우의 실행 횟수

"이번에는 M이 보이지 않네요." 테트라가 말했다.

"이거…… 각 행의 실행 횟수 맞아?" 내가 물었다.

행 L1과 L2의 실행 횟수가 1인 건 알겠다. 그런데 행 L3의 실행 횟수가 $n+1$이라고? n번이 맞지 않을까? ……아니다, $n+1$이 맞다. 먼저 $k \leq n$이 성립하는 경우가 $k=1, 2, 3, \cdots\cdots, n$으로 n번이니까. 그리고 성립하지 않는 경우가 $k=n+1$만 있으니까 한 번. 둘을 다 더하면 $n+1$번. 이게 행 L3의 실행 횟수에 해당한다. 오, 리사는 두뇌 회전이 정말 빠르구나.

"L3=L2+L8." 리사가 말했다.

어떻게 한 거야…… 뭐, 일단 넘어가자.

행 L4는 어떨까? 수 v가 없는 경우, A[1]부터 A[n]까지 n개의 수를 v와 비교해야 한다. 비교를 하는 건 행 L4니까 그 행의 실행 횟수는 n번이 되는 게 맞다.

행 L5는…… '있다'를 출력하지 않으니까 행 L5와 L6의 실행 횟수는 0번이다.

행 L7, L8은 행 L4와 같이 n번.

행 L9는 바로 알 수 있다. '없다'를 출력하고, 그 후에는 종료하니까 행 L9, L10은 한 번.

응, 확실히 맞는 것 같다.

테트라는 수식을 메모하는 중이다.

v가 없는 경우의 실행 스텝 수
$$=L1+L2+L3+L4+L5+L6+L7+L8+L9+L10$$
$$=1+1+(n+1)+n+0+0+n+n+1+1$$
$$=n+n+n+n+1+1+1+1+1$$
$$=4n+5$$

"이렇게 해서 경우에 따라 살펴봤네요."

테트라가 마무리를 했다.

$$\text{선형 검색의 실행 스텝 수} = \begin{cases} 4M+2 & (v\text{가 있는 경우}) \\ 4n+5 & (v\text{가 없는 경우}) \end{cases}$$

수식의 형태로 표현되니까 안심이 된다. 이렇게 실행 스텝 수를 수식으로 표현하면 컴퓨터 문제도 수학 문제처럼 생각할 수 있구나. 지금까지 컴퓨터나 프로그램이 수학과 거리가 멀다고 생각한 건 잘못이었다.

풀이 2-1 | 선형 검색의 실행 스텝 수

수열 $A = \langle A[1], A[2], A[3], \cdots, A[n] \rangle$ 안에 v가 없는 경우, 선형 검색의 실행 스텝 수는 $4n+5$이다.

2. 알고리즘의 해석

미르카

"아웅!"

지금까지 무심하게 앉아 있던 리사가 갑자기 귀여운 강아지 소리를 냈다.

이어서…… 청아한 목소리가 들려왔다.

"리사, 오랜만이야."

길고 검은 머리, 곧은 자세, 금속 테 안경, 지휘자를 연상케 하는 손가락 모양……. 똑똑하고 말솜씨 좋은 수학 소녀, 미르카.

고등학교에 입학했을 때 '벚꽃 만남' 이후 우리는 줄곧 함께했다. 물론 수학의 깊이와 넓이 면에서 나는 상대가 안 될 정도로 미르카는 박식하다. 수학의 길을 걷는 우리에게 미르카는 리더 같은 존재다. 미르카의 매력은 그뿐만이 아니다.

나는…… 나는 미르카를 보면 마음이 괴롭다.

나도 미르카도 3학년. 미르카는 졸업 후…… 아, 말할 수 없다.

"하지 마." 리사가 말했다.

미르카가 뒤에 서서 리사의 머리를 헝클어뜨리고 있었다.

"하지 마, 미르카." 리사는 미르카의 손을 뿌리치고 약하게 기침을 내뱉었다.

"아, 미르카 선배. 이쪽은 리사 양이에요." 테트라가 말했다.

"이름 뒤에 '양'은 빼 줘." 리사가 무표정하게 말했다.

"잘 알지. 나라비쿠라 박사님의 따님." 미르카가 말했다.

알고리즘의 해석

"흠…… **알고리즘의 해석**이구나."

미르카가 리사의 어깨 너머로 노트북 화면을 바라보며 말하자 리사는 고개를 끄덕였다.

"알고리즘의 실행 스텝 수 구하기. 알고리즘 해석의 첫걸음이지. 그런데……."

미르카가 뭔가 설명을 덧붙이려 하자 리사가 고개를 들었다.

"그런데 거기서 실행 시간을 구하려면 전제 조건을 명확히 해야 해. 실행 스텝 수를 바탕으로 속도를 판단하려면 각 스텝을 실행할 때 시간이 얼마나 걸리느냐 하는 게 전제되지 않으면 빠르다 느리다 하는 게 의미가 없어."

그 말이 맞다.

"그건 **계산 모델**을 정한다는 뜻이야. 리사가 사용하는 건 각 행이 같은 시간을 소비한다는 전제를 두었다는 거지. 그러니까 '$k \leftarrow 1$'도 'if $A[k] = v$ then'도 걸리는 시간은 모두 균등하다는 전제 조건이 있어. 단순하지만 나쁜 계산 모델은 아니야."

"미르카 선배! 그리고 보니 알고리즘에는 특별한 특징이 있어요. 입력이 있다, 출력이 있다, 순서가 명확하다는 것, 그리고 두 가지가 더 있어요." 테트라가 목소리 높여 말했다.

"맞아. 입력, 출력, 명확성, 실효성, 그리고 유한성. 하지만 입력이 없을 때도 있어."

"명확성이라는 건 순서가 명확하다는 뜻이죠? 그럼 실효성은 뭐예요?"

"그 순서를 실제로 실행할 수 있는 성질."

"아하! 그럼 유한성은요?"

"실행 시간이 유한하다는 성질."

"그렇군요. 입력, 출력, 명확성, 실효성, 그리고 유한성……."

테트라는 노트에 메모를 했다.

경우 통합하기

미르카는 좀 전에 테트라가 메모한 노트를 보았다.

$$\text{선형 검색의 실행 스텝 수} = \begin{cases} 4M+2 & (v\text{가 있는 경우}) \\ 4n+5 & (v\text{가 없는 경우}) \end{cases}$$

"경우에 따라 나눠서 실행 스텝 수를 구했어요." 테트라가 설명을 덧붙였다.

"흠……." 미르카는 눈을 지그시 감았다.

그러자 쾌활한 테트라는 입을 다물고 미르카를 바라보았다.

리사는…… 처음부터 조용했다.

이윽고 미르카는 집게손가락을 세워 흔들면서 눈을 떴다. 즐거운 듯한 기색이다.

"여기서는 선형 검색 알고리즘을 두 가지 경우, 즉 수열 A 안에 v가 있는 경우와 없는 경우로 나눠서 해석했어. 틀리진 않았어. 하지만 이 두 가지는 통합할 수가 있어."

"두 가지 경우를…… 통합?" 내가 물었다.

내 말과 동시에 테트라가 팔을 번쩍 들었다. 테트라는 궁금한 게 있으면 상대가 코앞에 있어도 팔을 드는 버릇이 있다.

"선배, 통합한다는 건…… v가 있는 경우와 없는 경우를 하나로 묶는다는 말인가요?"

"맞아." 미르카가 말했다.

"두 가지 경우는 출력이 다른데…… 어떻게 묶을 수 있다는 건가요?"

테트라가 다시 노트를 들여다보며 물었다.

"묶이지 않으니까 경우를 나눈 거잖아?" 나도 거들었다.

미르카는 몸을 숙여 리사의 귓가에 무어라 속삭였다. 리사는 귀찮은 듯한 표정을 짓더니 노트북 자판을 치기 시작했다.

"어려운 말이 아니야. 이런 거야."

미르카가 이렇게 말하자마자 리사는 노트북 화면을 우리 쪽으로 돌렸다.

	실행 횟수	선형 검색
L1:	1	procedure LINEAR-SEARCH(A, n, v)
L2:	1	$k \leftarrow 1$
L3:	M+1−S	while $k \leqq n$ do
L4:	M	if $A[k] = v$ then
L5:	S	return 〈있다〉
L6:	0	end-if
L7:	M−S	$k \leftarrow k+1$
L8:	M−S	end-while
L9:	1−S	return 〈없다〉
L10:	1	end-procedure

v가 없는 경우와 있는 경우를 통합한 실행 횟수

"새로운 변수 S가 나왔네요." 테트라가 조심스럽게 말했다.

"말하자면 이게 '변수의 도입에 따른 일반화'야." 미르카가 말했다.

"일반화라는 건 여러 개의 특수한 경우를 하나로 통합하는 거니까. 여기 도입한 변수 S는 두 가지 경우에 대응한 값을 취하는 것으로 정의하지."

- S=1은 v가 있는 경우를 나타낸다.

  이때 M은 v의 위치와 같다.
- S=0은 v가 없는 경우를 나타낸다.

  이때 M은 n과 같다.

"왜 하필 S라는 문자를 썼나요?" 테트라가 물었다.

"변수의 이름은 어떻게 지어도 상관없는데, 여기서는 'Successful'의 'S'를 땄어. 그러니까 찾아내기에 성공했다는 뜻이야. 변수 S는 '수열 A 안에 v가 있다'라는 명제의 참과 거짓을 각각 1과 0이라는 1비트에 대응했어."

$$\langle 수열\ A\ 안에\ v가\ 있다 \rangle \Leftrightarrow S=1$$
$$\langle 수열\ A\ 안에\ v가\ 없다 \rangle \Leftrightarrow S=0$$

"아하, 변수 S의 값이 1이면 '있다'이고, 0이면 '없다'구나." 내가 말했다.

"변수가 하나 늘어나는 대신 경우가 합쳐진 거지." 미르카가 말했다.

"경우가 합쳐졌다…… 그건 선형 검색의 실행 스텝 수를 하나의 식으로 나타낼 수 있다는 말인가?" 내가 말했다.

그러자 테트라가 재빨리 계산을 시작했다.

선형 검색의 실행 스텝 수

$$=L1+L2+L3+L4+L5+L6+L7+L8+L9+L10$$
$$=1+1+(M+1-S)+M+S+0+(M-S)+(M-S)+(1-S)+1$$
$$=4M-3S+5$$

의미 생각하기

"$4M-3S+5$, 검산을 끝냈어요."

심각한 표정으로 계산하던 테트라가 고개를 들고 말했다.

"이상한 질문일 수도 있는데, 변수 S 같은 걸 마음대로 정해도 되는 건가요? 편의주의 아닐까요?"

"상관없어." 미르카가 바로 대답했다. "모호하지도 않고 모순되지도 않아. 어느 특정 값을 가지는 변수를 정한 것뿐이니까." 내가 말했다.

"변수가 늘어나는 것보다 변수의 '의미'를 생각하는 게 더 재미있지." 미르카가 말했다.

"변수의 의미라……." 테트라는 아리송한 표정을 지었다.

"자리 좀 옮겨 줘." 미르카는 나에게 맞은편 자리를 가리키며 말했다.

"네, 알겠습니다요." 나는 바로 미르카에게 자리를 양보했다.

"**퀴즈**. S=1일 때 M이란 뭐지?" 미르카가 말했다.

"M은 찾는 수 v의 위치죠." 테트라가 대답했다.

"엄밀히 따지면 틀렸어." 미르카가 말했다.

"엥?" 나와 테트라는 깜짝 놀랐다. 리사는 말이 없다.

"예를 들어 〈31, 26, 59, 26, 53〉이라는 수열에서 $v=26$을 찾는다면?"

"아, 찾는 수 v가 반드시 한 위치에 있으리라는 법은 없다는 말이군요." 테트라가 고개를 끄덕이며 말했다.

"맞아. M이 v의 위치라고 단정하면 수열에서 정해진 자리에 v가 있다는 가정이 만들어지게 돼. 그러니까 정확히 하자면 M은 'v의 위치 중에서 <u>가장 작은 것</u>'이라고 해야 해."

"그런데 일일이 '가장 작은 것'이라고 말하는 건 성가시잖아." 내가 끼어들었다.

"그렇지. 하지만 '여러 개 있을 수 있다'라는 사실을 잊어서는 안 돼."

"네." 테트라가 대답했다.

"**다음 퀴즈**. S란 무엇일까?" 미르카가 테트라에게 물었다.

"이건 아까 말한 거잖아요. S는 수열 안에 v가 있는지 없는지를 나타내는 변수죠."

"물론 그렇지. 하지만 일반적으로 '어떤 명제가 성립하는가, 성립하지 않는가'를 1과 0으로 나타내는 변수나 식을 **인디케이터**(indicate)라고 해. 변수 S는 인디케이터야."

"인디케이터, 그러니까 '가리키는 것'이네요. 대체 뭘 가리키는 거죠?"

테트라는 집게손가락을 까딱까딱 움직이며 물었다.

"S는 'v가 있다'라는 명제를 가리켜."

"……."

테트라는 곰곰이 생각에 잠겼다.

"**다음 퀴즈**. 1-S란 무엇일까?"

"1-S란…… v가 있는 경우에는 0이고, 없는 경우에는 1이 되는 식이에요. 그렇죠? 왜냐하면 1-S라는 식은 S=0일 때 1이 되고 S=1일 때 0이 되니까요. 1과 0이 딱 반대가 되는 거죠."

테트라는 손바닥을 위아래로 뒤집어 보이면서 말했다.

"맞아. $1-S$는 'v가 없다'라는 인디케이터야."

"아, 이것도 인디케이터군요!"

다음 퀴즈. $M+1-S$란 무엇일까?"

나는 곰곰이 생각하기 시작했다.

- $S=1$일 때 $M+1-S$는 M과 같다.

  그러니까 v의 위치, 정확히 말하면 v의 위치 중에서 가장 작은 것이다.

- $S=0$일 때 $M+1-S$는 $M+1$과 같다.

  그렇다면······.

"$S=1$일 때 $M+1-S$는 v의 위치야. 그럼 $S=0$인 경우는?" 미르카가 물었다.

"v의 위치 다음인가?" 내가 말했다.

"선배, 'v의 위치 다음'이라는 건 좀 이상해요. $S=0$일 때 v는 없으니까요." 테트라가 말했다.

"아, 그런가." 내가 테트라에게 조건 실수를 지적받다니······.

"$S=0$일 때 $M+1-S$는 무엇을 나타내는가." 미르카가 다시 물었다.

"$n+1$." 리사가 낮은 목소리로 말했다.

"빙고! $S=0$일 때 M은 n과 같아. 그러니까 $M+1-S$는 $n+1$과 같지."

"잠시만요, 지금 뭘 말하는 건지 못 따라가겠어요." 테트라가 말했다.

"흠······."

미르카는 일어서더니 우리 근처를 왔다 갔다 했다. 창밖에서 부드러운 봄바람이 흘러들자 수학 소녀의 긴 머리카락이 출렁거렸다. 그녀의 시트러스향이 내 코를 간질였다.

"$M+1-S$라는 식은 꽤 흥미로워." 미르카가 걸으면서 말을 꺼냈다.

"$M+1-S$에서는 $S=1$이면 v의 위치와 같고, $S=0$이면 $n+1$과 같아. 그

럼 이 두 가지를 하나로 합칠 수 없을까? 그러니까 식 M+1−S는 어떤 경우에도 v의 위치와 같다고 간주할 수 없을까?"

"그런데 미르카, S=0일 경우에 v는……."

내가 말을 꺼내자 미르카가 이어받았다.

"맞아, S=0일 경우에 v는 A[1], A[2], A[3], …A[n] 안에 존재하지 않아. 그러면 v를 A[$n+1$]에 억지로 존재하게 만들면 돼."

"억지로…… 존재하게 만든다?"

"그렇게 하면 M+1−S는 항상 v의 위치와 같아지지."

미르카는 당연한 듯 말했지만 나는 무슨 말인지 도무지 알 수가 없었다.

"M+1−S는 두 가지 모습을 갖고 있는 게 아니라 하나를 나타낸다고 보는 거야."

"하나……라고요?" 테트라가 말했다.

나는 기억을 더듬었다. 언제였더라…….

두 가지 모습이 사실은 하나라는 걸 깨닫는다.

그러면 아주 근사한 일이 일어난다.

"보초." 리사가 말했다.

"맞아, 리사 말대로 보초야……. 리사, 가까이 와 볼래?" 미르카가 손짓을 했다.

"아뇨." 리사는 짧게 거절했다.

"저기…… 보초가 대체 뭐예요?" 테트라가 물었다.

보초를 세운 선형 검색

미르카가 다시 리사에게 귓속말을 하자 리사는 노트북에 뭔가를 입력하기 시작했다. 리사의 키보드 두드리는 속도는 엄청 빠르다. 게다가 소리도 거의 내지 않는 무음 타이핑이다.

이윽고 리사가 보초를 세운 선형 검색 알고리즘을 제시했다.

```
S1: procedure SENTINEL−LINEAR−SEARCH(A, n, v)
S2:      A[n+1] ← v
S3:      k ← 1
S4:      while A[k]≠v do
S5:          k ← k+1
S6:      end-while
S7:      if k≦n then
S8:          return 〈있다〉
S9:      end-if
S10:     return 〈없다〉
S11: end-prodcedure
```

우리는 노트북 화면을 뚫어져라 쳐다보며 한참 동안 생각했다.

"노트에 적지 않고 보기만 하니까 하나도 모르겠어요!"

테트라가 외치더니 노트에 뭔가를 열심히 적기 시작했다. 컴퓨테트라의 시동이 걸린 모양이다.

"좀 더 구체적으로 생각해 보자." 미르카가 말했다.

S1:	procedure SENTINEL-LINEAR-SEARCH(A, n, v)	①			
S2:	A[n+1] ← v	②			
S3:	k ← 1	③			
S4:	while A[k]≠v do	④	⑦	⑩	⑬
S5:	k ← k+1	⑤	⑧	⑪	
S6:	end-while	⑥	⑨	⑫	
S7:	if k≦n then				⑭
S8:	return 〈있다〉				⑮
S9:	end-if				

S10:   return 〈없다〉

S11: end-prodcedure

⑯

보초법을 활용한 선형 검색의 워크 스루
(입력은 A=(31, 41, 59, 26, 53), $n=5$, $v=26$)

"워크 스루를 하면서 알게 된 건데요, S4 → S5 → S6 3개 행에서 계속 반복 실행되고 있어요." 테트라가 말했다. "보초를 세운 선형 검색에서는 조건을 알아보는 과정이 훨씬 더 간단해진 것 같아요. 그런데 보초라는 게 뭐죠?"

"S2에서 A[$n+1$]로 놓은 수를 말해. A[$n+1$]에 v를 놓으면 $k=n+1$에서 반드시 '있다'가 나오니까 탐색이 더 이상 진행되지 못하지. 이렇게 탐색 기능을 중지시키는 수가 바로 보초야. '센티넬(sentinel)'이라고 하지. 보초가 있으면 S4의 while에서 k의 범위를 체크할 필요가 없게 돼." 미르카가 대답했다.

"아까 LINEAR−SEARCH의 경우 실행 스텝 수는 18이었어요. 반면 보초법을 활용한 경우(SENTINEL−LINEAR−SEARCH)의 실행 스텝 수는 16이에요. 겨우 2개 스텝 줄어든 것으로 빨라졌다고 할 수 있을까요?"

"이건 어디까지나 예시야. 행 S4의 실행 횟수를 M으로 놓고 '있다'가 나올 경우의 인디케이터를 S로 해서 보초법을 활용한 선형 검색의 일반적인 실행 스텝 수를 생각해야지."

	실행 횟수	보초법을 활용한 선형 검색
S1:	1	procedure SENTINEL−LINEAR−SEARCH(A, n, v)
S2:	1	A[$n+1$] ← v
S3:	1	k ← 1
S4:	M+1−S	while A[k]≠v do
S5:	M−S	k ← $k+1$
S6:	M−S	end-while
S7:	1	if $k≦n$ then

S8:	S	return 〈있다〉
S9:	0	end-if
S10:	1−S	return 〈없다〉
S11:	1	end-prodcedure

보초법을 활용한 선형 검색의 실행 스텝 수

- S＝1은 v가 있는 경우를 나타낸다.

  이 경우에 M은 v의 위치와 같다.

- S＝0은 v가 없는 경우를 나타낸다.

  이 경우에 M은 n과 같다.

보초법을 활용한 선형 검색의 실행 스텝 수

$=S1+S2+S3+S4+S5+S6+S7+S8+S9+S10+S11$

$=1+1+1+(M+1-S)+(M-S)+(M-S)+1+S+0+(1-S)+1$

$=3M-3S+7$

"아까 선형 검색을 했을 때 실행 스텝 수는 $4M-3S+5$였어요. 그런데 이번 보초법을 활용한 선형 검색에서는 $3M-3S+7$이네요!"

테트라는 노트 속 메모 내용을 보면서 말했다.

절차	실행 스텝 수
LINEAR-SEARCH	$4M-3S+5$
SENTINEL-LINEAR-SEARCH	$3M-3S+7$

"아하! 실행 스텝 수를 식으로 나타내면 알고리즘의 속도를 비교할 수 있구나." 나도 모르게 목소리가 커졌다.

"비교군요! 부등식을 바로 쓸게요!"

테트라가 말했다.

선형 검색의 실행 스텝 수 > 보초법을 활용한 선형 검색의 실행 스텝 수

$$4M - 3S + 5 > 3M - 3S + 7$$

"그것도 좋지만, 정석으로 좌변－우변이라는 식을 계산해서 그 결과가 > 0 이 되는지 알아보는 것도 좋아."

내가 말했다.

선형 검색의 실행 스텝 수 － 보초법을 활용한 선형 검색의 실행 스텝 수

$$= (4M - 3S + 5) - (3M - 3S + 7)$$
$$= 4M - 3S + 5 - 3M + 3S - 7$$
$$= M - 2$$

"그러니까 식 $M - 2 > 0$인 경우에 한해서 보초법을 활용한 선형 검색이 더 빠르다고 할 수 있어." 내가 말했다.

역시 생각을 수식으로 나타내고 나면 마음이 놓인다니까.

"$M - 2 > 0$, 그러니까 $M > 2$가 되겠네. 처음에 v가 있는 위치가 수열 A에서 세 번째 이후라면 보초법을 활용해서 선형 검색을 하는 게 더 빨라."

"수식으로 그런 걸 알 수 있군요." 테트라가 말했다.

"시간이 가장 많이 걸리는 건 v가 '없을' 때야. 실행 스텝 수가 선형 검색에서는 $4M - 3S + 5 = 4n + 5$이고 보초법을 활용한 선형 검색에서는 $3M - 3S + 7 = 3n + 7$이야. 이게 각 알고리즘의 최대 실행 스텝 수지." 내가 말했다.

역사를 만들다

미르카는 손가락으로 샤프를 빙글빙글 돌리면서 말했다.

"선형 검색이 $4M - 3S + 5$이고 보초법을 활용한 선형 검색이 $3M - 3S + 7$이라는 건, 보초를 세웠더니 선형 스텝 수가 약 $\frac{3}{4}$으로 줄었다는 걸 말해."

"$\frac{3}{4}$은 어디에서 나온 거예요?"

"M의 계수의 비. M이 충분히 크다면 $4M - 3S + 5$는 $4M$으로, $3M -$

3S+7은 3M으로 간주할 수 있으니까.”

“약 25% 빨라졌어.” 리사가 말했다.

전제 조건을 명확히 해서 알고리즘의 실행 스텝 수를 구하면 정량적 평가를 할 수 있어. 정량적인 평가가 가능하면 단순히 ‘빠르다’가 아니라 ‘약 25% 빠르다’라고 주장할 수 있지. 그리고 정량적인 평가에 따라 알고리즘이 좋은지 나쁜지 근거를 가지고 구분할 수 있어.”

“그렇구나.” 내가 말했다.

“전제 조건을 명확히 한 정량적 평가라면 개인적 차원을 넘어 여러 사람이 사용할 수 있어. 검증은 물론이고 개량도 할 수 있지. 다른 알고리즘의 해석에도 이용할 수 있고.” 미르카가 말했다.

“전제 조건을 명확히 한 정량적 평가라…… 마치 역사를 만드는 일 같아요.” 테트라가 아련한 눈빛으로 말했다. “평가를 만들어 낸 사람이 세상을 떠난 후에도 다른 사람들이, 즉 미래의 누군가가 쓸 수 있다는 뜻이니까요. 한 개인의 발견이 길이길이 남는다는 건 인류에 공헌하는 거잖아요.”

“테트라, 대단한걸.” 테트라의 발상에 나도 모르게 감동했다.

“하지만 주의할 필요가 있어. 현미경처럼 알고리즘의 세세한 차이에만 주목해서 관찰하면 큰 공통점을 놓치기 쉽거든. 그걸 제대로 하는 게 **점근적 해석**이야. 크기가 클 때는 어떻게 해야 하냐면…….”

“선형 검색은 $O(n)$*.” 리사가 미르카의 말을 가로챘다.

“방금 $O(n)$의 뜻을 제대로 알고 말한 거야?” 미르카가 즉시 물었다.

리사는 잠시 뜸을 들이더니 자신 없는 목소리로 대답했다.

“아니요.” 미르카 앞에 꼬리 내린 강아지가 된 리사.

“어디서 들은 말이지?”

이 도발적인 발언에 미르카를 노려보는 리사.

차가운 눈빛으로 되받아치는 미르카.

“저, 저기…….” 어쩔 줄 몰라 당황해하는 테트라.

---

* $O(n)$은 오엔, 빅오엔, 오더엔 등으로 읽는다.

리사가 '쯧' 하고 혀를 차면서 눈을 돌렸다.

눈싸움에서 미르카를 이길 수 있는 사람은 아무도 없다.

"퇴실 시간입니다."

그때 마침 종이 살렸다……가 아니라 사서인 미즈타니 선생님이 등장했다. 미즈타니 선생님은 늘 정확한 시각에 나타나 퇴실 시간을 알린다. 선생님은 우리 쪽을 흘긋 보더니 뒤돌아 사서실로 들어가셨다.

3. 집

우직한 한 걸음

한밤중. 나는 책상 앞에 앉아 오늘 배운 것들을 생각해 본다. 이제 알고리즘에 대해 조금은 감을 잡을 수 있을 것 같다. 입력을 해서 출력을 구하기까지 명확하면서도 실행 가능한 절차를 더듬어 한정된 스텝으로 종료하는 것, 그것이 바로 알고리즘이다.

끈기 있는 테트라가 선형 검색 알고리즘을 친절하게 워크 스루 해 주었다. 알고리즘을 이해하기 위해서는 우직하게 절차를 따라가는 것이 중요하다. 그리고 실행 스텝 수를 수식으로 표현하면 알고리즘 해석을 진전시킬 수 있다. 미르카는 '전제 조건을 명확히 한 정량적 평가'와 '변수를 도입한 경우 통합하기'를 가르쳐 주었다. 당연한 것처럼 보이는 알고리즘도 자세히 파고들면 발견이 가능하구나.

그건 그렇고, 수식의 힘은 세다. 정량적 평가를 뒷받침하는 것은 수식이며, 수식에 넣어 맞추면 평가도 비교도 판단도 할 수 있다.

그리고 빨강머리의 리사. 미르카의 질문에 '보초'라고 대답했다. 소리 없이 빠르게 타자를 치는 나라비쿠라 박사의 딸, 리사는 보초를 알고 있었다. 그 애 역시 이런저런 것들을 스스로 배우고 있는 게 틀림없다.

아, 정말이지 학교에서 가르쳐 주는 것들은 많지 않다. 궁금한 것은 자기 힘으로 배워야 한다. 늘 자발적으로 노력해서 해답을 찾아야 한다. 그런 면에서 볼 때 테트라, 미르카, 그리고 리사 모두 대단하다. 그에 비하면 난…… 한심하다. 아니, 그렇지 않아! 그런 생각에 빠져들어선 안 돼. 미르카와의 약속을 떠올려 보자!

안경을 벗고 왼쪽 뺨에 가만히 손을 갖다 댔다.

지금 나는 고등학교 3학년. 대학에 진학할 생각이다.

확실한 무언가를 배우고, 확실한 무언가를 이루어 내고 싶다.

나의 우직한 공부는 대학 입시라는 하나의 테스트 케이스를 통해 정량적 평가를 받는다. 합격이면 1, 불합격이면 0이라는 인디케이터는…… 상당히 묵직한 1비트다.

이런 생각에 안경을 고쳐 쓰고 노트를 펼쳤다.

자, 오늘 밤도…… 우직한 한 걸음을 내디뎌 보자.

자기 필생의 작업에 이름을 붙일 수 있는 복을 지닌 사람은
매우 드물다. 그러나 1960년대에 나는
'알고리즘의 해석'이라는 문구를 만들어 내야만 했다.
내가 하고 싶어 했던 것을 기존 용어로는
적절히 표현할 수 없었기 때문이다.
_도널드 커누스

테트라의 노트(의사 코드)

절차의 정의

> procedure 〈절차명〉(인수열)
>> 〈문〉
>> ⋮
>> 〈문〉
> end-procedure

〈인수열〉을 입력하는 절차를 〈절차명〉이라는 이름으로 정의한다.

대입문

> | 〈변수〉 ← 〈식〉

〈변수〉로 〈식〉의 값을 대입한다.

대입문(값의 교환)

> | 〈변수 1〉↔〈변수 2〉

〈변수 1〉의 값과 〈변수 2〉의 값을 교환한다.

if문 (1)

> if 〈조건〉 then
>   〈처리〉
> end-if

1. 〈조건〉이 성립하는지 알아본다.
2. 〈조건〉이 성립하는 경우에는 〈처리〉를 실행하고 end-if 행으로 간다.
3. 〈조건〉이 성립하지 않는 경우에는 'end-if' 다음 행으로 간다.

if문 (2)

> if 〈조건〉 then
>   〈처리 1〉
> else
>   〈처리 2〉
> end-if

1. 〈조건〉이 성립하는지 알아본다.
2. 〈조건〉이 성립하는 경우에는 〈처리 1〉을 실행하고 end-if 행으로 간다.
3. 〈조건〉이 성립하지 않는 경우에는 〈처리 2〉를 실행하고 end-if 행으로 간다. 즉 〈처리 1〉과 〈처리 2〉 중 한쪽만 반드시 실행한다.

if문 (3)

> if ⟨조건 A⟩ then
>   ⟨처리 1⟩
> else-if ⟨조건 B⟩ then
>   ⟨처리 2⟩
> else
>   ⟨처리 3⟩
> end-if

1. ⟨조건 A⟩가 성립하는지 알아본다.

2. ⟨조건 A⟩가 성립하는 경우에는 ⟨처리 1⟩을 실행하고 end-if 행으로 간다.

3. ⟨조건 A⟩가 성립하지 않는 경우에는 ⟨조건 B⟩가 성립하는지 알아본다.

4. ⟨조건 B⟩가 성립하는 경우에는 ⟨처리 2⟩를 실행하고 end-if 행으로 간다.

5. ⟨조건 A⟩와 ⟨조건 B⟩가 모두 성립하지 않는 경우에는 ⟨처리 3⟩을 실행 하고 end-if 행으로 간다.

즉 ⟨처리 1⟩, ⟨처리 2⟩, ⟨처리 3⟩ 중 하나만 반드시 실행한다.

while문

> while 〈조건〉 do
>   〈처리〉
> end-while

1. 〈조건〉이 성립하는지 알아본다.
2. 〈조건〉이 성립하는 경우에는 〈처리〉를 실행하고 end-while 행으로 갔다가 'while 〈조건〉 do행'으로 돌아온다.
3. 〈조건〉이 성립하지 않는 경우에는 'end-while' 다음 행으로 간다.

return 문 (실행 결과)

> return 〈식〉

1. 〈식〉의 값을 구하고, 그것을 절차의 실행 결과(출력)로 한다.
2. end-procedure 행으로 가서 이 절차의 실행을 마친다.

171억 7986만 9184의 고독

어릴 적 살던 마을, 바구니 가게 앞에서
바구니를 짜던 장인을 보는 게 무척 즐거웠다.
이제 와서 생각해 보니 그 경험이 지금의 나에게
더없이 도움이 된다는 사실을 깨달았다.
_『로빈슨 크루소』

1. 순열

서점

"누구게!"

유리가 뒤에서 나의 눈을 가리면서 물었다.

"뻔하지. 유리."

나는 유리의 손을 걷어 냈다.

"쳇, 시시하다."

유리는 야구 모자를 눌러 쓰고 있다. 긴 머리는 뒤로 묶어 모자 구멍 사이로 드리웠다.

오늘은 토요일. 역 근처에 새로 생긴 대형 서점을 찾았다. 반갑게도 열람용 의자가 여기저기 놓여 있어 책을 여유 있게 읽어 볼 수 있다.

"책 사러 왔어?" 내가 물었다.

"당연하지. 옥상으로 가서 얘기 좀 하자."

"옥상? 난 지금 책 고르는 중인데……."

하지만 알고 있다. 결국 유리가 원하는 대로 될 거라는 걸.

이해한 느낌

"오, 거리에 사람들이 참 많아!"

유리는 옥상의 철책을 통해 도로를 내려다보며 소리쳤다.

나는 자판기에서 뽑아 온 주스 캔을 내밀었다.

"땡큐."

그러고 보니…… 며칠 전에 유리는 왜 이상한 질문을 했을까?

'뽀뽀해 본 적 있어?'

유리는 캔을 양손으로 감싼 채 주스를 마시고 있다.

"너 얼마 전까지 '아스파라거스'라는 발음 제대로 못 했지?"

"그건 아주 어렸을 때 얘기잖아!"

"그럼 지금은 발음이 돼?"

"간단하지. 아스파라거스, 아스파라거스, 아스라파……."

"엥?"

"아스파가러, 아스라파거…… 아 몰라! 오빠 못됐어!"

"미안, 미안."

토라진 유리의 얼굴을 보니 왠지 마음이 놓였다.

"그러고 보니…… 오빠는 **순열**에 대해 알고 있어?"

"그럭저럭."

'그러고 보니'란 무슨 뜻일까.

"음…… 잘 모르는 부분이 있어서."

"중학교 때 배우는 순열은 별로 안 어렵잖아? 카드 4장을 일렬로 나열한
다든지."

문제 3-1 순열

A, B, C, D

위 4장의 카드를 일렬로 나열하는 방법은 모두 몇 가지인가?

"그런 건 바로 알 수 있지! 그런데 선생님의 설명이 잘 이해되지 않았어.

곧바로 계산 연습으로 넘어가서 말이야. 4개의 수를 나열한다거나, 4명의 사람을 나열한다거나, 4마리의 양을 나열한다거나…….”

“설마, 양은 아닐 것 같은데.”

“무엇을 나열하는가만 바뀔 뿐 계산은 똑같잖아? 하지만 난 계산을 해야 하는 이유가 궁금했다고.”

“아하, 알겠다. 유리는 공식을 어떻게 적용하느냐가 아니라 그 공식이 왜 필요한지를 알고 싶었던 거지?”

“응. 어떤 상황인지도 모른 채 계산만 반복하는 건 괴롭잖아.” 유리는 주스를 한 모금 마신 뒤 말했다.

“유리는 그런 타입이구나. 이해하지 않으면 움직이지 않는.”

“설명을 할 수 없으면 속상하기도 하지만 그 녀석이 또 시끄럽게 군단 말이야.”

‘그 녀석’이란 누굴까?

“순열은 말이야……. **각각에 대해** 생각하는 거야.”

“그게 뭐야, 비법 같은 거야?”

구체적인 예시

옥상 위에는 바람이 산들산들 불고 있었다. 역시 봄날에는 건물 안에 있는 것보다 야외가 낫다. 나는 벤치에 앉은 채 수첩을 꺼내어 순열에 대한 강의를 시작했다.

“그럼 다시 생각해 보자. A, B, C, D라는 카드 4장을 일렬로 나열하는 방법은 모두 몇 가지 있는지를 찾아보는 거야.”

“알았어.”

“먼저 ‘일렬로 나열한다’라는 표현을 잘 봐. 이건 순서를 신경 써야 한다는 말이야. 예를 들어 A—B—C—D로 나열하는 것은 B—A—C—D로 나열하는 것과 다르다는 뜻이지.”

“흠, 순서에 따른다는 말이지?”

“그렇지. 순서에 따르는 나열 방법을 **순열**이라고 해. 순서에 신경 써서 열로 만드는 거야."

"순열. 순서에 신경 써서 열로 만든다. 오호, 그렇군."

유리는 눈을 반짝반짝 빛내며 귀를 기울이고 있다. 설명이 따분하면 바로 '재미없다'고 말하는 아이라서 마음이 편하다. 그런 면에서 유리는 테트라와 닮은 구석이 있다. 둘 다 '아는 척'을 하지 않는다는 것.

"그리고 '누락'하지 않고 '중복'하지 않고 세는 것도 중요해."

"누락? 중복?"

"어느 하나라도 빠뜨리면 실제 수보다 적어지고, 같은 것을 중복하면 실제 수보다 많아지잖아. 그러니까 누락 없이, 중복 없이 정확하게 세는 게 중요해."

"그런 거 좋아. 누락 없이, 중복 없이 세면 된다 이거지? 그런데 주사위 게임 퀴즈에서 무승부를 잊어버렸다면 세는 걸 누락한 거야?"

"음…… 그렇지. 그런 것처럼 인간은 종종 잘못 셀 때가 있어. 그래서 방법을 만들어 냈어."

"비결 같은 거야?"

규칙성

"뭔가를 셀 때 쓰는 건데, 말하자면 규칙성을 찾아내는 거야."

"무슨 소린지 모르겠어."

"규칙적으로 세는 거지. **수형도**를 한번 그려 볼게."

"수형도가 뭐더라?"

"이런 거."

나는 수첩에 수형도를 그렸다.

"순열과의 관계를 알 수 있도록 그려 봤어. 나무 모양이라서 수형도라고 하는데, 규칙성을 발견할 때 유용해."

"아, 알겠다."

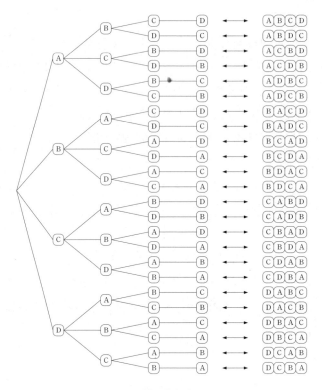

수형도와 순열

1단계 분기

"수형도를 자세히 관찰해 봐. 왼쪽 끝부터 보면 처음에 하나였던 가지가 4개로 분기되어 있어. 이건 1단계 카드인데 A, B, C, D라는 4가지를 고를 수 있다는 거야."

"분기가 뭐야?"

"가지가 갈라져 있다는 뜻이야. 처음에 왼쪽 끝에서 가지가 4개로 갈라지 잖아."

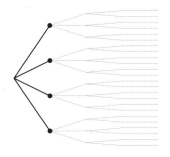

1단계 분기: 4개의 가지로 갈라진다

2단계 분기

"이제 2단계로 가 볼게. 4개 각각에 대해 다시 갈라지고 있지?"

"응, 맞아."

"유리야, 방금 내가 '각각에 대해'라고 했지? 2단계 가지들은 각각 3개씩 갈라져 있어. 이건 2단계 카드들이 각각 3가지씩 선택할 수 있다는 뜻이야."

"응, 그건 이해했어. 첫 번째에 쓴 카드는 쓸 수 없으니까."

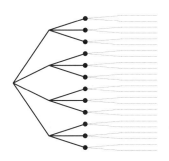

2단계 분기: 4개의 가지 각각에 대해 3개씩 갈라진다

"4개의 가지 각각에 대해 3개씩 갈라져 있어. '각각에 대해'라는 말은 곧 곱셈을 한다는 뜻이야. 그러니까 2단계까지 가지는 4×3이니까 12개야."

"그렇지."

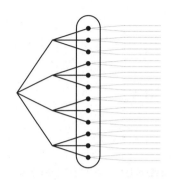

2단계의 가지는 4 × 3 = 12개로 갈라진다

3단계 분기

"그럼 다음은 3단계야. 여기서부터는 반복되니까 간단해."

"그렇구나. 3단계에서는 12개의 가지 각각에 대해 2개씩 갈라지고 있어."

"그렇긴 한데, 무기를 써먹자."

"무기라니?"

"이제 '각각에 대해'라는 표현을 쓰자는 거야."

"아, 그렇지. 12개의 '각각에 대해' 2개씩 가지가 갈라진다는 건 곱셈이 나 온다는 말이지?"

"맞아, 12 × 2 = 24."

"알았어."

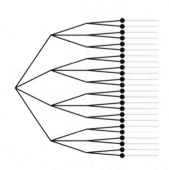

3단계 분기: 4 × 3개의 가지 각각에 대해 2개씩 갈라진다

4단계 분기

"그럼 4단계로 갈게. 3단계에서 가지가 24개 있었으니까……."

"잠깐, 내가 말할래! 24개의 가지 각각에 대해 한 개씩…… 어라?"

"왜 그래?"

"한 개일 때는 어떻게 해? 이제 더 이상 갈라지지 않는데."

"맞아. 보통 가지가 한 개로 갈라진다는 표현은 쓰지 않아. 하지만 지금은 그렇게 생각하는 게 이해하기 쉬울 거야. 똑같이 적용해야 하거든. 일관성이 있는 곳에 규칙성이 있는 법이니까."

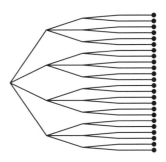

4단계 분기: 4×3×2개의 가지 각각에 대해 1개씩 갈라진다

"흠, 24개의 가지마다 1개씩 가지가 갈라져 있으니까 24×1=24. 4단계의 나뭇가지는 24개야."

"그렇지. 그게 Ⓐ, Ⓑ, Ⓒ, Ⓓ라는 카드 4장을 나열하는 순열의 수와 대응해. 모두 24가지가 되는 거지."

"이해했어."

"그럼 정리해 보자. 단계가 진행되면서 가지는 4 → 3 → 2 → 1로 점점 적게 갈라져. 그리고 '각각에 대해'가 나올 때마다 곱셈을 해."

처음에는 4개의 가지로 갈라진다. ←······→ 4

각각에 대해 3개로 갈라진다. ←······→ ×3

각각에 대해 2개로 갈라진다. ←······→ ×2

각각에 대해 1개로 갈라진다.　　　←┈┈┈→　×1

카드 4장을 나열하는 순열의 수＝4×3×2×1

"그렇구나! 그래서 이렇게 되는 거구나. 오빠가 아까 말한, 뭐더라…… 규율?"

"규칙성."

"아, 이렇게 규칙성을 따지는 셈법은 이해하기가 쉬워."

"맞아. 수형도를 그리면 규칙성을 찾기가 쉽고, '누락 없이, 중복 없이' 셀 수 있어. '각각에 대해'라는 표현은 곱셈을 하는 것이라는 데까지는 이해했지?"

"응, 역시 설명이 멋지다."

"겨우 이런 걸 가지고 멋지게 봐 주는 네가 더 멋진 것 같은데?"

"헤헤, 너무 띄우지 마."

[풀이 3-1]　순열

　카드 4장을 일렬로 나열하는 방법은 모두 24가지 있다.

　　　　A，　B，　C，　D

"구체적인 예시에서 규칙성을 발견했으니까 이제 다음으로 넘어가자."

"다음이라니?"

일반화

"다음은 일반화야."

"일반화?"

"카드 4장을 나열하는 순열은 어디까지나 카드가 4장일 때의 이야기지. 일반화라는 건 카드가 5장일 때, 6장일 때, 7장일 때…… 몇 장이라 해도 쓸 수 있는 방법을 구하는 거야."

n장의 카드를 일렬로 나열하는 방법은 모두 몇 가지인가?

"n장이라……."

"일반화를 할 때는 n이라는 변수를 쓸 때가 많아. 이걸 '변수의 도입에 따른 일반화'라고 해. 아까 나왔던 A, B, C, D의 나열 방법이 24가지 있었다는 건 카드가 4장이기 때문이야. n장의 나열 방법을 알면, 그러니까 순열의 수를 n으로 나타내면 n이 5일 때, 6일 때, 7일 때…… 모든 경우가 n으로 표현되는 거지."

"흠."

"산수와 수학의 가장 큰 차이가 여기에 있어. 혹시 중학교 수학에서 처음에 배운 문자식 기억해?"

"응, a도 나오고 b도 나오고 x도 나오고 y도 나오고."

"그런 문자식은 구체적인 수뿐만 아니라 일반적인 수를 다루는 연습이야."

"예를 들어 우리가 좀 전에 한 카드 나열은 어떻게 하는 거야?"

"4 대신 n으로 시작하면 되지. n부터 시작해서 '1씩 줄인 수의 곱'을 만드는 거야."

처음에 갈라지기 전의 가지 수는 n개   ◀┈┈▶ n

각 가지마다 갈라지는 가지 수는 $n-1$개   ◀┈┈▶ $\times\ (n-1)$

각 가지마다 갈라지는 가지 수는 $n-2$개   ◀┈┈▶ $\times\ (n-2)$

$\vdots$ $\vdots$ $\vdots$

각 가지마다 갈라지는 가지 수는 2개   ◀┈┈▶ $\times$ 2

각 가지마다 갈라지는 가지 수는 1개   ◀┈┈▶ $\times$ 1

"아, 알겠어. 이거 n의 계승이지? '$n!$'라고 쓰잖아."

n의 계승

$$n! = n \times (n-1) \times (n-2) \times \cdots \times 2 \times 1$$

"기억하고 있었네?"

"당연하지!"

"따라서 n개의 수를 나열하는 순열의 수는 $n!$이 돼."

"그러네. 수형도를 상상하니까 쏙쏙 이해가 된다."

[풀이 3-2] 순열

    n장의 카드를 일렬로 나열하는 방법은 모두 $n!$ 가지다.

길 만들기

"유리야, 지금까지 한 건 그렇게 어렵지 않았어. n장의 나열 방법은 $n!$가지 있다는 것만 나왔고 외우기도 쉬우니까. 하지만 어떤 과정을 거쳤는지는 잘 알아 둬야 해."

"오빠, 표정이 갑자기 진지해졌는걸?"

"중요한 거니까. 수학에서 무언가를 생각할 때 처음에는 반드시 **구체 예시**를 만들어야 해. 카드 4장을 나열할 때처럼."

"응, 알았어."

"하지만 구체적인 예시를 만들었다고 해서 안심하면 안 돼. 구체적인 예시에 숨어 있는 **규칙성**을 발견하는 것도 아주 중요하거든. 미르카도 표현은 다르지만 같은 말을 했어."

'구조를 파악하는 마음의 눈이 필요해.'

"미르카 언니도?" 유리가 목소리를 높였다.

유리는 미르카를 좋아한다.

"규칙성을 찾을 때는 수형도가 꽤 쓸 만해. 표를 만드는 것도 괜찮고. 여기서 규칙성을 발견한 다음 **일반화**의 과정으로 넘어가는 거야. 이때는 대부분

수식의 형태가 되지."

"구체적인 예시, 규칙성, 일반화……. 말은 이해했는데, 왜 그렇게 하는 거냐옹?"

"글쎄…… 유리야, 구체 예시에서 규칙성을 발견하고 일반화하는 건 '해 봐야 안다'는 상태에서 '해 보지 않아도 안다'는 상태가 되기 위해서야. 이건 대단한 거라고."

"해 보지 않아도 안다?" 유리가 얼굴을 찌푸렸다.

"수형도를 일일이 그리지 않아도 $n!$을 계산하기만 하면 된다는 거야. 말하자면 직접 해 보지 않고도 일반화한 수식, 그러니까 '공식'을 적용하면 되는 거지. 공식이 왜 편리하겠어? 하지만 직접 구체적으로 계산하는 경험을 하지 않으면 공식의 고마움을 알 수 없어. 그러니까 무조건 공식을 외우는 건 좋지 않아. 공식의 근거를 모르면 왜 적용해야 하는지도 알 수 없으니까."

"오빠……."

"아무튼 구체적으로 생각하는 건 중요하다는 거야. 그걸 빠뜨리면 안 돼. 그런데 거기서 규칙성을 발견하고 일반화하는 것, 그게 더 중요해. 아무리 작은 문제라도 마찬가지야. 구체 예시 → 규칙성 → 일반화의 길을 만들어야 한다는 걸 잊지 마."

구체 예시 → 규칙성 → 일반화

"길을 만든다!"

"그리고 수학의 길 끝에는 자신이 찾아낸 게 과연 맞는지를 증명하는 일이 기다리고 있어."

"증명……."

"아무튼 곰곰이 생각하고 직접 계산해서 $n!$을 이끌어 냈다면 나열하는 방법의 총 개수를 $n!$으로 구할 수 있다는 사실이 자동으로 입력될 거야. 억지로 외우는 것보다 훨씬 낫지."

"아, 하지만 선생님은 10!까지 암기하라고 하시던데?"

"물론 작은 수의 계승은 암기하는 게 좋아. 나도 외웠거든. 그러면 언제 어디서든 3628800이라는 수가 나왔을 때 10!을 바로 떠올릴 수 있으니까."

n	1	2	3	4	5	6	7	8	9	10
$n!$	1	2	6	24	120	720	5040	40320	362880	3628800

"1!을 알면 10!을 알 수 있다는 거네."

"정확히 말하자면, 계승을 알면 3,628,800을 알 수 있다고 해야지."

그 녀석

"오빠가 들려주는 설명은 쏙쏙 이해되고 재미도 있어!"

유리는 빈 주스 캔을 쓰레기통에 버리고 야구 모자를 다시 눌러 썼다. 은은한 비누 향이 느껴졌다.

나는 문제 하나를 생각해 냈다.

"유리야, '아스파라거스'라는 여섯 글자를 일렬로 나열하는 방법은 몇 가지일까?"

"간단하지. 6!이니까 720가지. 방금 외웠거든."

"아쉽군요."

"틀렸어? 왜?"

"아스파라거스에는 '스'가 두 번 들어가. 그러니까 6!은 아니지."

"뭐야! '아스라파거스'에 '스'가 두 번 들어간다고? 치사해!"

"아스라파거스가 아니라 아스파라거스."

"아스라파거…… 아, 짜증나!"

유리가 갑자기 내 옆구리를 찔렀다.

"옥!"

"헷, '옥'의 계승이네." 유리가 말했다.

"유리야, 꽤 아프다고……."

"그 정도는 애정의 표현이거든."

"애정이라니……. 그런데 우리가 어쩌다 '순열' 얘기를 하게 됐지?"

"그러니까 말이야. 우리 반에 수학 잘하는 애가 있는데, 퀴즈로 자기 수학 실력을 뽐내곤 하거든."

"그런데?"

"얼마 전 나한테 '순열에 대해 설명할 수 있어?'라고 묻더라고. 그게 좀 건방져 보였어."

"그럼 이제 '그 녀석'을 상대할 수 있겠네?"

"당연하지! 이젠 학교에 가면…… 아, 걔네 집에 무슨 사정이 있어서 당분간 학교에 안 나온대."

문제 3-3 같은 문자를 포함하는 순열
'아스파라거스'라는 여섯 글자를 일렬로 나열하는 방법은 몇 가지 있는가?

2. 조합

도서실

"앗차차차차!"

정적을 깨는 저 목소리의 주인은 보나마나 테트라다.

도서실. 서둘러 뛰어오다가 넘어진 테트라는 공중으로 흩뿌려진 카드를 잡아 보려고 허둥대고 있다. 2^{2^2}인 16세는 꿈결처럼 지나가고 어느새 소수인 17세가 되었다.

수험생이라고는 하지만 나의 하루하루는 평소와 다름없이 흘러간다. 수업을 마치고 나면 도서실에서 공부를 하는 일상의 연속이다. 딱 하나 변화가 있다면, 수학 외에 다른 과목을 공부하는 비율이 늘어났다는 것 정도? 어쨌든 전보다는 바빠졌다.

"아흑!"

테트라는 신음 소리를 내며 떨어진 카드를 모으고 있다.

"괜찮아?" 나는 다가가서 카드를 같이 주웠다.

카드에는 무라키 선생님의 문제가 담겨 있었다.

순열

"순열이네. 마침 얼마 전에 유리랑 순열 이야기를 했는데."

나는 주운 카드를 테트라에게 건네며 말했다.

---

n개에서 순서대로 k개를 꺼내는 경우의 수(순열의 정의)

$$_n\mathrm{P}_k = \frac{n!}{(n-k)!}$$

"내가 유리한테 알려준 건 k개를 꺼낸다는 일반적인 형태가 아니라 n개를 나열하는 경우의 수였는데……."

"그렇다면 $_n\mathrm{P}_n$이라는 건가요?"

"그렇지."

$$\begin{aligned}
_n\mathrm{P}_n &= \frac{n!}{(n-n)!} \qquad &_n\mathrm{P}_k \text{의 정의에서 } n=k\text{로} \\
&= \frac{n!}{0!} \qquad &n-n=0\text{이므로} \\
&= \frac{n!}{1} \qquad &0!=1\text{이므로} \\
&= n!
\end{aligned}$$

"그런데 $_n\mathrm{P}_k$ 말인데요." 테트라가 말했다.

"경우의 수는 반드시 정수가 나와야 하는데 순열의 정의가 $\dfrac{n!}{(n-k)!}$처럼 분수 형태인 게 이상해요. 이해가 잘 안 돼요……."

"분수 형태지만 약분하면 정수가 되잖아."

"네. 결국에는 정수가 되는 것도 신기해요."

"이해하려면 구체적인 예시를 만들어 보는 게 좋을 거야."

"구체적인 예시요?"

"예를 들어 5개의 수 가운데 2개를 꺼내 나열한다고 해 보자."

- 처음에 고를 수 있는 수는 5가지다.
- 각 수에 대해 두 번째로 고를 수 있는 수는 4가지다.

"그러면 순열 $_5P_2$는 5×4라는 형태가 되겠지."

$_5P_2 = 5$개인 수 가운데 2개를 꺼내는 순열의 수 $= 5 \times 4$

"네, 그건 그렇죠. 5 → 4로 줄어드는 수를 곱해요."

"이런 식으로 하나씩 줄어드는 수의 곱은 계승 $n!$으로 나타낼 수 있어."

"어! 그런데 5의 계승은 $_5P_2$와는 다르잖아요. 꼬리가 남아 있는데요?"

테트라는 자신의 꼬리를 찾는 시늉을 했다. ……꼬리가 있단 말이야?

$$5! = \underbrace{5 \times 4}_{_5P_2} \times \underbrace{3 \times 2 \times 1}_{\text{꼬리}}$$

"$_5P_2$에서 필요한 건 $5 \times 4 \times 3 \times 2 \times 1$ 중에서 처음 5×4 부분뿐이야. 그러니까 꼬리인 $3 \times 2 \times 1$은 필요 없어. $3 \times 2 \times 1$이라는 꼬리 부분은 잘라내자는 생각에 도달하게 되겠지. 게다가 이 $3 \times 2 \times 1$은 3!이니까 $_5P_2$는 다음과 같이 계승으로만 표현할 수 있다는 사실을 알 수 있지."

$$_5P_2 = 5 \times 4$$
$$= \frac{5 \times 4 \times \overbrace{3 \times 2 \times 1}^{\text{꼬리}}}{\underbrace{3 \times 2 \times 1}_{\text{꼬리}}}$$
$$= \frac{5!}{3!}$$

"그러네요! 이렇게 해서 꼬리를 자를 수 있네요!" 테트라가 크게 고개를 끄덕였다.

"지금은 5나 2라는 구체적인 수를 들어 생각했잖아. n이나 k처럼 변수를 사용하면, 순열 $_n\mathrm{P}_k$라는 식이 되겠지."

$$_n\mathrm{P}_k = n \times (n-1) \times (n-2) \times \cdots \times (n-k+1)$$

$$= \frac{n \times (n-1) \times (n-2) \times \cdots \times (n-k+1) \times \overbrace{(n-k) \times \cdots \times 2 \times 1}^{\text{꼬리}}}{\underbrace{(n-k) \times \cdots \times 2 \times 1}_{\text{꼬리}}}$$

$$= \frac{n!}{(n-k)!}$$

"식 $\dfrac{n!}{(n-k)!}$ 의 분모 $(n-k)!$가 '꼬리'였네요!"

"그렇지."

조합

"선배, 순서대로 배열하는 경우는 순열이고 그렇지 않은 경우는 조합이죠?"

"맞아. 조합은 $\dbinom{n}{k}$나 $_n\mathrm{C}_k$라고 쓰지."

순열 $_n\mathrm{P}_k$　　　　　n개 가운데 순서대로 k개를 꺼내는 경우의 수

조합 $_n\mathrm{C}_k$ 또는 $\dbinom{n}{k}$　n개 가운데 순서와 상관없이 k개를 꺼내는 경우의 수

"예를 들어 Ⓐ, Ⓑ, Ⓒ, Ⓓ라는 카드 5장에서 2장을 꺼내는 예시를 만들어 보자. 우선 순서대로 꺼내는 '순열'의 경우는 $_5\mathrm{P}_2 = 5 \times 4 = 20$가지가 돼."

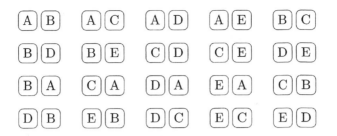

5장의 카드에서 순서를 의식하여 2장 꺼내는 순열

"네, 그러네요."

"그와 달리 5장의 카드 가운데 순서와 상관없이 2장 꺼내는 '조합'은 이렇게 10가지야."

$$\boxed{A}\boxed{B} \quad \boxed{A}\boxed{C} \quad \boxed{A}\boxed{D} \quad \boxed{A}\boxed{E} \quad \boxed{B}\boxed{C}$$

$$\boxed{B}\boxed{D} \quad \boxed{B}\boxed{E} \quad \boxed{C}\boxed{D} \quad \boxed{C}\boxed{E} \quad \boxed{D}\boxed{E}$$

5장의 카드 중에 순서와 상관없이 2장 꺼내는 조합

"5장의 카드에서 2장 꺼내는 조합의 수를 $\binom{5}{2}$라고 쓰면 다음처럼 나타낼 수 있겠지."

$$\binom{5}{2} = \frac{5!}{2!\,3!} = 10$$

"네…… 그런데요?"

"'순열'과 '조합'을 비교해 볼게. 예를 들어 $\boxed{A}\boxed{B}$와 $\boxed{B}\boxed{A}$는 '순열'에서는 다른 걸로 간주해서 세겠지만 '조합'에서는 같은 걸로 간주하니까 $\boxed{A}\boxed{B}$를 대표로 썼어."

"네, 그건 알아요. 중복된 건 통합되는 거죠."

"그럼 '순열'은 '조합'과 비교해서 얼마나 중복된 거지?"

"음, 두 배 중복됐네요."

"맞아. 더 깊이 살펴보면 꺼내는 카드의 순열만큼 중복됐다는 사실을 알수 있어. 2장의 카드를 꺼내는데 $\boxed{A}\,\boxed{B}$와 $\boxed{B}\,\boxed{A}$는 중복이지. 이건 꺼낸 카드 2장의 순열, 그러니까 $_2P_2 = 2!$만큼 중복됐다는 거야."

"아하……."

"먼저 순서대로 카드를 꺼내면 중복이 발생하지. 그러니까 중복된 만큼 나눠야 '조합의 수'를 구할 수 있다는 뜻이야."

5장의 카드에서 순서와 상관없이 2장을 꺼내는 경우의 수

$$= \frac{\langle 5장의\ 카드에서\ 순서대로\ 2장\ 꺼내는\ 경우의\ 수\rangle}{\langle 2장의\ 카드를\ 순서와\ 상관없이\ 나열하는\ 경우의\ 수\rangle}$$

$$= \frac{_5P_2}{_2P_2}$$

$$= \frac{5 \times 4}{2 \times 1}$$

$$= 10$$

"순서대로 꺼내 놓고…… 중복된 만큼 나누는군요."

"맞아. 여기까지 알면 일반화는 쉽지."

n개 중에서 순서와 상관없이 k개 꺼내는 경우의 수

$$= \frac{\langle n장의\ 카드에서\ 순서대로\ k장\ 꺼내는\ 경우의\ 수\rangle}{\langle k장의\ 카드를\ 순서와\ 상관없이\ 나열하는\ 경우의\ 수\rangle}$$

$$= \frac{_nP_k}{_kP_k}$$

$$= \frac{\dfrac{n!}{(n-k)!}}{k!}$$

$$= \frac{n!}{k!\,(n-k)!}$$

"그렇군요."

"여기에도 $\dfrac{n!}{k!(n-k)!}$라는 분수가 나오는데, 중복하는 수로 나누니까 결과는 반드시 정수가 나와."

"이제 좀 이해됐어요. $\dfrac{n!}{k!(n-k)!}$라는 분수에 나오는 $n!$과 $k!$과 $(n-k)!$가 무엇을 뜻하는지 명확해졌어요."

---

n개 중에 순서대로 k개를 꺼내는 경우의 수(조합의 정의)

$$_nC_k=\binom{n}{k}=\frac{n!}{(n-k)!}$$

아스파라거스

테트라는 도서실 책상에 흩어져 있는 카드를 모아 놓고 지금까지의 설명을 노트에 적는다. 테트라는 덜렁대는 성격이지만 배운 건 꼼꼼하게 적는 습관을 갖고 있다. 언어를 참 좋아하는 것 같다.

"참, 테트라. '아스파라거스'라는 6글자를 나열하는 방법은 몇 가지일까?"

"순서대로 나열하는 건 순열이죠. 6의 계승이니까…… 앗, 아니다. '스'가 중복이네요. 우선 총 6글자니까……."

$$6\text{글자의 순열의 수}=6!$$

"그런데 중복된 게 있죠. '스'가 두 개 들어간 게 구별되지 않으니까 2글자의 순열로 나눠야 해요."

$$2\text{글자의 순열의 수}=2!$$

"따라서 이렇게 돼요."

$$\text{'아스파라거스'를 나열하는 방법의 개수}=\frac{\langle6\text{글자의 순열 개수}\rangle}{\langle2\text{글자의 순열 개수}\rangle}$$

$$= \frac{6!}{2!}$$
$$= 6 \times 5 \times 4 \times 3$$
$$= 360$$

"그렇지. 같은 말이긴 하지만 '스' 2개를 구별해서 이렇게 생각해도 돼."

'아스파라거스'를 나열하는 방법의 개수 $= \dfrac{\langle \text{아·스·파·라·거·스의 순열 개수} \rangle}{\langle \text{스·스의 순열 개수} \rangle}$

$$= \frac{6!}{2!}$$
$$= 6 \times 5 \times 4 \times 3$$
$$= 360$$

"360가지나 되네요! 아스파라거스, 아스파라스거, 아스파거라스……."
"테트라…… 그걸 전부 나열할 생각은 아니겠지?"

풀이 3-3 같은 글자를 포함하는 순열
  '아스파라거스'라는 6글자를 일렬로 나열하는 방법은 360가지다.

이항정리

나는 다른 카드 한 장을 꺼내 보았다.
"이건 **이항정리**군. 조합의 수 $\binom{n}{k}$에 관한 가장 유명한 정리야."

이항정리

$$(a+b)^n = \sum_{k=0}^{n} \binom{n}{k} a^{n-k} b^k$$

"이항정리라면…… 전에 가르쳐 주셨죠. 그런데 변수가 많으면 어려워요."
테트라가 무언가를 떠올리는 듯한 표정을 지었다.

"변수가 많이 나오는 식을 봤을 때는 스스로 구체화하는 연습이 중요해."

"스스로 구체화한다는 건 어떤 건가요?"

"문자, 즉 변수가 많이 나온다는 건 아주 일반적인 식이라는 뜻이야. 누군가가 만들어 낸 '변수의 도입에 따른 일반화'의 결과라고도 할 수 있지. 그럴 때는 변수에 구체적인 수를 넣어서 식을 계산해 봐. 그러면 '진짜 성립하는구나' 하고 실감하게 될 거야."

"혹시 '변수의 도입에 따른 일반화'를 반대로 해 보라는 건가요?"

"그렇지. 말하자면 '변수에 대입하는 특수화'라고 할 수 있겠지. 예를 들어 이항정리에서 $n=1$일 때는 이렇겠지."

$$
\begin{aligned}
(a+b)^1 &= \sum_{k=0}^{1} \binom{1}{k} a^{1-k} b^k \qquad &\text{이항정리에서 } n=1\text{로} \\
&= \underbrace{\binom{1}{0} a^{1-0} b^0}_{k=0\text{일 때}} + \underbrace{\binom{1}{1} a^{1-1} b^1}_{k=1\text{일 때}} \qquad &\sum\text{를 쓰지 않고 표현} \\
&= 1 a^{1-0} b^0 + 1 a^{1-1} b^1 \qquad &\binom{1}{0}=1, \binom{1}{1}=1\text{을 사용} \\
&= 1 a^1 b^0 + 1 a^0 b^1 \\
&= a^1 + b^1 \\
&= a+b
\end{aligned}
$$

"진짜 $(a+b)^1 = a+b$가 되네요."

"응. 마찬가지로 이항정리에서 $n=2$일 때는 이렇겠지."

$$
\begin{aligned}
(a+b)^2 &= \sum_{k=0}^{2} \binom{2}{k} a^{2-k} b^k \\
&= \underbrace{\binom{2}{0} a^{2-0} b^0}_{k=0\text{일 때}} + \underbrace{\binom{2}{1} a^{2-1} b^1}_{k=1\text{일 때}} + \underbrace{\binom{2}{2} a^{2-2} b^2}_{k=2\text{일 때}} \\
&= 1 a^{2-0} b^0 + 2 a^{2-1} b^1 + 1 a^{2-2} b^2 \\
&= 1 a^2 b^0 + 2 a^1 b^1 + 1 a^0 b^2 \\
&= a^2 + 2ab + b^2
\end{aligned}
$$

"앗, 이건?"

"하는 김에 $n=3$인 경우도 써 볼까?"

$$(a+b)^3 = \sum_{k=0}^{3} \binom{3}{k} a^{3-k} b^k$$

$$= \underbrace{\binom{3}{0} a^{3-0} b^0}_{k=0\text{일 때}} + \underbrace{\binom{3}{1} a^{3-1} b^1}_{k=1\text{일 때}} + \underbrace{\binom{3}{2} a^{3-2} b^2}_{k=2\text{일 때}} + \underbrace{\binom{3}{3} a^{3-3} b^3}_{k=3\text{일 때}}$$

$$= 1a^{3-0} b^0 + 3a^{3-1} b^1 + 3a^{3-2} b^2 + 1a^{3-3} b^3$$

$$= 1a^3 b^0 + 3a^2 b^1 + 3a^1 b^2 + 1a^0 b^3$$

$$= a^3 + 3a^2 b + 3ab^2 + b^3$$

"아, 이항정리는 $(a+b)^2$이나 $(a+b)^3$을 일반화한 거군요! 그걸 이제 깨 닫다니, 내가 좀 아둔한가 봐요."

"그렇지 않아, 테트라. 문자인 상태에서는 알기 어려울 수 있어. 그래서 구 체적인 수를 넣어 직접 해 봐야 하는 거야."

"네, 알겠습니다."

테트라는 고개를 끄덕였다. 말을 잘 듣는 후배다.

"중학교에서 $(a+b)^2 = a^2 + 2ab + b^2$ 같은 공식을 배우잖아. 곱셈의 꼴을 덧셈의 꼴로 고치는…… 그렇지, **전개** 공식이야. 자주 쓰는 전개 공식은 일일 이 외우는데, 이항정리를 써서 파악하는 것도 좋지."

"넵!"

"테트라, 이항정리의 각 항에 $\binom{n}{k}$라는 조합의 수가 왜 나오는지 알아?"

내가 물었다.

"네. 이건 선배가 예전에 가르쳐 주셨잖아요. 그러니까……."

◆◆◆

일단 $(a+b)^3$을 생각해 보면, 이건 인수 3개의 곱셈이에요.

$$(a+b)^3 = \underbrace{(a+b)}_{\text{인수 1}} \underbrace{(a+b)}_{\text{인수 2}} \underbrace{(a+b)}_{\text{인수 3}}$$

이걸 전개할 때는 3개의 인수 중에서 a 또는 b 둘 중 하나의 항을 골라서 곱셈을 하게 돼요.

$$(\text{ⓐ}+b)(\text{ⓐ}+b)(\text{ⓐ}+b) \;\longrightarrow\; aaa=a^3b^0$$
$$(\text{ⓐ}+b)(\text{ⓐ}+b)(a+\text{ⓑ}) \;\longrightarrow\; aab=a^2b^1$$
$$(\text{ⓐ}+b)(a+\text{ⓑ})(\text{ⓐ}+b) \;\longrightarrow\; aba=a^2b^1$$
$$(\text{ⓐ}+b)(a+\text{ⓑ})(a+\text{ⓑ}) \;\longrightarrow\; abb=a^1b^2$$
$$(a+\text{ⓑ})(\text{ⓐ}+b)(\text{ⓐ}+b) \;\longrightarrow\; baa=a^2b^1$$
$$(a+\text{ⓑ})(\text{ⓐ}+b)(a+\text{ⓑ}) \;\longrightarrow\; bab=a^1b^2$$
$$(a+\text{ⓑ})(a+\text{ⓑ})(\text{ⓐ}+b) \;\longrightarrow\; bba=a^1b^2$$
$$(a+\text{ⓑ})(a+\text{ⓑ})(a+\text{ⓑ}) \;\longrightarrow\; bbb=a^0b^3$$

이렇게 해서 생긴 $aaa, aab, aba, \cdots, bbb$라는 8개의 항을 전부 더해요. 이때 계수는 '동류항이 몇 개 있는가'를 나타내니까 동류항의 개수는 곧 조합의 수가 되죠. 예를 들어 a^2b^1의 계수는 3개의 인수에서 2개의 a를 꺼내는 조합의 수가 되니까요. 따라서 계수가 곧 조합의 수가 되는 거예요.

◆◆◆

"정확해. 계수 부분에 주목하면 재미있어."
나는 전개 공식을 쓰고 계수에 ○를 그렸다.

$$(a+b)^0=\text{①}$$
$$(a+b)^1=\text{①}a+\text{①}b$$
$$(a+b)^2=\text{①}a^2+\text{②}ab+\text{①}b^2$$
$$(a+b)^3=\text{①}a^3+\text{③}a^2b+\text{③}ab^2+\text{①}b^3$$

"여기서 동그라미를 친 부분에 흥미로운 점이 있나요?"
"맞아, 테트라. 그게 뭘까?"
그 순간 희미하게 시트러스 향이 느껴졌다.

"파스칼의 삼각형, 재미있어 보이네."

뒤를 돌아보니 미르카가 상큼한 미소를 지으며 서 있었다.

3. 2^n의 분배

파스칼의 삼각형

"계속해 봐." 미르카가 말했다.

"파스칼의 삼각형…… 어디서 읽은 것 같아요. 나열된 수를 더하는 거죠?"
테트라가 말했다.

"맞아. 양 끝을 1로 두고…….

나는 노트에 파스칼의 삼각형을 그렸다. 나열된 수를 더해서 도형을 만드
는 작업은 할 때마다 재미있다.

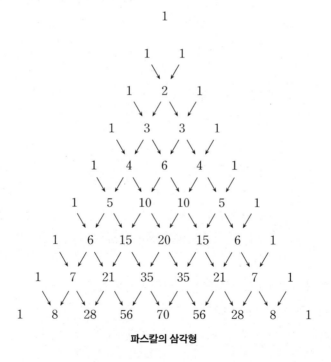

파스칼의 삼각형

테트라는 내가 그리는 걸 옆에서 보고 있고, 미르카는 뒤에서 내려다보고 있다. 달콤한 향과 레몬 향을 동시에 느끼는 이 기분을 뭐라 표현해야 할까.

"뭐 하고 있어? 설명해야지." 미르카가 말했다.

"그러니까…… $(a+b)^n$을 전개해서 나오는 계수는 파스칼의 삼각형 n행에 나열되어 있어. 제일 위의 행을 0행이라고 하고……."

$$0행\ (a+b)^0 \qquad\qquad\qquad = ①$$
$$1행\ (a+b)^1 \qquad\qquad = ①a \ + \ ①b$$
$$2행\ (a+b)^2 \qquad = ①a^2 \ + \ ②ab \ + \ ①b^2$$
$$3행\ (a+b)^3 = ①a^3 \ + \ ③a^2b \ + \ ③ab^2 \ + \ ①b^3$$

"그러네요! 왠지 신기해요. 파스칼의 삼각형은 위의 행에 위치한 두 개의 수를 더해서 만드는 거잖아요. 그렇게 덧셈으로 만든 파스칼의 삼각형과 곱셈으로 만든 조합의 수가 딱 들어맞는 게 신기해요."

"새삼스럽게 신기할 것까지야……."

"이 그림에서는 생각하기 어렵지." 미르카가 금속 테 안경을 쓱 올렸다. "파스칼의 삼각형이라고 하면 좌우대칭인 삼각형을 그리곤 하는데, 이 경우에는 표로 만드는 게 더 좋아."

					k				
	0	1	2	3	4	5	6	7	8
0	$\binom{0}{0}$								
1	$\binom{1}{0}$	$\binom{1}{1}$							
2	$\binom{2}{0}$	$\binom{2}{1}$	$\binom{2}{2}$						
n 3	$\binom{3}{0}$	$\binom{3}{1}$	$\binom{3}{2}$	$\binom{3}{3}$					

$$
\begin{array}{c|ccccccccc}
n & & & & & & & & & \\
4 & \binom{4}{0} & \binom{4}{1} & \binom{4}{2} & \binom{4}{3} & \binom{4}{4} & & & & \\
5 & \binom{5}{0} & \binom{5}{1} & \binom{5}{2} & \binom{5}{3} & \binom{5}{4} & \binom{5}{5} & & & \\
6 & \binom{6}{0} & \binom{6}{1} & \binom{6}{2} & \binom{6}{3} & \binom{6}{4} & \binom{6}{5} & \binom{6}{6} & & \\
7 & \binom{7}{0} & \binom{7}{1} & \binom{7}{2} & \binom{7}{3} & \binom{7}{4} & \binom{7}{5} & \binom{7}{6} & \binom{7}{7} & \\
8 & \binom{8}{0} & \binom{8}{1} & \binom{8}{2} & \binom{8}{3} & \binom{8}{4} & \binom{8}{5} & \binom{8}{6} & \binom{8}{7} & \binom{8}{8}
\end{array}
$$

조합 $\binom{n}{k}$의 표

					k				
		0	1	2	3	4	5	6	7	8
	0	1								
	1	1	1							
	2	1	2	1						
	3	1	3	3	1					
n	4	1	4	6	4	1				
	5	1	5	10	10	5	1			
	6	1	6	15	20	15	6	1		
	7	1	7	21	35	35	21	7	1	
	8	1	8	28	56	70	56	28	8	1

조합 $\binom{n}{k}$의 표(실제 값)

　"이 표를 보면 파스칼의 삼각형은 다음과 같은 덧셈으로 구성되어 있다는 사실을 알 수 있어." 미르카가 말했다.

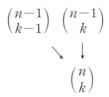

"그러니까 $0 < k \leq n$을 만족하는 정수 n, k에 대해 다음 **귀납적인 식**이 성립해."

미르카가 말했다.

$$\binom{n}{k} = \binom{n-1}{k-1} + \binom{n-1}{k}$$

"저…… 이 식은 변수 n과 k가 얽혀 있어서 어려운데, 무슨 의미가 있는 건가요?" 테트라가 물었다.

미르카는 말없이 나를 가리켰다. 설명하라는 뜻이다.

"이 식은 이렇게 읽을 수가 있어." 내가 답했다.

n개 중에서 k개를 한꺼번에 뽑는 조합의 수
=⟨$n-1$개 중에서 $k-1$개를 한꺼번에 뽑는 조합의 수⟩
  +⟨$n-1$개 중에서 k개를 한꺼번에 뽑는 조합의 수⟩

"아…… 그게 그러니까." 테트라는 당황한 표정을 지었다.

"이건 경우에 따라 귀납적으로 나타낸 식이야, 테트라."

"경우에 따라……서요?"

"시험 삼아 $n=4$, $k=2$를 넣어 생각해 보자. Ⓐ, Ⓑ, Ⓒ, Ⓓ라는 4개의 카드에서 2개를 뽑는 조합을 생각할 때, 예를 들어 Ⓐ라는 카드가 뽑히는 경우와 뽑히지 않는 경우로 나눠 보는 거야." 내가 말했다.

"뽑히는 경우와 뽑히지 않는 경우……라는 말이죠?"

"응. Ⓐ가 **뽑히는 경우**, 조합의 수는 Ⓐ를 제외한 3개 중에서 1개를 뽑는 조합을 생각하면 돼. 즉, $n-1$개에서 $k-1$개를 뽑는 조합이지."

"아하, 2개를 뽑는데 $\boxed{A}$는 이미 뽑았으니까 나머지 1개를 무엇으로 할까 고르는 거군요."

"맞아. 그리고 $\boxed{A}$가 **뽑히지 않는 경우**, 조합의 수는 $\boxed{A}$를 제외한 3개 중에 서 2개를 뽑는 조합을 생각하면 돼. 즉 $n-1$개에서 k개를 뽑는 조합이지."

"이번에는 $\boxed{A}$를 제외한 3개 중에서 2개를 뽑는 거군요."

"맞아, 이 두 경우를 합친 것이 4개 중에서 2개를 뽑는 조합이 되는 거야. 조합의 귀납적인 식은 이걸 나타내는 거지."

$$
\begin{aligned}
\binom{n}{k} \qquad & \text{n개에서 k개를 뽑는 조합}\\
=\binom{n-1}{k-1} \qquad & \text{$\boxed{A}$를 제외한 $n-1$개에서 $k-1$개를 뽑는 조합}\\
+\binom{n-1}{k} \qquad & \text{$\boxed{A}$를 제외한 $n-1$개에서 k개를 뽑는 조합}
\end{aligned}
$$

"경우에 따라……. 그러고 보니 이 식이 당연해 보이기 시작하네요!"

비트 패턴

미르카는 플라타너스 풍경이 펼쳐져 있는 창문 쪽으로 걸어가다가 획 돌 아보더니 이렇게 말했다.

"**비트 패턴**에 대해 생각해 보자."

◆◆◆

비트 패턴을 생각할 때 n비트로 나타낼 수 있는 수, 그러니까 2진수이며 n 자리인 수는 2^n가지겠지. 예를 들어 $n=5$일 때 5비트로 나타낼 수 있는 수는 00000부터 11111까지, $2^5=32$가지인 거야.

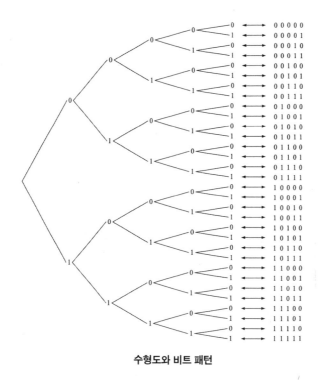

<table>
<tr><td></td><td>0</td><td>←→</td><td>0 0 0 0 0</td></tr>
</table>

수형도와 비트 패턴

그럼 **비트 패턴을 1이 몇 개 있는지로 분류**해 볼게.

예를 들어 00000이라는 비트 패턴에는 1이 하나도 없어. 그러니까 1의 개수는 0개야. 00101은 2개가 있고 10110은 3개가 있어. 물론 11111의 비트 패턴은 가장 많은 5개.

정리하면 이런 히스토그램이 되지.

		11000	11100	
		10100	11010	
		10010	10110	
		10001	01110	
		01100	11001	
	10000	01010	10101	11110
	01000	01001	01101	11101

	00100	00110	10011	11011	
	00010	00101	01011	10111	
00000	00001	00011	00111	01111	11111
1의 개수					
0	1	2	3	4	5
패턴 수					
1	5	10	10	5	1

비트 패턴을 1의 개수로 분류하기

◆ ◆ ◆

"패턴 수 위치에 1, 5, 10, 10, 5, 1이라고 되어 있는데, 이건 조합의 수를 말하는 건가요?" 테트라가 말했다.

"맞아. 'n비트 중에서 k비트가 1'이라는 비트 패턴은 'n개 중에서 k개를 뽑는 조합'에 대응해. 어느 비트를 1로 할지 고르는 거니까 당연하지." 미르카가 말했다.

"그건 그렇지." 내가 말했다.

지수적 폭발

"5비트인 경우 32가지나 나타낼 수 있군요." 테트라가 말했다.

"겨우 5비트에 놀라는 거야? 테트라는 지수적 폭발이 얼마나 대단한지 모르는구나."

"지수적 폭발?"

"1비트 있으면 2명에게 번호를 매길 수 있어. 0번과 1번이지."

"네……?" 테트라는 미심쩍은 표정으로 대답했다.

"2비트 있으면 4명에게 번호를 매길 수 있지. 00번, 01번, 10번, 11번."

"그, 그렇죠."

"이렇게 n비트 있으면 2^n명에게 번호를 매길 수 있어. $\underset{n비트}{000\cdots0}$부터 $\underset{n비트}{111\cdots1}$ 까지. 여기까지 이해했니, 테트라?"

"네, 이해했어요. n비트가 있으면 2^n명에게 번호를 매길 수 있다는 거죠."

"그럼 **퀴즈**!" 미르카가 말했다.

"이 세상 모든 사람에게 번호를 매기려면 최소한 몇 비트가 필요할까? 인

구는 100억 명이라고 치자."

"100억 명에게 번호를 매긴다고요? 번호가 적어도 100억 개 필요하다는 거니까…… 1만 비트쯤 필요할까요?"

"그렇게 많이 필요하진 않아."

"네? 더 적다고요? 그럼 3000비트 정도?"

"그 이하."

"그럼 300비트?"

"정답은 34비트."

"네? 34비트만 있으면 된다고요?"

테트라는 양 팔을 벌려 간격을 만드는 시늉을 해 보였다. 무슨 제스처인지 잘 모르겠다.

"33비트로는 모자라. 최소한 34비트는 필요해. 이런 이유 때문이지."

$$2^{33} = 85억\ 8993만\ 4592$$
$$2^{34} = 171억\ 7986만\ 9184$$

따라서,

$$2^{33} < 100억 < 2^{34}$$

"저는…… 300비트 정도는 필요한 줄 알았어요."

"우주의 부피가 2^{280}cm^3 정도 된다고 해. 그러니까 280비트만 있으면 이 우주 전체를 1cm^{3}의 주사위 모양으로 분할해서 하나하나에 번호를 매길 수 있는 거야. 280비트만 있으면……."

미르카는 갑자기 말을 멈추더니 자신의 얼굴을 테트라의 얼굴에 바싹 들이댔다. 서로의 코와 코, 입술과 입술이 닿을락 말락 할 정도였다. 미르카는 양손으로 테트라의 어깨를 잡은 채 말했다.

"280비트만 있으면 온 우주 속에 있는 걸 이만큼 정확하게 특정할 수 있어."

"아……."

옴짝달싹 못하는 상태가 된 테트라는 새빨개진 얼굴로 눈만 껌벅껌벅하고 있다.

4. 거듭제곱의 고독

귀갓길

나는 머릿속으로 수형도를 그리면서 집으로 걸어가는 중이다. 나뭇가지가 34개 있다면 171억 7986만 9184가지로 갈라진다. 그것은 34번의 갈라짐으로 현재의 인류를 한 명씩 나눌 수 있다는 말이다. 고작 34번의 갈라짐으로 171억 7986만 9184 종류의 결과를 낳는다면, 예로부터 무수히 많은 가지를 뻗으며 진화해 온 인류의 현재는 도대체 얼마나 되는 가능성 중 하나인 것일까?

집

"다녀왔습니다."

집에 도착하자 엄마가 현관까지 나오시더니 속삭이듯 말했다.

"유리가 네 방에 와 있어."

"유리가?" 나까지 목소리를 낮췄다.

방문을 열자 후드 티 주머니에 손을 찔러 넣은 채 의자에 앉아 있는 유리의 뒷모습이 보였다. 고개를 숙인 유리의 말총머리가 힘없이 늘어져 있다.

"유리야, 무슨 일 있어?"

"오빠……. 그게 말이야, 그러니까……." 고개를 든 유리의 표정이 울상이다.

"그 녀석…… 전학을 가 버린대. 어쩌지?"

유리는 눈을 감더니 양손으로 얼굴을 감쌌다.

'그 녀석'은 유리와 같은 반에 다니는 남학생이다. 수업이 끝나고 나면 서로 수학 퀴즈를 주고받으며 대화를 나누던 상대, 서로 좋아하는 책에 대해 이야기하던 상대, 다투고 화해하면서 우정을 나누던 상대……. 그런 친구를 멀리 떠나보내야 하는 유리. 이제 유리의 일상에서 그 친구와 함께할 시간은 없다.

고작 1비트 차이로 길은 크게 바뀐다. 아, 우리의 하루하루는 여러 갈래로 갈라져 흩어진다. 우리는 무수히 뻗어난 가지를 타고 인생이라는 숲을 헤쳐 나가야 한다.

얼굴을 감싼 채 고개를 숙이고 있는 유리의 목덜미가 가늘게 떨린다.

무어라 위로해 주어야 하나. 유리가 얼마나 괴로운지 느낄 수 있다.

280비트로 특정된 공간으로 가까이 다가가…… 가만히 유리의 머리 위에 손을 올렸다.

지구를 구성하는 모든 원자의 수는 2^{170}개
은하계를 구성하는 모든 원자의 수는 2^{223}개
우주의 부피는 2^{280}cm^3
_『응용암호학(Applied Cryptography)』

확률의 불확실함

"한 명 아니면 두 명. 아니, 단 한 명이어도 좋다.
저 난파선에서 도망쳐 여기까지 와 줄 녀석이 있다면.
나에게 말을 걸고 대화를 나눌 수 있는 단 한 명의 동료,
단 한 명의 동포가 있어 준다면!"
— 『로빈슨 크루소』

1. 확률의 확실함

나눗셈의 의미

"오빠, 나눗셈이라는 건 뭘까?"

"오늘따라 철학적이네."

토요일. 늘 그렇듯이 내 방에 놀러 온 유리가 책장을 둘러보고 있다. 나는 영어 단어 카드를 넘기면서 유리가 이런저런 질문을 던질 때마다 대충 대답하고 있다.

유리가 나를 찾아와 울음을 터뜨린 지 일주일도 안 되었는데 언제 그랬냐는 듯 활기찬 모습이다. 하지만 실제 속마음이 어떤지는 알 수 없다.

"오빠, 저번에 했던 주사위 게임 퀴즈 기억나? 오빠가 틀렸던 거."

"응……." 그날의 실수를 들먹이다니…….

"앨리스와 밥이 주사위를 각각 하나씩 던져서 큰 수가 나오는 쪽이 이긴다고 할 때 앨리스가 이길 확률을 식으로 정리해 봤잖아."

$$앨리스가\ 이길\ 확률 = \frac{\langle 앨리스가\ 이기는\ 경우의\ 수(15)\rangle}{\langle 모든\ 경우의\ 수(36)\rangle} = \cdots = \frac{5}{12}$$

"그때 분수식이 나왔어. 분수라는 건 나눗셈이잖아."

"그렇지. $\dfrac{분자}{분모}$는 분자÷분모와 같아. 그러니까 앨리스가 이길 확률은 $\dfrac{5}{12}$라고 해도 좋고 $5÷12=0.4166\cdots$이라고 해도 좋아."

"왜 확률을 구할 때 **나눗셈**을 하는 거야?"

"유리야, '주목하는 경우의 수'를 '모든 경우의 수'로 나누는 이유를 모르겠다는 거야?"

"그게…… 그건 대충 알겠는데. 아, 모르겠어. 혼란스럽다고."

"네가 뭘 모르는지를 모르겠다는 거지? 일단 정리해 보자."

내가 노트를 펼치자 유리는 의자를 끌고 와서 옆에 앉았다.

"너, 립스틱 같은 거 발랐어?"

"응? 이거 립크림이야."

유리는 입술에 손가락을 대며 살짝 웃었다.

"그렇구나. 주사위 얘기로 돌아가자. 앨리스가 주사위를 던졌을 때 나오는 수는 1, 2, 3, 4, 5, 6 중 하나겠지? 그다음 밥이 주사위를 던졌을 때 역시 1, 2, 3, 4, 5, 6 중 하나가 될 테고."

"오케이."

"모든 경우를 생각하자. 앨리스가 주사위를 던진 6가지 각각에 대해 밥이 던진 주사위 결과도 6가지가 나올 수 있어. 봐, 늘 하는 것처럼……."

"'각각에 대해'가 나왔다! 그건 곱셈이야."

"맞아, 잘 아네. 모든 경우의 수는 6가지×6가지=36가지야. 이 36가지는 모두 같은 확률로 일어나. 이 36가지 중에서 앨리스가 이기는 경우는 15가지. 그러니까 앨리스가 이길 확률은 $\dfrac{15}{36}$가 되지. 약분하면 $\dfrac{5}{12}$야. 자, 어디가 마음에 걸려?"

"아…… 그렇게 설명하니까 이해가 된다옹. 그래도 왜 나눗셈을 하는 건지 모르겠어."

"그럼 다른 방식으로 설명해 볼까?"

나는 유리가 어떤 혼란을 느끼는지 상상하면서 새로운 설명을 조립했다. 설명을 할 때 상대방이 '모르겠다'고 해도 화를 내선 안 된다. 화를 낸다고 상대방이 이해하는 건 아니니까. 오히려 상대방이 품고 있는 의문이 무엇인지 추측해 보고 그에 맞춰 설명을 바꾸는 게 낫다.

"유리야, 나눗셈은 **전체를 1로 생각할 때**에 쓰는 거야."

"전체를 1로 생각할 때?"

"응. 전체의 양을 1이라 할 때 우리가 주목하는 양은 어느 정도인가 하는 질문에 대답할 때 나눗셈을 쓰는 거야. **비율**이나 **비**라고도 부르지."

"……무슨 소린지 모르겠어."

"예를 들어 길이가 20cm인 **빼빼로**가 있다고 하자."

"오빠, 빼빼로는 13cm야."

"그래? 그럼 길이가 13cm인 **빼빼로**가 있는데, 그중에 6.5cm를 먹었어. 전체 중에서 얼마나 되는 비율을 먹은 걸까?"

"간단하지. 절반을 먹었잖아."

"맞아. '전체의 길이'는 13cm이고 '먹은 길이' 6.5cm는 그 절반…… 그러니까 $\frac{1}{2}$에 해당해."

$$\text{먹은 길이의 비율} = \frac{\text{먹은 길이}(6.5\text{cm})}{\text{전체 길이}(13\text{cm})} = \frac{6.5}{13} = \frac{1}{2}$$

"오빠, 이런 건 초등학생들이나 하는 계산이잖아."

"전체 길이를 1로 생각했을 때, 먹은 길이는 $\frac{1}{2}$에 해당해. 그러니까 '전체의 양을 1이라고 했을 때 주목하는 양의 비율은 얼마나 되는가'에 대답하는 게 분수, 그러니까 나눗셈 계산이야."

"그건 알고 있다니까. 그런데 확률은 길이가 아니잖아!"

"응, 확률은 길이가 아니야. 하지만 길이의 비율과 비슷해. 길이의 비율뿐만 아니라 넓이의 비율, 부피의 비율…… 뭐든 상관없어. 확률이란 다음과 같은 질문에 대한 대답이야."

'반드시 일어나는 일'을 1이라고 했을 때,
'주목하는 사건'은 얼마나 되는 비율로 일어나는가?

"음, 조금 알 것 같기도 해. 방금 확률은 넓이의 비율과도 비슷하다고 했잖아. 그 말을 들으니까 표 하나가 떠올랐어."

유리는 책상 위의 메모지에 표를 그리기 시작했다.

		밥					
		1 ⚀	2 ⚁	3 ⚂	4 ⚃	5 ⚄	6 ⚅
	1 ⚀	무승부	밥	밥	밥	밥	밥
	2 ⚁	앨리스	무승부	밥	밥	밥	밥
앨리스	3 ⚂	앨리스	앨리스	무승부	밥	밥	밥
	4 ⚃	앨리스	앨리스	앨리스	무승부	밥	밥
	5 ⚄	앨리스	앨리스	앨리스	앨리스	무승부	밥
	6 ⚅	앨리스	앨리스	앨리스	앨리스	앨리스	무승부

"앨리스가 이긴 경우를 'ㅇ', 밥이 이긴 경우를 'ㅂ', 무승부를 'ㅁ'으로 써 넣으면…… 이런 정사각형이 나오잖아?"

ㅁ	ㅂ	ㅂ	ㅂ	ㅂ	ㅂ
ㅇ	ㅁ	ㅂ	ㅂ	ㅂ	ㅂ
ㅇ	ㅇ	ㅁ	ㅂ	ㅂ	ㅂ
ㅇ	ㅇ	ㅇ	ㅁ	ㅂ	ㅂ
ㅇ	ㅇ	ㅇ	ㅇ	ㅁ	ㅂ
ㅇ	ㅇ	ㅇ	ㅇ	ㅇ	ㅁ

"아하!"

나는 유리가 그린 표를 보면서 고개를 끄덕였다.

"이 정사각형의 넓이 전체를 1이라고 했을 때, 'ㅇ' 부분의 넓이가 바로 앨리스가 이길 확률이잖아."

"맞아, 바로 그거야! 너 똑똑한걸!"

"헤헤, 더 띄워 줘."

"그만하면 됐어."

"치사해, 칭찬 비율이 적다고."

유리는 입을 비죽거렸다.

"우린 넓이를 구하는 게 아니라 수를 세는 거잖아? 주사위 눈의 수는 모두 합쳐서 36개이고, 그중에서 'ㅇ'의 수는 15개이니까."

"맞아. 36가지는 모두 같은 확률로 일어나는 거지."

유리는 정사각형 그림을 뚫어져라 보면서 골똘히 생각 중이다. 유리의 갈색 머리가 햇빛에 반사되어 금빛으로 빛나고 있다.

"오빠! 그럼 주사위를 두 번 던지지 않고 처음부터 36각형 룰렛을 써도 된다는 거야?"

"36각형 룰렛?"

유리는 룰렛 비슷한 모양을 그렸다.

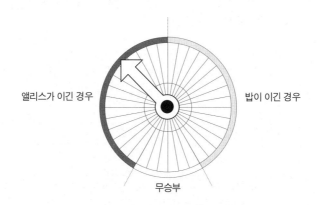

앨리스가 이긴 경우   밥이 이긴 경우

무승부

주사위 게임과 비슷한 36각형 룰렛

"아, 그러네. 36각형 룰렛 게임에서 앨리스가 이기는 곳이 15개, 밥이 이기는 곳이 15개, 무승부가 6개로 나타나 있으니까 똑같네."

"무승부라는 건 이길 확률이 0이라는 거지."

"맞아. 확률이 0이라는 건 아예 승부가 벌어지지 않는 경우야. 그리고 36개가 모두 앨리스가 이기는 곳은……."

"앨리스가 모두 이길 확률은 1이 되지. 반드시 승부가 벌어지는 경우에 말이야."

"그래. 모든 경우의 수는 승부가 '벌어지지 않는다'와 '반드시 벌어진다' 사이에 있어. 그러니까 이런 부등식이 항상 성립하지."

$$0 \leqq \text{확률} \leqq 1$$

"확률에는 마이너스가 없고, 1을 넘을 일도 없어. 0% 이상, 100% 이하."

"하하하하! '120% 확실'이라는 건 말이 안 되는 거네."

"왜 그렇게 웃는 거야?"

"얼마 전에 선생님이 '120% 확실하다!'라고 표현하셨는데 내가 '그건 수학적으로 말이 안 돼요'라고 말대꾸했다가 혼났거든."

"선생님을 놀리면 안 되지. 선생님은 확실하다는 걸 강조하고 싶었던 거잖아."

"예, 알겠습니다." 유리는 웃으며 말했다. "대박 사건은 그날 수업이 끝나고 나서였어. 그 녀석이……."

유리는 갑자기 말을 끊더니 책장을 향해 몸을 돌렸다.

"유리야?"

"……."

"유리야?"

"오빠, 이 책 좀 빌려줘."

유리는 책장에서 책을 한 권 꺼내더니 방문을 열고 나갔다.

2. 확률의 불확실함

같은 확률

학교 옥상. 지금은 점심시간. 따뜻한 날이지만 하늘은 흐렸다.

나는 유리에게 설명했던 확률 이야기를 테트라에게 들려주었다.

"전 확률 잘 못해요." 테트라는 도시락 반찬을 우물거리며 대답했다.

"그래?" 나는 매점에서 사 온 빵을 한 입 베어 물었다.

"음, '전체를 1로 생각한다'는 건 알겠어요. 그런데 선배가 설명한 것 중에서 '같은 확률'이라는 말이 무슨 뜻인지 잘 모르겠어요."

테트라는 젓가락으로 계란말이를 쿡쿡 찌르면서 말을 이었다.

"확률이라는 단어는 왠지 안정감이 없어요. 영어 단어 'probability'는 '일어날 가능성'이라는 뜻이니까 이해가 되는데……."

테트라의 영어 발음은 참 깔끔하다.

"확률…… 그렇지. 잘 와 닿지 않는 단어긴 하지."

"특히 그 말의 뜻을 잘 모르겠어요. 주사위의 수가 각각 '같은 확률'을 지닌다고 할 때 말이에요."

"나올 확률이 각각 $\frac{1}{6}$이라는 거지." 내가 말했다.

"네, 6가지의 주사위 수가 모두 같은 확률로 나온다면 각각 $\frac{1}{6}$의 확률이 된다는 건 알겠어요. 하지만 애초에 '6가지의 주사위 수는 모두 같은 확률이다'라는 주장은 어떻게 나온 건가요?" 테트라는 젓가락을 내려놓고 나를 가만히 쳐다봤다.

"글쎄, 주사위는 모든 면이 똑같은 모양으로 되어 있으니까……." 나는 말을 이을 수 없었다. 테트라가 뭘 궁금해하는지 알기 때문이다.

"주사위의 6면이 똑같은 모양으로 되어 있기 때문에 확률이 똑같은 거라면, 더 이상 수학이 아니라고 생각해요."

"그러네, 물리학이라고 할까…… 좀 더 공학적인 분야겠지."

"사실 내가 궁금한 게 뭔지 설명하기가 어려워요."

테트라는 계란말이 하나를 통째로 입안에 넣었다.

진정한 무기

나는 빈 빵봉지를 주머니에 찔러 넣으면서 테트라가 한 말을 떠올려 보았다. 테트라가 궁금해하는 건 이것이다.

'주사위의 수는 각각 같은 확률을 지닌다'가 무슨 뜻인가?

나는 이 기초적인 물음에 제대로 답하지 못했다. 지금까지 '같은 확률'이라는 표현에 의문을 품지 않았기 때문이다. 초등학교나 중학교에서, 그리고 고등학교에서도 확률 계산은 순열이나 조합 계산만 제대로 하면 틀릴 일이 없으니까. 그런데 테트라는 다르다. 제대로 '이해했다'는 확신이 들 때까지 의문을 접지 않는다.

테트라는 '끈기'가 자신의 강점이라고 생각하고 있지만, 나는 '독특한 발상'이야말로 테트라의 강점이라고 여겨왔다. 그런데 생각해 보니 테트라의 진정한 강점은 끈기도 독특한 발상도 아닌 것 같다. 그보다는 '나는 아직 이해하지 못했다'라고 말할 수 있는 자기 인식 아닐까?

1학년 때 테트라는 이해하지 못하는 게 많았다. 소수, 절댓값, 합의 연산……. 하지만 그동안 나와 함께 수학 이야기를 나누면서 정의와 수식의 중요성을 깨달았다. 1년이 지난 요즘 '이해하지 못한 것'에 대한 테트라의 인식은 더 깊어져 있다.

이런 나의 생각을 들려주었더니 테트라는 양손을 앞으로 뻗어 마구 내저었다.

"아녜요! 제가 둔해서 그런 거예요. 빨리 이해하지 못하고 느린 거죠."

"그렇다고 볼 순 없어. 수학자들은 보통 답을 찾아내기 쉽지 않은 문제를 가지고 고민하지. 그렇다는 건 자기가 납득하지 못하는 부분을 간과하지 않는 것이 무척 중요하다는 말이지. 테트라에게는 그런 능력이 있어."

"선배가 그렇게 말해 주니까 정말 큰 힘이 돼요. 뭐랄까, 이런 자세를 유지해도 되겠구나 싶어서 안심이 돼요. 덜렁대는 나에게도 단점만 있는 게 아니라 장점도 있구나 하고."

"아니, 테트라는 대단해."

"선배 말을 들으니까 더 열심히 공부하고 싶어요. 더 넓고 더 깊게 배우고 싶어요. 정말이에요. 집에서 공부할 때 선배랑 미르카 선배가 해 준 말을 떠올리면 흐뭇해지거든요." 테트라는 생각에 잠긴 듯한 표정을 지었다.

"그리고 난 혼자가 아니라는 생각을 자주 해요."

"혼자가 아니라니?"

"저는 수학 문제가 풀리지 않을 때 가슴이 두근거리고 손에 땀이 나기도 해요. 그럴 때 크게 심호흡을 하고 두 선배가 격려해 준 말들을 떠올리면 마음이 차분해지면서 새로운 마음으로 문제를 대할 수 있거든요. 언젠가 선배가 '수식을 대할 때 우리는 모두 작은 철학자'라고 말한 거 기억하세요?"

"응."

"그 말을 자주 떠올리곤 해요. 그러면서 시간이 걸리더라도 당황하지 않고 조바심 내지 않고 문제와 맞서려고 해요. 누구나 문제를 풀 때는 혼자일 수밖에 없지만 고독한 싸움은 아니라고 생각하면서요. 선배가 해 준 말이 저에게 힘이 되거든요."

"……."

"전 혼자가 아니에요. 누구라도 '자신의 문제'와 맞서고 있어요. 세상 모든 '작은 철학자'들은 각자의 문제와 씨름을 하고 있어요. 그러니까, 그러니까 고독하지 않아요. 맞서는 문제는 달라도 결코 고독하지 않아요."

비록 혼자지만 정확히 생각한다.
비록 혼자지만 제대로 싸운다.
그 과정을 지났을 때 비로소 서로를 이해할 수 있다.

"그런 세계가 있다는 걸 깨달았어요." 테트라의 얼굴이 붉어졌다. "선배, 그러니까 늘 선배의 그…… 말하기가 좀 어려운데 저는요, 선배를……."

그때 차가운 빗방울이 툭툭 떨어졌다.

"테트라, 비 온다. 들어가자!"

"꺅! 내 도시락!"

우리는 소나기를 피해 건물 안으로 뛰어들었다. 계단을 내려가며 테트라
가 말했다.

"선배…… 항상 감사해요."

3. 확률 실험

인터프리터

오후 수업이 끝난 뒤 나는 평소처럼 도서실에 앉아 있다.

창밖에는 어린잎이 고개를 내밀기 시작한 플라타너스가 보이고, 그 너머
로 푸른 하늘이 펼쳐져 있다. 점심시간에 소나기를 뿌리던 먹구름은 어느새
걷혀 있다.

빨강머리 리사는 무표정한 모습으로 빨간 노트북을 마주하고 있고, 테트
라도 그 옆에 나란히 앉아 리사의 노트북 화면을 들여다보고 있다. 화면 속으
로 빨려 들어갈 듯 노려보던 테트라는 뭔가를 발견한 듯 소리쳤다.

"앗, 선배, 선배, 선배, 선배, 선배!"

"선배가 다섯 번이니까 소……."

내가 '소수'라고 끝까지 말할 새도 없이 테트라는 내 팔을 잡아끌었다. 달
콤한 향기가 나를 감쌌다.

"봐요, 이거!" 테트라는 리사의 노트북 화면을 가리키며 말했다.

"엄청나요. 리사 양이 저 의사 코드를 실제로 움직일 수 있게 만들었어요!"

"실제로 움직일 수 있게 하다니, 그게 무슨 소리야?"

화면에는 'LINEAR-SEARCH' 프로그램이 보였고, 짧은 세로 선이 깜박
거리고 있었다. 이게 뭘까.

"이 깜빡거리는 커서는 현재 어느 줄을 컴퓨터가 실행하고 있는지를 표시
하는 거예요."

테트라는 손을 뻗어 화면에 표시된 작은 커서를 가리키려 했다. 그러자 리

사가 잽싸게 테트라의 손을 잡았다.

"안 돼." 리사가 말했다.

"참, 화면을 손으로 만지면 안 되지. 미안, 조심할게." 곧바로 후배에게 사과하는 테트라.

나는 잠시 화면을 지켜보았다.

"알겠어. 의사 코드에서 지금 실행하는 줄에 이 커서가 붙는구나. 그리고 이 커서는 컴퓨터의 작동에 따라서 움직이고."

"맞아요! 그리고 보세요! 여기에 변수를 나타내는 표가 있어요. 이걸로 현재 k의 값을 알 수 있는 거예요." 테트라는 화면에 손이 닿지 않도록 주의하면서 표를 가리켰다.

아하, 이제 알겠다. $k \leftarrow k+1$이라는 줄을 지나자 표에 있는 k가 1 늘었다. 지금 마침 k가 379에서 380으로 바뀌었다. 확실히 흥미롭다. 프로그램이 움직이는 모습을 한눈에 알 수 있다.

"그런데…… 이 노트북은 속도가 좀 느린가?"

"일부러 느리게 한 거예요. 리사 양, 속도 좀 올려서 선배에게 보여 줘."

"'양'이라는 호칭은 빼 줘." 리사는 투덜거리며 자판을 두들겼다.

그러자 커서가 눈에 보이지 않을 만큼 빠르게 움직였다. 그와 동시에 k의 변화도 빨라졌다. 방금 380이었는데 벌써 22000, 23000, 24000…… 눈이 핑핑 돌 정도로 수가 바뀌었다. 100 단위 밑의 수는 알아볼 수가 없다.

"이건 LINEAR-SEARCH지. n의 값은 뭘로 했어?" 내가 물었다.

"그게요, 호출할 때 n의 값은 100만 정도였을 거예요."

"100만?" 나는 깜짝 놀랐다.

"104만 8576. 2의 20제곱." 리사가 말하고 나서 가볍게 기침을 했다.

"그렇게 많은 수를 검색한다고?"

"수열 A의 모든 원소를 1로 해 놓고, 그중에서 0을 찾는 거래요." 테트라가 말했다. "v의 값이 0이니까 결국은 찾지 못하고 끝나게 돼요. 없는 수를 찾게 하는 게 괴롭히는 느낌이지만, 실험이니까 봐주세요."

나는 뭔가가 계속 바뀌고 있는 화면을 한참 동안 들여다봤다.

"그런데 리사가 의사 코드를 '움직이게 만들었다'는 게 무슨 뜻인지 잘 모르겠어."

"저도 잘 모르지만, 알고리즘을 적은 의사 코드를 컴퓨터에 입력하면 컴퓨터가 한 줄씩 뜻을 해석하도록 실행시키는 거래요. 의사 코드를 프로그래밍한 다음 그걸 실행하는 프로그램을 리사가 만든 거예요! 그렇지?"

테트라는 자신이 설명한 내용을 리사에게 확인했다. 리사는 말없이 고개를 끄덕였다.

"프로그램을 실행하는 프로그램이라는 거야?" 내가 말했다.

"인터프리터." 리사가 말했다.

아무렇게나 자른 것 같은 머리 스타일, 감정을 알 수 없는 표정, 허스키한 목소리의 리사. 그러나 소리 없이 빠른 타자 속도, 그리고…… 신기한 프로그래밍 능력을 지니고 있다.

"선배, 한 가지 더 발견한 게 있어요. 이 자판 말이에요."

발견? 나는 리사의 손이 얹힌 노트북 자판을 봤다.

자판 위에 문자가 없다! 리사의 노트북에는 빨간색 키만 죽 나열되어 있을 뿐 그 위에는 문자도, 알파벳도, 수도 보이지 않았다.

"대단해…… 문자가 하나도 없네."

"볼 필요가 없으니까." 리사가 말했다.

주사위 게임

"이걸로 유리의 주사위 게임을 할 수 있겠네요."

테트라가 리사에게 말하자, 리사는 곧바로 프로그램을 써 내려갔다.

```
procedure DICE-GAME( )
    a ← RANDOM(1, 6)
    b ← RANDOM(1, 6)
    if a > b then
        return 〈앨리스의 승리〉
```

```
        else-if a < b then
            return 〈밥의 승리〉
        end-if
        return 〈무승부〉
    end-procedure
```

주사위 게임

"여기 RANDOM$(1, 6)$은 뭐야?" 내가 물었다.

"주사위 대신 썼어." 리사가 허스키한 목소리로 대답했다.

"랜덤…… 무작위라는 거네요." 테트라가 말했다.

"아하, 그렇구나. RANDOM$(1, 6)$은 주사위를 던졌을 때처럼 1 이상 6 이하의 정수를 무작위로 골라서 되돌려 주는 함수구나." 내가 말하자 리사가 고개를 끄덕였다.

리사는 자판을 몇 번 두드리더니 DICE−GAME을 실행했다.

```
DICE-GAME( ) ⏎
⇒ 〈앨리스의 승리〉

DICE-GAME( ) ⏎
⇒ 〈앨리스의 승리〉

DICE-GAME( ) ⏎
⇒ 〈밥의 승리〉

DICE-GAME( ) ⏎
⇒ 〈무승부〉

DICE-GAME( ) ⏎
⇒ 〈밥의 승리〉
```

"재미있어요. 변수 a에 앨리스의 주사위 수, 변수 b에 밥의 주사위 수를 대입해요. 그리고 그 둘을 비교해서 승부를 내는 거예요. 생각을 프로그램 형태로 나타내는 거죠. 써 넣기만 했을 뿐인데 실행이 된다니 재미있어요."

테트라가 말했다.

룰렛 게임

"잠깐만."

나는 뭔가를 발견했다. 유리가 말한 36각형 룰렛도 똑같이 프로그램으로 만들 수 있지 않을까?

내 생각을 리사에게 설명했다.

"스펠링." 리사가 말했다.

"아, '룰렛'의 스펠링을 알려달라고? R－O－U－L－E－T－T－E." 테트라가 대답했다.

'룰렛'의 스펠링이 곧바로 튀어나오다니…….

리사는 말없이 프로그램을 만들어 냈다.

```
procedure ROULETTE-GAME( )
    r ← RANDOM(1, 36)
    if r ≤ 15 then
        return 〈앨리스의 승리〉
    else-if r ≤ 30 then
        return 〈밥의 승리〉
    end-if
    return 〈무승부〉
end-procedure
```

룰렛 게임(2개의 주사위 게임과 같음)

"이번에는 RANDOM을 한 번만 부르는군요." 테트라가 말했다.

"범위도 달라. RANDOM(1, 36)은 1 이상 36 이하의 룰렛을 한 번만 돌린다는 뜻이군. 그 결과, 변수 r에는 1 이상 36 이하의 정수가 대입하게 돼. 변수 r의 값이 15 이하라면 앨리스의 승리, 30 이하라면 밥의 승리, 그 이외라면 무승부……. 이해했어."

이걸로 DICE-GAME과 ROULETTE-GAME이라는 두 가지 프로그램이 생겼다. 프로그램의 내용은 다르지만, 둘 다 앨리스가 이길 확률은 $\frac{5}{12}$, 밥이 이길 확률은 $\frac{5}{12}$, 무승부일 확률은 $\frac{1}{6}$이 나온다.

"그런데 리사, 프로그램 진짜 빨리 만드네."

"정말 놀라워." 나도 동의했다.

그때 갑자기 리사가 "꺅!" 하고 소리쳤다.

어느새 다가온 천재 소녀가 리사의 머리를 마구 헝클어뜨리고 있었던 것이다. 미르카는 리사의 머리를 헝클어뜨리는 걸 즐기는 모양이다.

"하지 마, 미르카."

"시뮬레이션?" 미르카는 화면을 들여다보면서 물었다.

4. 확률의 붕괴

확률의 정의

리사의 프로그램으로 한껏 놀고 난 우리는 수학 토론으로 돌아왔다. 리사는 여전히 무소음 프로그래밍을 진행 중이다. 우리 대화를 듣고 있는지 어떤지 알 수가 없다.

테트라는 점심시간에 언급했던 궁금한 점을 미르카에게 물었다.

"그러니까, 저는 '같은 확률'이라는 말이 도저히 이해되지 않아요."

"흠……." 미르카는 눈을 감았다.

도서실 창문으로는 비가 그친 뒤의 서늘한 공기가 흘러들고 있었고, 간간이 운동장에서 뛰고 있는 운동부 학생들의 함성이 들려오고 있다.

금속 테 안경, 아름답게 물결치는 검은 머릿결. 단정한 이목구비, 꼿꼿한 자세……. 미르카의 매력은 그런 외모에만 있는 게 아니다. 박학다식과 지혜, 자유로운 발상과 담대한 판단력…… 미르카는 자기의 능력을 날개처럼 자유자재로 다루는 친구다. 유리도, 테트라도, 나의 엄마까지도 그런 미르카를 무척 좋아한다.

"확률을 정의해 보자." 미르카가 눈을 뜨더니 말했다.

"테트라, 너라면 확률을 무어라 정의하겠어?"

"네? 제가 정의를 한다고요?"

"그래. 이해가 안 되면 스스로 정의를 내려 봐야지."

"그게…… 그게 말이에요. 확률이란…… 주목하는 경우의 수를 모든 경우의 수로 나눈 값을 말해요." 테트라가 주저하다가 정의를 내렸다.

"그럼 네가 반론해 봐." 미르카가 나를 가리켰다.

그럼 그렇지, 질문의 화살이 나한테 돌아올 줄 알았다고.

"음…… 테트라의 정의가 맞다고 생각해. 그런데 각각의 경우가 '같은 확률'로 일어난다는 조건이 필요할 것 같아. '주목하는 경우의 수'를 '모든 경우의 수'로 나눈 값, 그러니까 '경우의 수의 비'가 확률이 되려면 모든 경우가 같은 확률로 일어나야 하니까."

"아…… 그러네요. 그 조건은 필요해요." 테트라가 고개를 끄덕였다.

하지만 나의 반론은 너무나 당연하다.

"테트라, 아까 '같은 확률'을 이해할 수 없다고 했지?"

"네. '같은 확률'의 뜻 자체를 잘 모르겠어요."

"그렇다면 확률을 정의하는 데 그 표현을 써도 될까?"

"네? 그렇군요. 그렇다면 '같은 확률'이라는 말을 쓰지 않고 확률을 정의해야 한다는 말인가요? 이제 와서 말이지만…… 그렇게 하는 게 가능한가요?" 테트라는 질문하면서 나를 봤다.

"그렇게 하는 게 가능한가?" 나는 똑같은 질문을 하면서 미르카를 봤다.

"가능해." 미르카가 바로 대답했다.

"'같은 확률'이라는 말을 쓰지 않고 확률을 정의할 수 있는가. 테트라의 질문에 대한 대답은 '그렇다'야. 수학에서는 '같은 확률'이라는 말을 쓰지 않고 확률을 정의하니까."

"그럼 무엇으로 확률을 정의하나요?" 테트라가 물었다.

"공리." 미르카가 대답했다.

"확률을 정의하기 위한 공리, 그러니까 '확률의 공리'를 주는 거야. 그리고 그 '확률의 공리'를 만족하는 것을 확률이라고 불러. 수학에서는 확률을 그런 식으로 정의해. 여기서는 '확률의 공리'를 써서 정의한 확률을 편의상 **공리적 확률**이라고 부를게."

"어? 그런데 수학에서는 '경우의 수의 비'를 써서 확률을 정의하잖아요. 그건 수학적으로 틀렸다는 건가요?" 테트라가 말했다.

"틀린 건 아니야. '같은 확률'을 가정해서 '경우의 수의 비'를 확률이라고 하는 건 수학자 라플라스가 집대성한 고전 확률론에 나오는 확률이야. **고전적 확률**이라고 부를 수 있지. 고전적 확률에서는 다룰 수 없는 문제도 있지만 공리적 확률과 모순되는 건 아니야. 고전적 확률은 공리적 확률의 특수한 케이스일 뿐이거든."

"그럼 제가 아는 확률…… 그러니까 고전적 확률이 틀린 건 아니군요." 테트라가 안심한 듯 말했다.

"틀린 건 아니야. 하지만 현대 수학에서 '확률의 정의'라고 하면 '확률의 공리'를 사용한 정의를 말해."

"그럼 '확률의 공리'를 배우면 주사위의 수가 같은 확률로 나오는 이유를 알 수 있겠네요!" 테트라가 눈을 반짝이며 말했다.

"그건 아니야. '확률의 공리'를 아무리 배워도 주사위의 수가 같은 확률로 나오는지는 알 수 없어."

"네?"

"주사위의 수가 각각 어떤 확률로 나오는지 알고 싶다면, 실제로 주사위를 던져서 '발생 빈도의 비'를 알아보는 수밖에 없어. 이건 흔히 **통계적 확률**이라고 하지."

"아, 그게 그러니까……."

"확률의 의미부터 정리하자."

천재 소녀는 화제를 처음으로 돌렸다.

확률의 의미

확률이라는 말은 주로 세 가지 의미로 쓰여. 편의상 각각 공리적 확률, 고전적 확률, 그리고 통계적 확률로 나뉘지.

공리적 확률은 '확률의 공리'로 정해진 확률이야. 확률의 성질을 공리라는 형태로 정하고, 그 공리를 만족하는 것을 확률이라고 해. 현대 수학에서는 이것이 곧 확률의 정의야.

고전적 확률은 '경우의 수의 비'로 정해진 확률이야. 같은 확률을 지닌 사건이 무엇인지를 미리 결정해 놓고 '주목하는 경우의 수'를 '모든 경우의 수'로 나눈 값, 그러니까 '경우의 수의 비'가 곧 확률이라고 보는 거지. 고등학교까지 배우는 확률이 여기에 해당해. 공리적 확률과 모순되는 점도 없고 직관적으로 이해하기는 쉽지만 적용 범위가 한정되어 있어.

통계적 확률은 '발생 빈도의 비'로 정해진 확률이야. 주목하는 사건이 실제로 몇 번 일어났는지 조사한 결과를 확률로 보는 거야. 전체 중에서 몇 번 일어났는지, 그러니까 '발생 빈도의 비'를 실제로 알아보고 이 사례를 바탕으로 미래를 예측하는 거지. 이건 사건의 원인을 이론적으로 생각하기 어려울 때 쓸 수 있어. 예를 들어 1년 이내에 교통사고를 당할 확률 같은 걸 알아보는 데 쓰이지.

수학의 적용

"확률의 정의는 여러 가지가 있군요." 테트라가 말했다.

"현대 수학에서 확률의 정의는 단 하나야. 공리적 확률이지. 공리적 확률, 고전적 확률, 그리고 통계적 확률은 서로 확률에 대한 입장 차이가 있다고 말할 수 있어."

"그런데 고전적 확률에서는 '같은 확률'이라는 개념을 쓰잖아요."

"맞아. 물론 같은 확률로 일어날 사건이 무엇이냐 하는 전제가 필요하지."

"그래도…… 되는 건가요?"

"응. 전제가 없이 어떻게 의견을 말할 수 있겠어."

"그렇지만 만약 주사위가 찌그러져 있다면 '같은 확률'이라고 말할 순 없는 거잖아요."

"그건 그래." 미르카가 말했다.

"그렇다면 결국 '같은 확률'을 수학적으로 제대로 정의해야……."

"그럼 조금 더 깊게 생각해 보자. 주사위가 찌그러져 있다면 각 면의 주사위 수는 '같은 확률'로 나오지 않을 수 있지. 그렇다면 무엇이 잘못됐을까?"

"무엇이 잘못됐냐고요?"

"잘못된 건 수학 안에 없어." 미르카가 말했다. "어떤 경우를 '같은 확률'로 간주할지, 그 점이 잘못된 거야. 바꿔 말하면, 수학이 틀린 게 아니라 수학의 적용이 잘못된 거지."

"하……." 테트라는 눈썹을 찡그렸다.

"각 면의 주사위 수가 실제로 '같은 확률'로 나오는가 하는 물음에 수학은 대답할 수 없어. 수학은 '같은 확률'로 나온다고 간주할 때 대체 무엇이 성립하는가 하는 물음에 답할 뿐이야."

"왠지 치사해요. 알고 싶은 건 '실제 결과'에 관한 것인데 수학은 답해 줄 수 없다는 거잖아요."

테트라는 뭔가 이상하다는 표정으로 손톱을 물어뜯기 시작했다.

"조건을 주면 그 조건으로 무엇을 이끌어 낼 수 있는지는 알아낼 수 있어." 미르카는 안경을 살짝 밀어 올리더니 계속 말했다. "테트라는 '전제 조건을 명확히 한 정량적 평가'에 감동했던 것 아냐?"

"네, 그렇긴 하지만……."

"마찬가지야. 수학은 전제 조건을 명확히 한 후에 무엇을 주장할 수 있는지를 연구하는 거야. 그게 수학이니까. 멋대로 그 영역을 넘을 수는 없는 거야."

"그렇군요." 테트라가 말했다.

의문에 대한 답

테트라의 궁금증에 세 가지 입장으로 대답해 볼게.

'각 면의 주사위 수는 같은 확률로 나온다'는 말은 무슨 뜻일까?

공리적 확률의 입장에서는 주사위 각 면이 지닌 수에 대해 확률이 같다는 것을 '같은 확률'이라고 말해. 그러니까 공리에서 정의한 확률을 사용해서 '같은 확률'이란 무엇인가를 정의하는 거야. 같은 확률이 할당된 주사위를 생각했을 때 각 면의 주사위는 '같은 확률'을 지닌다고 할 수 있지. 이때 사용되는 모델, 즉 주사위는 찌그러지지 않았다는 것이 전제되어야 하겠지.

고전적 확률의 입장에서 찌그러지지 않은 주사위를 던졌을 때 각각의 주사위 수가 '같은 확률'로 나온다는 건 의견을 말할 때 전제되는 조건이야. '같은 확률'이 어떤 경우를 말하는지에 대해서는 답을 주지 않아. 모든 경우가 '같은 확률'일 때 '경우의 수의 비'를 확률로 보는 거야. 그러니까 주사위 수가 '같은 확률'로 나온다고 간주했을 때, 각 수가 같은 확률로 나온다고 할 수 있는 거지.

통계적 확률의 입장에서는 주사위를 반복해서 던졌을 때 주사위의 수가 거의 같은 빈도로 나왔다면 이 주사위의 수는 '같은 확률'을 지닌다고 말할 수 있지. 물론 판단을 위해 몇 번을 던져야 하는지, 들쑥날쑥한 빈도를 어떻게 볼 것인지 등은 다시 이야기할 필요가 있어.

5. 확률의 공리적 정의

콜모고로프

"그럼 공리적 확률은 어떤 건가요?" 테트라가 물었다.

"확률의 공리라 불리는 명제를 정하고 그 명제를 만족하는 것을 확률이라고 부르도록 하자는 게 공리적 확률이야. '확률의 공리적 정의' 또는 '공리주의적 확률'이라고도 하지."

"앗, 그러고 보니 비슷한 정의를 한 적이 있었죠!"

"맞아. 우리는 군의 공리에서 군을 정의했어. 환의 공리에서 환을, 체의 공리에서 체를 정의했지. 페아노의 공리에서 자연수를 정의했고, 형식적 체계의 공리에서 형식적 체계를 정의했어. 그런 것처럼 확률의 공리에서 확률을 정의하는 거야."

미르카는 자리에서 일어나 집게손가락을 빙글빙글 돌리면서 말을 이었다.

"확률의 공리적 정의는 안드레이 니콜라예비치 콜모고로프가 1933년에 제안했어. 러시아의 수학자야."

"1933년? 20세기 이후구나……." 내가 말했다.

"콜모고로프는 위대한 수학자인 동시에……."

미르카는 갑자기 내 얼굴을 뚫어져라 쳐다보며 다음 말을 이었다.

"위대한 교사였어."

표본공간과 확률분포

"공리적 확률에 대해 말해 보자." 미르카가 말했다.

"미리 표본공간과 확률분포를 생각해 볼게. 표본공간이라는 건 기본 사건의 집합이야. 확률분포는 표본공간의 부분집합에서 실수에 대한 함수. 그리고 이들은 확률의 공리를 만족해야만 하……."

"자, 잠깐만요. 하나도 못 알아듣겠어요." 테트라가 미르카에게 매달리듯 양손을 뻗으며 말했다.

"그럼 예시를 들어 보자." 미르카의 '강의'가 시작되었다.

◆ ◆ ◆

주사위를 한 번 던질 때, 아래와 같은 집합 오메가(Ω)에 대해 생각해 보자. 집합 명칭은 무어라 정하든 상관없어.

$$\Omega = \{ \overset{1}{\boxed{\cdot}}, \overset{2}{\boxed{\because}}, \overset{3}{\boxed{\therefore}}, \overset{4}{\boxed{::}}, \overset{5}{\boxed{:\cdot:}}, \overset{6}{\boxed{:::}} \}$$

이 수식은 Ω가 $\overset{1}{\boxed{\cdot}}$, $\overset{2}{\boxed{\because}}$, $\overset{3}{\boxed{\therefore}}$, $\overset{4}{\boxed{::}}$, $\overset{5}{\boxed{:\cdot:}}$, $\overset{6}{\boxed{:::}}$이라는 6개의 원소로 이루어진 집합이라는 사실을 나타내. 여기서 집합 Ω는 주사위를 한 번 던졌을 때 나오는 수

의 가능성을 모두 모은 것이라고 간주하자. 이것을 '주사위를 한 번 던졌을 때의 **표본공간**'이라고 할게. 그러니까 표본공간 Ω는 일어날 수 있는 모든 가능성을 포함해. 예를 들어 '0'이나 '7'처럼 Ω에 속하지 않은 경우의 수는 나올 수 없어. 하지만 표본공간에 누락은 없어. 그리고 표본공간 Ω의 각 원소가 동시에 나타날 수도 없어. 주사위 수 $\overset{1}{\boxdot}$과 $\overset{2}{\boxdot}$가 동시에 나올 수 없다는 뜻이야. 그 말은 표본공간에 중복은 없다는 거지. 이게 표본공간이야.

다음으로 함수 Pr을 생각해 보자. Pr은 Ω의 부분집합에서 실수에 대한 함수인데, 예를 들면 다음과 같은 대응을 정의한다고 하자.

s	$\{\overset{1}{\boxdot}\}$	$\{\overset{2}{\boxdot}\}$	$\{\overset{3}{\boxdot}\}$	$\{\overset{4}{\boxdot}\}$	$\{\overset{5}{\boxdot}\}$	$\{\overset{6}{\boxdot}\}$
$Pr(s)$	$\frac{1}{6}$	$\frac{1}{6}$	$\frac{1}{6}$	$\frac{1}{6}$	$\frac{1}{6}$	$\frac{1}{6}$

이 표는 Pr이 {주사위의 수}라는 집합을 부여하면 $\frac{1}{6}$이라는 값을 내는 함수라는 내용을 담고 있어. 그러니까 함수 Pr은 '주사위를 한 번 던질 때 나오는 수의 확률을 정한 것'이라고 말할 수 있어. 함수 Pr은 주사위를 한 번 던질 때의 **확률분포**라고 하고, 실수 $Pr(\{x\})$를 x의 수가 나올 **확률**이라고 할게. 표가 아닌 식의 형태로 써도 똑같아.

$$Pr(\{\overset{1}{\boxdot}\})=\frac{1}{6} \quad Pr(\{\overset{2}{\boxdot}\})=\frac{1}{6} \quad Pr(\{\overset{3}{\boxdot}\})=\frac{1}{6}$$
$$Pr(\{\overset{4}{\boxdot}\})=\frac{1}{6} \quad Pr(\{\overset{5}{\boxdot}\})=\frac{1}{6} \quad Pr(\{\overset{6}{\boxdot}\})=\frac{1}{6}$$

이때 확률분포 Pr은 $\{\overset{1}{\boxdot}\}$~$\{\overset{6}{\boxdot}\}$ 중 어떤 수에 대해서도 0 이상의 값을 내도록 정의되어야 해. 표본공간에 있는 어떤 원소에 대해서도 확률이 마이너스가 되거나 정의가 없거나 하는 일은 없겠지.

여기서는 각각의 확률이 같지 않고, 들쭉날쭉해도 상관없어. 단, 확률분포 Pr은 모든 확률을 더했을 때 1이 되어야 해. 확률분포가 만족하는 조건에 대해서는 나중에 자세히 얘기하도록 하자.

$$Pr(\{\overset{1}{\boxdot}\})+Pr(\{\overset{2}{\boxdot}\})+Pr(\{\overset{3}{\boxdot}\})+Pr(\{\overset{4}{\boxdot}\})+Pr(\{\overset{5}{\boxdot}\})+Pr(\{\overset{6}{\boxdot}\})=1$$

테트라, 표본공간 Ω와 확률분포 Pr은 친구가 될 수 있을까?

◆◆◆

"테트라?" 미르카가 또다시 테트라를 불렀다.

"아, 어느 정도 이해했어요. 표본공간 Ω는 일어날 가능성이 있는 것을 원소로 하는 집합이고, 확률분포 Pr은 확률을 얻기 위한 함수라는 말이죠?"

"이해했구나."

"집합 Ω와 함수 Pr을 사용해서 확률을 표현한 거네." 내가 말했다.

"그럼 **퀴즈**를 풀면서 이해했는지 확인해 보자. 다음 식은 무엇을 뜻할까?"

$$Pr(\{\overset{3}{\boxdot}\})$$

"이건…… '주사위를 던져서 $\overset{3}{\boxdot}$이 나온다'는 뜻이네요."

"아니야."

"네?"

"설명이 부족해. $Pr(\{\overset{3}{\boxdot}\})$은 '주사위를 던져서 $\overset{3}{\boxdot}$이 나올 확률'이야."

수식	←──→	의미
$\{\overset{3}{\boxdot}\}$	←──→	$\overset{3}{\boxdot}$이 나오는 것
$Pr(\{\overset{3}{\boxdot}\})$	←──→	$\overset{3}{\boxdot}$이 나올 확률

나는 미르카와 테트라가 주고받는 말을 들으면서 **대화**에 대해 생각했다. 대화는 무언가를 이해하는 데 중요한 역할을 한다. 진지한 물음과 진지한 대답…… 교사 한 명이 여러 학생을 상대하는 수업 시간에도 이런 대화가 가능할까? 학생의 이해 수준도 제각각인데 세밀한 문답이 이루어질 수 있을까?

사실 교사란 그런 대화를 하기 위해 존재하는 사람 아닐까…….

"아차! 확률과 확률분포의 차이가 뒤죽박죽됐어요!" 테트라가 두 손으로 머리를 감싸며 외쳤다.

"$Pr(\{\overset{3}{\boxdot}\})$은 $\overset{3}{\boxdot}$이 나올 확률. 지금 예시에서 이건 실수 $\frac{1}{6}$과 같아."

"네, 그렇군요."

"그에 대해 Pr은 확률분포를 나타내. 이건 '일어날 일'에서 '확률'에 대한 대응 관계…… 함수를 나타내지. 실수와 함수는 달라."

"실수와 함수가 다른 건 알겠어요. 그런데 확률분포라는 말에서 '분포'의 뜻이 잘 와 닿지 않아요."

"흠……. 아까 모든 확률은 다 더했을 때 1이 된다고 했어. 그걸 반대로 생각해 보자. 그러니까 확률분포 Pr이라는 함수는 확률 1을 표본공간 Ω 위에 분포시킨 거야."

"확률을 분포시킨다……."

"1을 distribute한 거야, 테트라."

"아, 그러니까 Pr이라는 함수는 1이라는 확률을 나눠서 사건 하나하나로 만든 것이네요!" 테트라는 뭔가를 나누는 손짓을 하며 말했다.

"그렇지. 그래서 확률분포를 영어로 'probability distribution'이라고 표현해. 확률분포는 어떤 사건의 확률이 높은지 또는 낮은지 확률의 분포를 정하는 거야. 예컨대 어디에 높은 산이 있고 어디에 낮은 산이 있는지, 그 전체의 풍경을 정하는 것이라고 할 수 있어."

"주사위 수가 동일하다면 '평야'인 셈이구나." 내가 말했다.

확률의 공리

콜모고로프가 주장했던 확률의 공리에 대해 얘기해 보자.

Ω는 집합이고 A, B를 Ω의 부분집합이라고 한다.

Pr은 Ω의 부분집합에서 실수에 대한 함수라고 한다.

함수 Pr이 아래의 공리 P1, P2, P3을 만족한다고 한다.

공리 P1 $0 \leq Pr(A) \leq 1$

공리 P2 $Pr(\Omega) = 1$

공리 P3 $A \cap B = \{\ \}$ 즉, $Pr(A \cup B) = Pr(A) + Pr(B)$

이때,

- 집합 Ω를 **표본공간**이라고 부른다.
- Ω의 부분집합을 **사건**이라고 부른다.
- 함수 Pr을 **확률분포**라고 부른다.
- 실수 $Pr(A)$를 A가 일어날 **확률**이라고 부른다.

"확률이 이걸로 정의되는 건가요? ……확률로 보이지 않는데요." 테트라가 말했다.

"확률이 아니면 뭐 같은데?" 미르카가 눈을 가늘게 뜨며 말했다.

"집합…… 같아요."

"네 말이 맞아. 공리적 확률에서는 집합과 논리를 사용하거든. 확률을 정의하는 데 확률을 쓰지 않는 건 당연해. 안 그러면 순환 논법이 되고 말 테니까."

"그건 그러네요."

부분집합과 사건

테트라는 확률의 공리를 다시 읽었다.

"음…… 확률의 공리에 'Ω의 부분집합을 **사건**이라고 부른다'에서 사건이라는 게 뭔가요?"

"영어로 말하면 이벤트(event)."

"그렇구나. '일어나는 일'이군요."

"일어나는 일, 일어난 일, 일어날 수 있는 일, 이것을 '사건'이라고 해."

"확률분포 Pr은 사건에서 확률을 얻는 함수라는 건가?" 내가 말하자 미르카는 고개를 끄덕였다.

"A는 Ω의 부분집합이다'라는 정의는 이해했니, 테트라?"

"A는 Ω의 한 부분이다……라는 거죠?" 테트라가 말끝을 흐렸다.

"비슷하긴 하지만 그렇게 정의하면 안 돼. 'A는 Ω의 부분집합이다'란 'A의 원소는 모두 Ω의 원소가 된다'라는 뜻이야. 집합 Ω가 다음과 같을 때, 부분집합 A의 예시!" 미르카는 이렇게 말하고 나서 나를 보았다.

"아, 나더러 부분집합의 예를 들어 보라는 거지?"

나는 미르카의 지시에 따라 부분집합의 예를 적었다.

$$\Omega = \{\overset{1}{\boxdot}, \overset{2}{\boxdot}, \overset{3}{\boxdot}, \overset{4}{\boxdot}, \overset{5}{\boxdot}, \overset{6}{\boxdot}\}$$

$$A = \{\overset{2}{\boxdot}, \overset{4}{\boxdot}, \overset{6}{\boxdot}\}$$

"집합 A는 미르카가 말한 집합 Ω의 부분집합의 한 예시야."

"이건 무작위로 고른 집합인 거죠?"

"맞아. 집합 A의 어느 원소를 골라도, 그러니까 임의로 고른 $\overset{2}{\boxdot}, \overset{4}{\boxdot}, \overset{6}{\boxdot}$이라는 원소는 집합 Ω의 원소이기도 하다는 게 'A는 Ω의 부분집합이다'라는 뜻이야. 수식으로는 A⊂Ω라고 쓰고, 집합 A는 집합 Ω에 '포함된다'라고 말해."

미르카가 다시 나를 보았다.

"그림도 부탁해."

"네, 네……. 그림으로 그리면 이렇게 돼." 나는 그림을 그렸다.

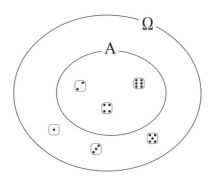

집합 A는 집합 Ω의 부분집합이다
집합 A는 집합 Ω에 포함된다
$A \subset \Omega$

"이제 부분집합의 정의는 알겠어요. 그런데 지금 예로 든 집합 A = {⚁, ⚃, ⚅}는 어떤 사건인가요?"

"테트라는 뭐라고 생각해?"

"주사위를 한 번 던졌을 때 '짝수의 수가 나오는 사건'……인가요?"

"그렇다고 할 수 있지. 이 밖에도 주사위를 한 번 던졌을 때의 사건, 그러니까 집합 Ω의 부분집합은 아주 많아. 모두 2^6개나 되거든. 부분집합의 개수는 ⚀부터 ⚅까지 6개의 원소가 속하는지 아닌지로 구할 수 있으니까." 내가 대답했다.

"특히 Ω 자신도 Ω의 부분집합이 되고, 공집합 { }도 Ω의 부분집합이 된다는 점에 주의해야 해. 그럼 부분집합 복습은 이쯤 해 두고, 콜모고로프가 제창한 확률의 공리로 돌아가서 찬찬히 읽어 보자. 이 공리야말로 수학적인 확률을 정의하고 있으니까." 미르카가 말했다.

확률의 공리 P1

확률의 공리 P1

공리 P1 $0 \leq Pr(A) \leq 1$

"이 부등식은 뭘 표현하는 걸까?" 미르카가 물었다.

$$0 \leq Pr(A) \leq 1$$

"음, 이 부등식은 '사건 A의 확률은 0 이상 1 이하'라는 뜻이군요." 테트라가 대답했다. "그런데…… 함수 Pr이 왜 이 부등식을 만족하는 건가요?"

"테트라, 그 질문은 무의미해. 우리는 '함수 Pr은 이 부등식을 만족한다'라는 말을 하려는 게 아니라 '함수 Pr을 확률분포라고 부르기 위해서는 이 부등식을 만족시켜야 한다'라는 말을 하려는 거니까."

"아, 네."

"우선 수식을 써서 함수 Pr에 대해 '함수 Pr은 이를 만족시켜야 한다'라는 제약을 주는 거야. 그리고 이와 같은 함수를 '확률분포'라고 부르기로 하는 거지. 이게 공리적 정의의 일반적인 수단이야."

"이 제약을 만족하는 것이 확률분포의 조건이라는 뜻인가요?"

"맞아. 공리 P1이 첫 번째 조건이야." 미르카가 고개를 끄덕이며 대답했다. 그러고는 낮은 목소리로 물었다. "Ω는 Ω 자신의 부분집합이라고 했지? 그렇다면 Ω의 개념은 어떻게 표현할 수 있을까?"

"일어나는 모든 사건을 모아 놓은 것? 아니다, '반드시 일어나는 사건'이네요."

"그래, 맞아. 그래서 Ω를 **전사건**이라고 해. 전사건의 확률을 정의하는 게 공리 P2야."

미르카는 우리를 감싸 안으려는 듯 양팔을 크게 벌렸다.

확률의 공리 P2
우리의 수학 대화는 계속 이어졌다.

"P2라는 공리 또한 확률분포를 제약해. 이 공리를 만족하지 않는 함수는 확률분포가 아니라는 말이지."

"아하, 그렇구나! 이 공리는 '반드시 일어나는 일'의 확률을 1로 정하는 거군요!" 테트라가 흥분하며 소리를 높였다.

"틀린 말은 아니지만, 구별해서 생각하는 게 좋아. 공리 P2가 정한 건 '전사건의 확률은 1과 같다'는 것뿐이야. 그리고 전사건이 반드시 일어난다는 것이 공리의 해석이지." 미르카가 말했다. "이건 수학에 적용하는 것을 말해. '반드시 일어나는 일'이라는 현실의 개념을 '전사건'이라는 수학 개념으로 대응시켰다는 거야." 내가 덧붙였다.

$$Pr(\{\overset{1}{\boxdot},\overset{2}{\boxdot},\overset{3}{\boxdot},\overset{4}{\boxdot},\overset{5}{\boxdot},\overset{6}{\boxdot}\})=1$$

"그럼 **퀴즈**를 내 볼게. 확률 $Pr(\{\ \})$의 값을 구한다면?"

"그건 알아요. $Pr(\{\ \})=0$이에요."

"어떤 공리를 쓴 거지?"

"음…… '절대 일어나지 않는 일'의 확률은 0이니까……."

"그렇게 하면 안 돼. 확률을 공리적으로 정의하려는 거니까 공리를 바탕으로 생각해야지."

"아, 그렇죠. 하지만 공리 P2에서 $Pr(\{\overset{1}{\boxdot},\overset{2}{\boxdot},\overset{3}{\boxdot},\overset{4}{\boxdot},\overset{5}{\boxdot},\overset{6}{\boxdot}\})=1$이라 할 수 있고, 공리 P1에서 모든 사건의 확률은 0 이상 1 이하니까 $Pr(\{\ \})=0$이라고 하면 되지 않을까요?"

"안 돼. 공리 P1과 P2만으로는 계산을 못 하거든."

"그럼…… 어떻게 해야 $Pr(\{\ \})=0$을 설명할 수 있나요?"

"덧셈에 대한 공리 P3을 쓸 거야."

확률의 공리 P3

> **확률의 공리 P3**
>
> **공리 P3** $A \cap B = \{\ \}$ 이라면, $Pr(A \cup B) = Pr(A) + Pr(B)$

"집합의 연산을 복습해 보자. $A \cap B$란 뭐지?"

미르카가 묻자 테트라가 대답했다.

"$A \cap B$는 A와 B에 모두 속한 원소를 모두 모은 집합이에요."

"그래. 그걸 **교집합**이라고 해. 예를 들어 볼게."

$$\{1, 2, 3, 4\} \cap \{2, 4, 6\} = \{2, 4\}$$

"교집합이 공집합이 되는 예는 이렇게 돼."

$$\{1, 3, 5\} \cap \{2, 4, 6\} = \{\ \}$$

"교집합이 공집합인 두 집합을 **서로소**라고 하지. 사건으로 볼 때 서로소인 두 집합을 **배반사건**이라고 해."

"서로소, 배반사건……." 테트라가 노트에 적었다.

"그럼 $A \cup B$란 무엇일까?" 미르카가 물었다.

"$A \cup B$는 A나 B 중 하나에 속한 원소를 모두 모은 집합이죠."

"그 말은 어느 한쪽에만 속해 있다는 걸 말하는 건가?"

"아! 죄송해요. 다시 말할게요. $A \cup B$는 A 또는 B, 적어도 한쪽에 속한 원소를 모두 모은 집합이에요. 양쪽에 모두 속한 원소도 물론 $A \cup B$에 속하죠."

"좋아, $A \cup B$를 A와 B의 **합집합**이라고 해. 예를 들어 볼게."

$$\{1, 3, 5\} \cup \{1, 2, 3, 4\} = \{1, 2, 3, 4, 5\}$$

"이렇게 해서 준비가 끝났어. 공리 P3은 이해할 수 있으려나?"

공리 P3 $A \cap B = \{\ \}$이라면 $Pr(A \cup B) = Pr(A) + Pr(B)$

"어렵네요. 감을 못 잡겠어요."

"그럼 어떻게 해야 할까?"

"어떻게 해야 좋을까요?" 테트라가 미르카의 질문을 반복했다.

"예, 시, 는……." 미르카가 한 글자씩 천천히 말했다.

"앗! 예시는 이해를 돕는 시금석! 교집합이 $\{\ \}$인 예시를 만들게요. 예를 들어 $A = \{\overset{1}{\boxdot}, \overset{3}{\boxdot}, \overset{5}{\boxdot}\}$ 이고, $B = \{\overset{2}{\boxdot}, \overset{4}{\boxdot}, \overset{6}{\boxdot}\}$ 이라고 할게요. 이때 공리 P3에 따르면……이렇게 되네요!"

$$Pr(\{\overset{1}{\boxdot}, \overset{2}{\boxdot}, \overset{3}{\boxdot}, \overset{4}{\boxdot}, \overset{5}{\boxdot}, \overset{6}{\boxdot}\}) = Pr(\{\overset{1}{\boxdot}, \overset{3}{\boxdot}, \overset{5}{\boxdot}\}) + Pr(\{\overset{2}{\boxdot}, \overset{4}{\boxdot}, \overset{6}{\boxdot}\})$$

아직 모르겠어요

"이제 감이 좀 잡혀?" 미르카가 물었다.

"……아뇨." 테트라는 시무룩한 표정으로 대답했다. "역시 이 공리 P3은 아직 이해하지 못한 것 같아요. 수학적인 식은 알 수 있는데, 뭐랄까 이 공리 P3이 확률을 정의하는 데 왜 중요한지 모르겠어요."

"테트라의 '모르겠어요'는 일품이네." 미르카가 웃었다.

"그, 그래요?"

"그럼 시점을 바꿔 보자. 공리 P3은 어떤 사건의 확률을 구하고 싶을 때의 지침을 암시하는 거야. **배반사건으로 나눠서 생각하자**라는 지침이지."

"배반사건으로 나눠서 생각하자?" 테트라가 읊조리며 생각에 잠겼다.

"공리 P3을 읽어 봐. 배반사건 A와 B에 대해 다음 식이 성립하잖아."

$$Pr(A \cup B) = Pr(A) + Pr(B)$$

"그러니까 A∩B={ }일 때, 사건 A∪B의 확률 $Pr(A∪B)$는 확률의 합 $Pr(A)+Pr(B)$로 얻을 수 있다는 거야. 즉 배반사건에 대해 **'합의 확률은 확률의 합'**이 성립해."

"……."

미르카는 자리에서 일어나더니 설명을 시작했다.

◆◆◆

확률의 공리를 살펴보면 확률이 어떤 건지 이해가 될 거야. 한마디로 말하자면 확률이란 '정규화된 양'이야. 어떤 사건의 확률을 구하고 싶다면 배반사건으로 딱딱 나눠서 각 확률을 합치면 돼.

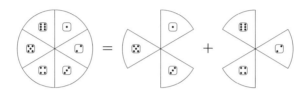

배반사건으로 나눠서 합친다

확률이란 나눈 다음에 합쳐도 늘거나 줄어들지 않거든.

이것이 '양(量)'이야.

또 확률은 모두 다 합치면 1이 돼. '정규화'되어 있다는 말이지.

즉 확률이란 '정규화된 양'이야.

표본공간의 각 원소에 확률분포가 1을 분배하는 '양'인 거야.

짝수가 나올 확률

미르카는 테트라의 옆으로 걸어와 말했다.

"테트라, 이런 문제를 풀 수 있을까?"

짝수가 나올 확률

표본공간은 Ω이다.

$$\Omega = \{ \overset{1}{\boxdot}, \overset{2}{\boxdot}, \overset{3}{\boxdot}, \overset{4}{\boxdot}, \overset{5}{\boxdot}, \overset{6}{\boxdot} \}$$

확률분포는 Pr이다.

$$Pr(\{d\}) = \frac{1}{6} \qquad (d = \overset{1}{\boxdot}, \overset{2}{\boxdot}, \overset{3}{\boxdot}, \overset{4}{\boxdot}, \overset{5}{\boxdot}, \overset{6}{\boxdot})$$

이때, 아래 식의 값을 구하라.

$$Pr(\{ \overset{2}{\boxdot}, \overset{4}{\boxdot}, \overset{6}{\boxdot} \})$$

"음…… 주사위가 짝수일 확률을 묻는 거죠?" 테트라가 물었다.

"맞아." 미르카가 대답했다.

"그럼 값은 $\frac{1}{2}$이 되겠네요."

"그렇겠지. 문제는 그 값을 어떻게 이끌어 냈는가 하는 거야. 여기서는 그 값을 확률의 공리에서 이끌어 내야 해. 그게 바로 공리적 정의를 바탕으로 한 거야."

"그렇지만……." 테트라는 뭔가 주저하고 있었다.

"선수 교체. 네가 이끌어 내 봐." 미르카가 나를 바라보았다.

"어디 보자……." 나는 확률의 공리를 떠올리고 답을 구하는 과정을 탐색했다.

"어쨌든 공리를 써야지. 공리 P3을 쓰면 될 것 같은데. 아, 알았다. 이런 거지?"

◆ ◆ ◆

공리 P3을 쓰니까 배반사건…… 그러니까 서로소인 집합으로 나누면 돼.

$$Pr(\{ \overset{2}{\boxdot}, \overset{4}{\boxdot}, \overset{6}{\boxdot} \})$$

$$= Pr(\{ \overset{2}{\boxdot} \}) + Pr(\{ \overset{4}{\boxdot}, \overset{6}{\boxdot} \}) \qquad \text{(공리 P3) 배반사건 } \{ \overset{2}{\boxdot} \} \text{와 } \{ \overset{4}{\boxdot}, \overset{6}{\boxdot} \} \text{으로 나눔}$$

$$= \frac{1}{6} + Pr(\{ \overset{4}{\boxdot}, \overset{6}{\boxdot} \}) \qquad \text{(확률분포) } Pr(\{ \overset{2}{\boxdot} \}) = \frac{1}{6} \text{을 사용}$$

$$= \frac{1}{6} + Pr(\{\overset{4}{\boxdot}\}) + Pr(\{\overset{6}{\boxdot}\}) \qquad \text{(공리 P3) 배반사건 } \{\overset{4}{\boxdot}\} \text{와 } \{\overset{6}{\boxdot}\} \text{으로 나눔}$$

$$= \frac{1}{6} + \frac{1}{6} + Pr(\{\overset{6}{\boxdot}\}) \qquad \text{(확률분포) } Pr(\{\overset{4}{\boxdot}\}) = \frac{1}{6} \text{을 사용}$$

$$= \frac{1}{6} + \frac{1}{6} + \frac{1}{6} \qquad \text{(확률분포) } Pr(\{\overset{6}{\boxdot}\}) = \frac{1}{6} \text{을 사용}$$

$$= \frac{3}{6} \qquad \text{덧셈}$$

$$= \frac{1}{2} \qquad \text{약분}$$

이렇게 해서 다음 식을 구했어.

$$Pr(\{\overset{2}{\boxdot}, \overset{4}{\boxdot}, \overset{6}{\boxdot}\}) = \frac{1}{2}$$

◆ ◆ ◆

"제대로 했어." 미르카가 말했다.

[풀이 4-1] 짝수가 나올 확률

$$Pr(\{\overset{2}{\boxdot}, \overset{4}{\boxdot}, \overset{6}{\boxdot}\}) = \frac{1}{2}$$

"$Pr(\{\ \}) = 0$도 똑같은 방식으로 구할 수 있지." 내가 말했다.

$$Pr(\{\overset{1}{\boxdot}, \overset{2}{\boxdot}, \overset{3}{\boxdot}, \overset{4}{\boxdot}, \overset{5}{\boxdot}, \overset{6}{\boxdot}\}) = 1 \quad \text{(공리 P2) 전사건의 확률은 1과 같음}$$

$$Pr(\{\ \}) \cup \{\overset{1}{\boxdot}, \overset{2}{\boxdot}, \overset{3}{\boxdot}, \overset{4}{\boxdot}, \overset{5}{\boxdot}, \overset{6}{\boxdot}\}) = 1 \quad \text{공집합과 모든 집합의 합집합은}$$
$$\text{모든 집합과 같음}$$

$$Pr(\{\ \}) + Pr(\{\overset{1}{\boxdot}, \overset{2}{\boxdot}, \overset{3}{\boxdot}, \overset{4}{\boxdot}, \overset{5}{\boxdot}, \overset{6}{\boxdot}\}) = 1 \quad \text{(공리 P3) } \{\ \} \text{과 } \{\overset{1}{\boxdot}, \overset{2}{\boxdot}, \overset{3}{\boxdot}, \overset{4}{\boxdot}, \overset{5}{\boxdot}, \overset{6}{\boxdot}\}$$
$$\text{이라는 배반사건으로 나눔}$$

$$Pr(\{\ \}) + 1 = 1 \quad \text{(공리 P2) 전사건의 확률은 1과 같음}$$

$$Pr(\{\ \}) = 0 \quad \text{양변에서 1을 뺌}$$

"아…… 그런 식으로 생각하는 거군요." 테트라가 고개를 끄덕이며 말했다. "확률의 공리에 조금 익숙해지니까 새로운 궁금증이 생겼어요. 공리를 사용해서 확률을 정의하면 뭐가 좋은 건가요?"

"확률을 논할 때 Ω와 Pr을 만들면 된다는 걸 알아차리는 거지. Ω와 Pr, 즉 표본공간과 확률분포."

"표본공간과 확률분포…… 라는 거죠?"

"그래. 예를 들어 '찌그러진 주사위'나 '옆면으로 세워진 동전'을 수학적으로 논하고 싶을 때도 표본공간과 확률분포를 생각하면 돼."

"옆면으로 세워진 동전?" 나도 모르게 소리를 높였다.

찌그러진 주사위, 옆면으로 세워진 동전

"찌그러진 주사위에 대해 한번 생각해 보자. 표본공간과 확률분포를 정하면 돼. 찌그러진 주사위의 경우를 한번 나타내 보자."

표본공간 Ω

$$\Omega = \{ \overset{1}{\boxdot}, \overset{2}{\boxdot}, \overset{3}{\boxdot}, \overset{4}{\boxdot}, \overset{5}{\boxdot}, \overset{6}{\boxdot} \}$$

확률분포 Pr

s	$\{\overset{1}{\boxdot}\}$	$\{\overset{2}{\boxdot}\}$	$\{\overset{3}{\boxdot}\}$	$\{\overset{4}{\boxdot}\}$	$\{\overset{5}{\boxdot}\}$	$\{\overset{6}{\boxdot}\}$
$Pr(s)$	0.1651	0.1611	0.1645	0.171	0.1709	0.1674

"이 합계가…… 1이 되어야 하는 거죠."

$$0.1651 + 0.1611 + 0.1645 + 0.171 + 0.1709 + 0.1674 = 1$$

"맞아. 그리고 '옆면으로 세워진 동전'의 예는 이렇게 돼."

표본공간 Ω

$$\Omega = \{ \text{앞, 뒤, 옆} \}$$

확률분포 Pr

s	$\{앞\}$	$\{뒤\}$	$\{옆\}$
$Pr(s)$	0.49	0.49	0.02

"동전이 옆면으로 설 확률이 0.02라는 거네. 옆면으로 서는 확률이 너무 큰 것 같아. 100번 던졌을 때 2번이나 옆면으로 선다는 거잖아." 내가 말했다.

"그건 이 확률분포가 현실에서는 말이 안 된다는 주장일 뿐이지. 확률분포라는 개념은 부정되지 않아. 여기서는 확률분포를 사용해서 확률적 현상을 수학 용어로 나타냈다는 점이 중요해. 현실에서 어떨지 토론하고 싶다면 그에 따라 확률분포를 바꾸면 돼."

"아, 그렇구나. 이런 식으로 확률분포를 제시하면 정량적인 토론으로 가져올 수 있겠군요!"

약속

"현대적인 확률론은 확률의 공리에서 시작해. '일어나는 사건'이나 '확률'이라는 현실 세계의 개념은 '표본공간'이라 불리는 집합과 '확률분포'라 불리는 함수, 이렇게 두 그룹으로 나타낼 수 있어." 미르카가 말했다.

"이제 표본공간과 확률분포라는 용어와 친해졌어요." 테트라가 만족스러운 표정으로 말했다.

"어렵게 친해진 참에 이런 말 하긴 미안한데…… 표본공간이 무시될 때도 많아."

"네? 무슨 말이에요?"

"표본공간과 상관없이 확률변수와 확률분포만 갖고 끝낼 수가 있거든."

테트라는 황급히 미르카의 말을 받아 적고는 손을 번쩍 들었다.

"확률변수가 뭐예요?"

그때 사서실 문이 열리고 미즈타니 선생님이 나오셨다.

"퇴실 시간입니다."

"시간이 다 됐네. 확률변수는 내일 하자." 미르카가 말했다.

그 말에 나는 갑자기 가슴이 답답해졌다.

"미르카, 그런 약속은 안 했으면 좋겠어."

"그래? 그럼 날짜를 정하는 건 안 할게. 조만간 이야기하자."

"이제 다 같이 나가죠." 테트라가 말했다.

"잠깐, 테트라에게 할 얘기가 있어." 미르카가 말했다.

"네? 저한테요?" 테트라가 놀라서 되물었다.

기침

도서실에서 나오기 전 미르카가 테트라와 따로 할 말이 있다고 해서 나는 리사와 함께 전철역으로 향했다. 말수가 적고 무표정한 사람과 함께 걷는 건…… 꽤 어색한 일이다.

"음, 리사 양은 항상 노트북을 갖고 다니나 봐?" 나는 일부러 목소리 톤을 높였다.

"'양'이라는 호칭은 빼." 역시 퉁명스러운 반말이다.

"리사는 항상 노트북을 사용하나 봐?"

리사는 고개를 끄덕였다.

"컴퓨터를 좋아하는구나."

"키보드 좋아해." 리사는 가볍게 기침을 하며 다른 손으로 가방을 바꿔 들었다.

"와, 키보드를 좋아한다고?"

"드보락(Dvorak)."

"엉?"

"드보락 간소화 키보드(Dvorak Simplified Keyboard)."

대답을 마치자마자 다시 또 기침을 하는 리사.

무슨 말인지 통…… 화제를 바꾸자.

"엄마가 나라비쿠라 박사님이라고?"

리사는 고개를 끄덕였다.

"나라비쿠라 도서관 근처에 살아?"

리사는 여전히 고개만 끄덕일 뿐이다.

음…… 내가 리사를 취조하는 기분인걸.

"미르카도 나라비쿠라 도서관에 자주 가나?"

"미르카는…….'

대답하려던 리사는 갑자기 기침을 시작했다. 처음에는 가볍게 몇 번 쿨럭대다가 이내 깊숙한 곳에 걸린 무언가를 뱉어 낼 것처럼 거칠게 기침했다. 바라보는 나까지 숨이 막힐 것 같은 기침 소리다. 양손으로 입을 막고 길에 주저앉는 리사.

"괜찮아?" 나는 리사 옆에 나란히 앉아서 물었다.

리사는 눈을 감은 채 고개를 끄덕였지만 괜찮아 보이지 않았다.

나는 잠시 고민하다가 리사의 등에 가만히 손을 올렸다. 등이 차갑다.

1~2분쯤 지나자 리사의 기침이 멎었다.

"좀 편해졌어?"

리사는 고개를 끄덕이고 일어섰다.

"말하는 거 별로 안 좋아해."

"저기, 리사. 괜한 참견일지 모르겠는데……. 차가운 음료는 자제하는 게 좋아. 몸이 차가워지면 목에도 안 좋으니까." 무심결에 내뱉고 보니 늘 엄마에게 듣던 잔소리다.

리사는 좀 놀란 표정으로 나를 쳐다봤다.

"그럴지도."

그러고는 보일 듯 말 듯 희미한 미소를 지었다.

비슷한 정도로 발생할 수 있는 경우란 어떤 경우인가.
이런 질문에 대해 수학은 답을 주지 않는다.
_『콜모고로프의 확률론 입문』

기댓값

위험에 대한 불안은
위험 그 자체보다 수만 배나 무시무시하다.
_「로빈슨 크루소」

1. 확률변수

엄마

"공부는 잘돼 가니?"

엄마가 방문을 열고 묻는다. 내 공부에 관심이 있어서가 아니라 무슨 부탁을 하러 오신 게 분명하다.

"지금 좀 바쁜데요?"

"아, 요리 좀 도와 달라고 말하려고 했는데……."

"공부하는 중이에요."

"어릴 때는 만날 엄마, 엄마 하면서 앞치마를 끌어당기더니." 엄마의 시선은 허공을 향해 있다. "초등학교 수업 참관할 때 보니까 선생님한테도 '엄마'라고 부르고 말야."

"엄마, 그 얘기 자주 하시는데…… 누구나 말실수는 할 수 있는 거잖아요." 나는 한숨을 쉬었다.

"아들은 재미가 없어." 엄마는 책장을 둘러보았다.

"요즘에는 이벤트가 없니? 친구들도 안 놀러 오네."

"이벤트는 없어요. 있어도 엄마의 관심은 사양합니다."

"미르카는 외동딸인가?"

"오빠가 있었는데 미르카가 초등학생일 때 세상을 떠났대요."

"병으로?"

"아이 참! 이제 그만 좀 나가 주세요."

엄마를 방에서 내보낸 후, 나는 눈물을 흘리던 미르카의 모습을 떠올렸다. 미르카는 흐르는 눈물을 닦지 않았다. 그 모습을 보던 테트라가 손수건을 꺼내 미르카의 눈물을 닦아 주었다.

테트라

이튿날 도서실. 봄바람이 살랑살랑 들어오는 창가에 테트라가 혼자 앉아 있다. 나는 조용히 테트라에게 다가갔다. 들키지 않게…… 발소리를 죽이고…… 몰래…….

"테트라?"

"꺄악!"

테트라의 비명 소리에 도서실에 있던 학생들이 깜짝 놀라 두리번거렸다.

아, 난 바보다. 충분히 예상할 수 있는 반응이었는데, 왜 놀라게 했을까.

"미안, 미안."

"선배! 정말……." 테트라는 노트를 들어 나를 때리는 시늉을 했다.

"공부해?" 나는 옆에 앉으며 물었다.

"네. 며칠 전 미르카 선배가 확률변수에 대해 얘기해 주셨잖아요. 미르카 선배한테 그걸 배워야겠다고 생각하다가, 문득 선배가 한 말이 떠올랐어요."

"내가 한 말?"

"학교에서 선생님이 떠먹여 주기만을 기다리는 건 안일한 거라고 했잖아요. 그래서 관심 분야의 책을 찾아서 읽고 있어요."

"그랬구나."

"그래서 수학에 관한 책을 읽고는 있는데 새로운 내용을 혼자 공부한다는 게 참 어렵네요. 예를 들면 이 책에는 확률변수에 대해 이렇게 적혀 있어요."

테트라는 책을 펼쳐서 나에게 보여 주었다.

> 확률변수는 표본공간 Ω에서 실수 $\mathbb{R}$에 대한 함수다.

"그렇군."

"나름대로 생각하면서 읽어 봐도 잘 이해되질 않아요. 특히 이 부분에서는 뒤죽박죽이에요."

"아, 확실히 설명이 어렵게 되어 있네. 그렇다고 그다음 부분을 안 읽을 수는 없잖아?"

"조금 읽어 봤어요. 그런데…… 기댓값의 정의라는 게 적혀 있어서 더 모르겠더라고요. 여기요."

기댓값의 정의

확률변수 X의 기댓값 E[X]를 다음 식으로 정의한다.

$$E[X] = \sum_{k=0}^{\infty} c_k \cdot Pr(X = c_k)$$

여기서,

- c_0, c_1, c_2, c_3, $\cdots$, c_k, $\cdots$는 확률변수 X가 취하는 값을 나타내고,
- $Pr(X = c_k)$는 확률변수 X가 값 c_k와 같아질 확률을 나타낸다.

"기댓값이라는 용어의 뜻이 알쏭달쏭해요. 이 수식의 의미도 모르겠고요. 이 대목에서 진이 빠지네요."

테트라는 책상 위로 양팔을 뻗으며 엎드렸다.

"모든 걸 한 번에 이해하려고 욕심 낼 필요 없어. 배우고 싶은 건 책 안에 고스란히 담겨 있으니까 조바심 낼 필요도 없고. 새로운 용어가 하나씩 나올 때마다 친해지면 돼."

"하!" 테트라는 엎드린 채 한숨을 내뱉었다.

"하지만 내 생각에도 이 수학책은 좀 어려운 것 같아. 우리 같이 생각해 볼까?" 내가 말했다.

"네!" 테트라는 바로 몸을 곧게 세웠다.

확률변수의 예시

"일단 **확률변수**라는 말과 친해지자고. 지금 우리는 확률에 얽힌 문제들, 그러니까 주사위를 던지거나 동전을 던지거나 뽑기를 하거나 하는 경우를 다루려는 거잖아."

"네, 그렇죠." 테트라가 크게 고개를 끄덕였다.

"예시를 몇 가지 들어 보면……."

- 같은 확률로 수가 나오는 주사위 던지기
- 앞면이 나올 확률이 0.49이고 뒷면이 나올 확률이 0.51인 동전 던지기
- 100장 가운데 1장이 '당첨'인 복권 뽑기

"네, 이해했어요."

"이런 문제를 정량적으로 생각하고 싶은 거야. 확률변수란 그럴 때 쓰는 기본적인 무기인 것이고."

"무기라고요?"

"응. 보통 수학 문제를 풀 때 **변수**를 생각하지? '○○를 변수 x로 둔다'는 식으로 변수를 도입해서 방정식을 세우고 풀잖아."

"그렇죠. 문장을 읽고 변수 x나 y의 식으로 만들어서 문제를 풀죠."

"확률변수의 역할도 그것과 비슷해."

'○○를 확률변수 X로 둔다'

"이렇게 확률변수를 도입하는 거지."

"하지만…… 예시가 필요해요!"

"알았어. 그럼 확률변수의 예시를 몇 가지 들어 볼게."

- 주사위를 1회 던질 때 <u>나오는 수</u>를 확률변수 X로 둔다.
- 동전을 10번 던질 때 <u>앞면이 나오는 횟수</u>를 확률변수 Y로 둔다.
- <u>당첨이 될 때까지 복권을 뽑는 횟수</u>를 확률변수 Z로 둔다.

"어, 그런 게 확률변수예요? 그렇게 간단한 거라고요?"

"맞아. 주사위 던지기에서 나타나는 수는 가장 기본적인 확률변수야. 주사위를 던진다는 행위를 **실행**이라고 하는데, 실행 결과 정해지는 실수는 무엇이든 확률변수라고 할 수 있어. 무엇을 확률변수로 주목할지는 직접 정해도 상관없어. 주사위를 던져서 나오는 수만 확률변수인 건 아니니까. 훨씬 더 복잡한 확률변수를 생각해도 돼."

"하지만 주사위 던지기를 해서 나타나는 수 외에 다른 확률변수가 있나요? 떠오르질 않아요."

테트라는 머리카락을 힘껏 잡아당기면서 말했다.

"얼마든지 생각할 수 있어. 예를 들면……."

- 나타난 수를 100배 한 값이 되는 확률변수
- 나타난 수가 짝수라면 0, 홀수라면 1이 되는 확률변수
- 나타난 수가 4 이상이면 +100이고 3 이하면 100이 되는 확률변수

"앗, 계산을 하거나 조건을 붙인 경우도 확률변수로 만들 수 있군요!"

"맞아. '○○를 확률변수 X로 둔다'라고 하면 끝!"

그러자 테트라는 음…… 하는 소리를 내며 생각에 잠겼다.

테트라는 진심으로 수학을 대하는 후배다. 한꺼번에 여러 가지를 듣다가 혼란스러워하거나 조건을 깜박할 때도 있지만 항상 최선을 다해 배우려고 한다.

"선배!" 씩씩한 소녀는 힘차게 팔을 들어 질문한다. "확률변수가 어떤 것인지 이제 알겠어요. 그런데 확률변수에는 왜 X 같은 대문자를 쓰나요?"

"그냥 이름일 뿐이야. 소문자든 그리스 문자든 상관없어. 하지만 확률론 책에서는 확률변수를 대문자로 쓸 때가 많아. 아마 확률변수가 취하는 개별 값에 소문자를 쓰고 싶기 때문일 거야."

"그렇군요. 질문이 하나 더 있어요. 제가 읽은 수학책에는 확률변수를 '표본공간 Ω에서 실수 $\mathbb{R}$에 대한 함수'라고 표현했는데, 왜 확률변수가 함수인지 아직 모르겠어요."

이거다. '모르겠다'라는 자기 인식이 바로 테트라의 강점이다. 테트라는 아는 척하지 않는다. 이해가 안 되는 것과 정면 대결하는 강한 정신을 가지고 있다.

"그러네. 확률변수의 값이 어떻게 정해지는지 생각해 보자. 예를 들어 1이라는 수가 나왔다면 표본공간에서 1이라는 점 하나를 지정한 셈이 돼. 그리고 나온 수에 맞춰 확률변수의 값이 하나 정해져. 그러니까 다른 시각으로 한번 보자고. 확률변수는 '나온 수'에 대해 '실수값'을 하나 대응시킨다고 해도 좋아. 확률변수가 그런 성질을 가졌다는 걸 수학적으로 표현하면 '확률변수는 표본공간의 실수에 대한 함수'가 되는 거지."

"아, 알 것 같기는 한데⋯⋯."

"너무 추상적인가? 그럼 주사위 던지기로 상금을 받는 이야기를 해 보자."

100배 게임(확률변수의 예시)

주사위를 던져서 **나온 수의 100배 상금**을 받는 게임을 한다. 이때 ω는 주사위를 던져서 나온 수이고, 상금은 확률변수를 사용해서 $X(\omega)$원이라 하자. 이때 확률변수 $X(\omega)$는 표본공간 $\Omega = \{1, 2, 3, 4, 5, 6\}$에서 실수 $\mathbb{R}$에 대한 함수로 나타낼 수 있다.

나온 수: 표본공간 Ω의 원소 ω	1	2	3	4	5	6
상금: 확률변수의 값 $X(\omega)$	100	200	300	400	500	600

"아, '100배 게임'을 예로 드니까 구체적으로 이해할 수 있겠어요."

"그렇지? 그럼 '표본공간에서 실수에 대한 함수'도 이 표를 통해 알 수 있겠지?"

"네."

"이 표는 주사위를 던져서 나타난 수를 ω로 하고, 상금을 $X(\omega)$로 나타낸 거야. 그러니까 $\omega=3$일 때, $X(\omega)=300$이 되지. 즉 $X(3)=300$이겠지. 안 어렵지?"

"네. 주사위의 수가 결정되면 받을 수 있는 상금도 정해지죠."

"응, 그게 다야. 이 '100배 게임'에서 확률변수 $X(\omega)$는……."

- 상금을 나타낸다는 의미에서는 '변수'
- 주사위의 눈에 따라 상금을 정한다는 의미에서는 '함수'

"이렇게 되는 거야."

"아…… 제가 너무 어렵게 생각했나 봐요. 그러니까 다음과 같이 주사위의 수에 상금을 대응시켰다는 말이군요."

$$X(\overset{1}{\boxdot})=100,\ X(\overset{2}{\boxdot})=200,\ X(\overset{3}{\boxdot})=300,\ \cdots,\ X(\overset{6}{\boxed{\text{⚅}}})=600$$

"맞아. 그런 거야."

"자꾸 질문을 해서 죄송한데, 방금 전에 설명할 때 확률변수 X를 $X(\omega)$라고 쓰셨잖아요. 그건 뭐예요?"

"확률변수의 값은 표본공간의 원소 ω에 따라 정해지니까 $X(\omega)$라고 쓸 수 있어. 함수를 보통 $f(x)$라고 쓰는 것과 똑같은 거야. 이렇게 하면 $\overset{1}{\boxdot}$이 나왔을 때 확률변수의 값을 $X(\overset{1}{\boxdot})$로 표현할 수 있으니까 편리하지. 하지만 쓰는 게 다를 뿐 확률변수로서 $X(\omega)$나 X는 똑같아."

확률분포의 예시

테트라는 수학책을 펼쳐 이해가 안 되었던 대목을 다시 읽었다.

"선배 덕분에 이제 확률변수는 어느 정도 이해됐어요. 그런데 '기댓값'의 정의까지는 와 닿질 않네요."

"그럼 기댓값을 생각하기 전에 먼저 **확률분포**와 친해져 볼까? 이제부터 생각할 건 확률변수의 확률분포라는 거야. 확률변수의 확률분포란 한마디로 말해서 '확률변수가 구체적인 값을 취할 때의 확률'을 나타낸 거야. 아까 나왔던 100배 게임을 사용해서 '확률변수 X의 확률분포'의 예시를 만들어 보자."

'확률변수 X의 확률분포'의 예시

확률변수 X가 취할 수 있는 값 c	100	200	300	400	500	600
X=c가 될 확률 $Pr(X=c)$	$\frac{1}{6}$	$\frac{1}{6}$	$\frac{1}{6}$	$\frac{1}{6}$	$\frac{1}{6}$	$\frac{1}{6}$

"$Pr(X=c)$는 뭐예요? 괄호 안에 등식이 있으니까 이상해 보이는데요."

"$Pr(X=c)$는 'X=c가 될 확률'을 나타내는 약속이야."

"그러니까 주사위의 수는…… 어디 있죠?"

"확률변수 X의 확률분포를 생각할 때 더 이상 주사위 수는 필요 없어. 물론 배후에 표본공간은 확실히 있지만* 일단 표본공간은 잊어버리자."

"잊어버린다고요?"

"예를 들어 100배 게임에서 상금과 확률만 알면 주사위 수는 더 이상 생각하지 않아도 된다는 뜻이야. '상금을 받을 수 있을 확률은 얼마인가?'만 확실히 알면 되니까 주사위 수는 몰라도 돼. 즉 주사위 수와 무관하게 확률적으로 이야기할 수 있다는 뜻이야."

"아……."

"그러니까 '표본공간과 확률분포'를 생각하는 대신 '확률변수의 값과 확률분포'를 생각하자는 거야."

그러자 테트라는 천천히 고개를 끄덕이며 입을 열었다.

---

* $Pr(X=c)$는 $Pr(\{\omega \in \Omega \mid X(\omega)=c\})$로 간주한다.

"확률변수가 어떤 값을 어떤 확률로 취하는지를 알면 된다는 뜻이군요. 네, 거기까지는 이해했어요. 왜 그렇게 해야 하는지는 잘 모르겠지만……."

"곧 알게 될 거야. '확률변수가 어떤 값을 어떤 확률로 취하는가' 하는 걸 '확률변수의 확률분포'라고 해."

쏟아지는 용어들

테트라는 노트에 메모를 하면서 말했다.

"선배, 하나 깨달았어요. 저는 세 가지 용어 때문에 혼란스러운 것 같아요."

"세 가지 용어?"

"그러니까 확률, 확률변수, 확률분포라는 용어 말예요. 전부 다 '확률'이라는 말이 붙어 있는데, 이렇게 의미가 각각 다르네요!"

- 이 주사위로 $\boxed{\cdot}$이 나올 확률을 $\frac{1}{6}$이라고 한다.
- 100배 게임에서 상금을 확률변수 X로 나타낸다.
- 확률변수 X의 확률분포를 보면 X는 어떤 값을 어떤 확률로 취하는지 알 수 있다.

"수학적 내용이 포함된 문장을 읽을 때 확률, 확률변수, 확률분포 같은 용어가 나오면 주의를 기울여야겠다고 생각했어요."

"좋은 생각이야." 내가 말했다. "테트라는 모르는 걸 '모른다'라고 말할 뿐만 아니라 어느 부분을 왜 모르는지까지 깊이 생각하는구나. 정말 대단해."

"아, 제가 그런가요?" 테트라는 수줍은 듯 머리를 긁적였다.

기댓값

"지금까지 확률변수와 확률분포에 대한 설명을 했어."

"네. 이제 개념이 익숙해진 것 같아요." 테트라가 만족스러운 듯 고개를 끄덕였다.

"이번에는 드디어 **기댓값**이야."

"도대체 기댓값이 뭐예요?"

"기댓값이란 한마디로 말해 '평균'이라고 생각하면 돼. 확률변수 X의 기 댓값은 확률변수 X의 평균을 말하는 거지."

"평균이란 전부를 더해서 개수로 나누는 거잖아요. 이 수학책에 적혀 있 는 정의도 그런 뜻인가요?"

"맞아. 모두 더한 다음 개수나 인원수로 나누는 게 평균을 구하는 계산이 지. 이 기댓값의 정의도 그것과 비슷한 거야."

기댓값의 정의

확률변수 X의 기댓값 E[X]를 다음 식으로 정의한다.

$$E[X] = \sum_{k=0}^{\infty} c_k \cdot Pr(X = c_k)$$

여기서,

- $c_0, c_1, c_2, c_3, \cdots, c_k, \cdots$는 확률변수 X가 취하는 값을 나타내고,
- $Pr(X = c_k)$는 확률변수 X가 값 c_k와 같아질 확률을 나타낸다.

"선배, 역시 이해가 안 돼요." 테트라가 불안한 듯 말했다.

"괜찮아. 우선 '100배 게임 상금의 기댓값'을 예로 들어서 평균 계산으로 이 어지는 모습을 살펴보자. 우선 상금액을 확률변수 X로 할게. 이게 정의였지."

$$\text{확률변수 X의 기댓값} = E[X] = \sum_{k=0}^{\infty} c_k \cdot Pr(X = c_k)$$

"그럼 기댓값의 정의식에 있는 $\sum$를 구체적인 덧셈으로 적용해 보자. 구 체적인 값으로서 $c_0 = 100, c_1 = 200, c_2 = 300, \cdots, c_5 = 600$을 생각할게."

$$\begin{aligned} E[X] &= \sum_{k=0}^{\infty} c_k \cdot Pr(X = c_k) \\ &= \sum_{k=0}^{5} c_k \cdot Pr(X = c_k) \qquad c_0, c_1, c_2, \cdots, c_5 \text{를 생각하면 된다} \end{aligned}$$

$$= 100 \cdot Pr(X = 100)$$
$$+ 200 \cdot Pr(X = 200)$$
$$+ 300 \cdot Pr(X = 300)$$
$$+ 400 \cdot Pr(X = 400)$$
$$+ 500 \cdot Pr(X = 500)$$
$$+ 600 \cdot Pr(X = 600)$$

"$Pr(X = 상금)$은 모두 $\frac{1}{6}$과 같으니까……."
$$= 100 \cdot \frac{1}{6}$$
$$+ 200 \cdot \frac{1}{6}$$
$$+ 300 \cdot \frac{1}{6}$$
$$+ 400 \cdot \frac{1}{6}$$
$$+ 500 \cdot \frac{1}{6}$$
$$+ 600 \cdot \frac{1}{6}$$

"이제 단순 계산만 남았어."

$$= \frac{100 + 200 + 300 + 400 + 500 + 600}{6}$$
$$= \frac{2100}{6}$$
$$= 350$$

"그러니까 상금의 기댓값은 350원이라는 계산이 나왔어."
"아, 식이 이렇게 되는구나!"

$$\frac{100 + 200 + 300 + 400 + 500 + 600}{6}$$

"모두 더해서 6으로 나누는군요. 기댓값의 정의만 봤을 때는 잘 모르겠는데 이렇게 수를 넣어 보니까 '평균'이라는 걸 알 수 있어요!"

"그렇지. 보통 평균이라고 하면 '전부 더해서 개수로 나누는 것'이라고 생각해. 그게 맞긴 하지만 사실 '각각의 값에 그 값이 되는 확률을 곱해서 합쳐'도 똑같아. 다음 식의 양변을 비교하면 알 수 있어."

$$\frac{100+200+300+400+500+600}{6} \qquad \text{(모든 값을 더해서 나눈 '평균')}$$

$$=100\cdot\frac{1}{6}+200\cdot\frac{1}{6}+300\cdot\frac{1}{6}+400\cdot\frac{1}{6}+500\cdot\frac{1}{6}+600\cdot\frac{1}{6}$$

(각각의 값에 그 값이 되는 확률을 곱해서 더한 '기댓값')

"네."

"이 식의 우변은 확률변수가 취하는 각각의 값에 확률이라는 가중치를 부여한 다음에 덧셈을 한 거야. 확률변수의 평균은 '확률로 가중치를 부여한 값의 합'으로 구할 수 있어. 이런 도형을 그려 보면 쉽게 이해가 되지."

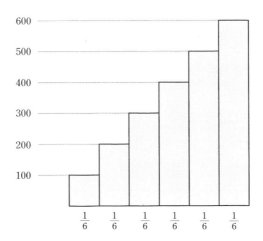

"세로 쪽은 확률변수의 값이고 가로 쪽은 확률인 막대기야. 이 도형에서

막대기 부분의 가로와 세로를 곱하고 전부 더하면 어떻게 될까? 이 도형의 넓이가 나오겠지. 그런데 확률변수의 값과 확률을 곱해서 전체를 더한 것이 기댓값이야. 그러니까 이 도형의 넓이는 기댓값과 일치해."

"뭐, 그렇겠네요."

"그럼 이 막대기의 높이를 평평하게 만들어 보자. 그럼 이런 도형이 나와."

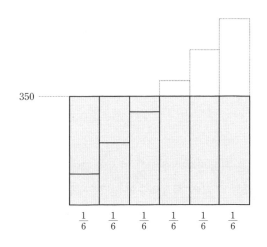

"평균을 구하는 거군요."

"응. 그런데 이 직사각형의 가로 길이는 1이야. 말하자면 이 도형의 넓이는 정확히 평균을 나타내고 있다는 뜻이지."

"아……."

"그러니까 기댓값을 구하는 건 평균을 구하는 것과 똑같다는 말이야. 지금은 모든 확률이 같은 경우지만, 확률이 같지 않을 때도 같은 식을 써서 평균을 구할 수 있어. ∑가 있다고 해서 두려워할 필요는 없어. 식의 형태를 확실히 잡으면 돼. 기댓값은 '확률로 가중치를 부여한 값의 합'인 거야."

$$c_k \longleftarrow \text{확률변수가 취하는 구체적인 값}$$
$$\Pr(x = c_k) \longleftarrow \text{확률변수 X가 구체적인 값 } c_k \text{와 같아질 확률}$$
$$c_k \cdot \Pr(X = c_k) \longleftarrow \text{위 두 값의 곱}$$

$$\sum_{k=0}^{\infty} c_k \cdot Pr(\mathrm{X}=c_k) \quad \longleftrightarrow \quad k=0,1,2,3,\cdots \text{에 대해 모든 값을 더함}$$

"확실히 그런 식의 형태가 됐네요. 100배 게임의 상금으로 치면 c_0, c_1, c_2, $\cdots$, c_5라는 건 100, 200, 300, $\cdots$, 600을 말하는 거네요. 그리고 $Pr(\mathrm{X}=c_k)$라는 건 상금 c_k를 받을 수 있는 확률이구요. c_k에 확률변수가 c_k가 되는 확률을 곱한 $c_k \cdot Pr(\mathrm{X}=c_k)$……는 '확률로 가중치를 부여한 값'이에요. 그리고 모두 합쳐서…… 확실히 '확률로 가중치를 부여한 값의 합'이 됐어요." 테트라가 자신이 이해한 내용을 확인하듯 천천히 말했다.

공평한 게임

"지금 100배 게임으로 받을 수 있는 상금의 기댓값을 구했지?"

"네. 350원이 나왔죠."

"그런데 이 100배 게임에 참가하려면 '참가비'가 필요하다고 치자. 그러니까 주사위 게임으로 상금을 받으려면 먼저 참가비를 내야 하는 거야. 참가비를 정할 때는 '상금의 기댓값'이 적당한 금액이 되어야 해."

"적당하다는 게 어떤 거죠?"

"상금의 기댓값이 350원이라는 건 이 게임을 여러 번 반복했을 때 참가자가 평균 350원을 받을 수 있다는 거야. 그러니까 '참가비 350원을 낸 참가자'와 '상금을 지불하는 게임 주최자'를 비교했을 때 어느 한쪽이 돈을 버는 게 아닌, 말하자면 공평한 게임이 되어야 하는 거야. 그런 뜻에서 '적당하다'라고 표현한 거야."

테트라는 고개를 끄덕이며 말했다.

"선배, 수식만 봐서는 잘 모르던 것들이 100배 게임처럼 구체적인 예시를 거치니까 쏙쏙 이해돼요. 구체적인 예시가 이렇게 중요하군요. 후!"

테트라가 크게 한숨을 내쉬는 순간 창밖에서 바람이 들이쳐 노트를 바닥에 떨어뜨렸다.

"꺄!"

"테트라 콧김이 엄청 센데?"

나는 테트라의 노트를 주워 주면서 웃었다.

"제가 그런 게 아니에요. 바람 때문이라고요!"

그때 문득 미르카가 떠올랐다.

"참, 저번에 미르카랑 무슨 이야기한 거야?"

"이야기라니요?"

"저번에 도서관에서 나올 때 미르카가 단둘이 할 얘기가 있다고 했잖아."

과묵한 리사랑 어색하게 걸어가야 했던 그날 일이다.

"아…… 그날. 아직 확정된 일은 아니라서……."

그 순간 뒤에서 테트라의 말을 받아치는 목소리가 들렸다.

"나는 테트라로 정했는데?"

이 목소리의 주인은 말할 것도 없이 검은 머리 천재 소녀, 미르카다.

2. 선형성

미르카

"이산적 확률의 기댓값인가." 미르카가 테트라의 노트를 들여다보더니 말했다.

"지금까지 우리가 공부한 건……." 내가 설명하려 하자 테트라가 두 팔을 내저으며 끼어들었다.

"제가, 제가 설명할게요."

◆◆◆

오늘 선배한테 확률에 대해 배웠어요. 우선 **확률변수**라는 건 '표본공간에서 실수에 대한 함수'라고 할 수도 있지만, 실행을 해서 정해진 양을 말하는 거예요.

그다음에 **확률분포**라는 개념도 배웠어요. 확률분포는 확률변수가 특정 값을 취할 확률이 얼마인지를 나타낸 거예요. 예컨대 확률변수 X가 특정 값 c를 취할 확률은 확률분포 Pr을 사용해서 $Pr(X = c)$이라고 써요.

그리고 **기댓값**도 배웠어요. 기댓값은 확률변수의 평균적인 값을 나타낸 거예요. 확률변수 X의 기댓값은 E[X]라고 쓰고, 그 정의는 '확률로 가중치를 부여한 값의 합'이에요. 식으로 쓰면 이렇게 되죠.

$$E[X] = \sum_{k=0}^{\infty} c_k \cdot Pr(X = c_k)$$

◆◆◆

테트라는 개념을 제대로 파악했을 때 비로소 '이해했다'고 말하는 성격이라 그런지 설명이 정확했다. 테트라의 말이 끝나자 미르카는 나에게 말했다.

"기댓값의 선형성 얘기를 안 한 이유는?"

"선형성?" 내가 되물었다.

"합의 기댓값은 기댓값의 합이라는 것 말이야."

합의 기댓값은 기댓값의 합

미르카는 내 노트를 끌어다가 수식을 적었다. 나와 테트라는 미르카의 양쪽에서 노트를 들여다봤다. 문득 '이 작은 삼각형, 얼마나 행복한 공간인가' 하는 감상에 빠져들었다.

엄마는 요즘 왜 이벤트가 없느냐고 물으셨지만 우리에게는 하루하루가 이벤트다. 수학이 있는 한 우리의 이벤트는 언제나 계속된다.

미르카는 카랑카랑한 목소리로 이야기를 시작했다.

"두 확률변수 X와 Y가 같은 표본공간 위에서 정의되어 있다고 하자."

◆◆◆

두 확률변수 X와 Y가 같은 표본공간 위에서 정의되어 있다고 할 때, X와 Y의 합 X+Y도 확률변수가 돼. 이때 확률변수 X+Y의 기댓값 E[X+Y]에 대해 다음 식이 성립해.

$$E[X+Y] = E[X] + E[Y] \qquad \text{합의 기댓값은 기댓값의 합}$$

즉 확률변수 X와 Y의 합의 기댓값은 X와 Y 각각의 기댓값의 합과 같다는 거야. 그리고 임의의 정수 K에 대해 다음 식이 성립해.

$$E[K \cdot X] = K \cdot E[X] \quad \text{정수배의 기댓값은 기댓값의 정수배}$$

'합의 기댓값은 기댓값의 합'과 '정수배의 기댓값은 기댓값의 정수배'를 합쳐서 **기댓값의 선형성**(linearity of expectation)이라고 해. '합의 기댓값은 기댓값의 합'은 일반화할 수 있어.

$$X = X_1 + X_2 + X_3 + \cdots + X_n$$

이렇게 확률변수 X가 n개의 확률변수 $X_1, X_2, X_3, \cdots, X_n$의 합으로 나타내게 될 때 다음 식이 성립해.

$$E[X] = E[X_1] + E[X_2] + E[X_3] + \cdots + E[X_n]$$

◆ ◆ ◆

테트라가 힘차게 손을 들었다.

"테트라, 궁금한 게 뭐야?" 미르카가 물었다.

"질문은 아니고, 지금 설명한 기댓값의 선형성에 대한 예시를 제가 만들어 볼게요."

당연히 질문을 하거나 예시를 들어 달라고 말할 줄 알았는데, 테트라 자신이 직접 예시를 만들겠다고 나서다니……. 우리는 늘 '예시는 이해의 시금석'이라는 말을 신조처럼 여겼기 때문에 테트라는 지금 자신이 이해한 내용을 예시로 만들어 보겠다고 한 것이다.

"음…… 아무튼 확률변수를 만들어 볼게요."

테트라는 생각하면서 천천히 예시를 만들어 나갔고, 나와 미르카는 그런 테트라를 기다려 주었다.

확률변수를 만들려면 우선 덧셈에 대해 생각해야 하죠. 예를 들어 볼게요. 주사위를 두 번 던질 수 있다고 치고 처음에 나온 수와 다음에 나온 수를 더한 확률변수를 X라고 할게요. 첫 번째에 나온 수를 확률변수 X_1이라고 하고, 두 번째에 나온 수를 확률변수 X_2라고 할게요.

그렇게 하면 다음 식이 성립해요.

$$X = X_1 + X_2$$

지금 이 예시에서 확인하고 싶은 걸 수식으로 표현하면 이렇죠.

$$E[X] = E[X_1] + E[X_2]$$

그럼 좌변의 $E[X]$의 값과 우변의 $E[X_1] + E[X_2]$의 값이 같은지 다른지를 확인할게요!

좌변 $E[X]$ 구하기

확률변수 X는 주사위를 두 번 던져서 나온 수의 합이에요. 그러니까 X가 취할 수 있는 값은 1과 1이 나왔을 때의 합계 2부터 6과 6이 나왔을 때의 합계 12까지예요.

X의 기댓값 $E[X]$를 계산할게요. 그러려면 X=2의 확률, X=3의 확률…… X=12의 확률까지 다 알아봐야겠네요.

그럼, 실수하지 않기 위해 표를 만들게요!

		2차					
		1	2	3	4	5	6
1차	1	2	3	④	5	6	7
	2	3	④	5	6	7	8
	3	④	5	6	7	8	9
	4	5	6	7	8	9	10
	5	6	7	8	9	10	11
	6	7	8	9	10	11	12

주사위를 두 번 던져서 나온 수의 합계

이 표에 있는 $6 \times 6 = 36$개의 수는 각각 $\frac{1}{36}$의 확률로 일어나요. 그러니까 이 표로 수를 세면 확률을 얻을 수 있다는 거죠. 예를 들어 이 표에 4는 3개가 있어요(○ 표시 부분). 그럼 X＝4가 될 확률은 이렇게 돼요.

$$Pr(X=4) = \frac{3}{36}$$

준비가 됐으니 기댓값의 정의로 E[X]를 구할 수 있어요. '확률로 가중치를 부여한 값의 합'을 만드는 거예요.

$$
\begin{aligned}
E[X] &= 2 \cdot Pr(X=2) + 3 \cdot Pr(X=3) + 4 \cdot Pr(X=4) + 5 \cdot Pr(X=5) \\
&\quad + 6 \cdot Pr(X=6) + 7 \cdot Pr(X=7) + 8 \cdot Pr(X=8) + 9 \cdot Pr(X=9) \\
&\quad + 10 \cdot Pr(X=10) + 11 \cdot Pr(X=11) + 12 \cdot Pr(X=12) \\
&= 2 \cdot \frac{1}{36} + 3 \cdot \frac{2}{36} + 4 \cdot \frac{3}{36} + 5 \cdot \frac{4}{36} + 6 \cdot \frac{5}{36} + 7 \cdot \frac{6}{36} + 8 \cdot \frac{5}{36} + 9 \cdot \frac{4}{36} \\
&\quad + 10 \cdot \frac{3}{36} + 11 \cdot \frac{2}{36} + 12 \cdot \frac{1}{36} \\
&= \frac{2+6+12+20+30+42+40+36+30+22+12}{36} \\
&= \frac{252}{36} \\
&= 7
\end{aligned}
$$

따라서 E[X]＝7이 돼요. 그러니까 두 번 던졌을 때 합의 기댓값은 7과 같다는 사실을 알 수 있었어요.

우변 E[X₁]＋E[X₂] 구하기

그럼 이번에는 '기댓값의 합'을 구할게요.

주사위를 첫 번째 던졌을 때 나온 수의 기댓값 E[X₁]은…… 다음과 같아요.

$$E[X_1] = \sum_{k=1}^{6} k \cdot (k\text{라는 수가 나올 확률})$$
$$= 1 \cdot \frac{1}{6} + 2 \cdot \frac{1}{6} + 3 \cdot \frac{1}{6} + 4 \cdot \frac{1}{6} + 5 \cdot \frac{1}{6} + 6 \cdot \frac{1}{6}$$
$$= \frac{1+2+3+4+5+6}{6}$$
$$= 3.5$$

그러니까 E[X₁]＝3.5가 되죠. 이건 주사위 수의 기댓값이 3.5라는 뜻이에요.

주사위를 두 번째 던졌을 때 나온 기댓값 E[X₂]도 똑같은 계산으로 E[X₂] ＝3.5가 돼요. 따라서 E[X₁]＋E[X₂]＝7이 돼요. 즉 두 번 던졌을 때 나온 각 기댓값의 합은 7과 같다는 사실을 알 수 있었어요. 이렇게 해서 E[X]＝ E[X₁]＋E[X₂]은 확실히 맞아요!

◆◆◆

뺨이 발그레해진 테트라가 설명을 끝냈다.

"이 정도면 '합의 기댓값은 기댓값의 합'의 예시가 된 거죠?"

"충분해."

미르카는 짧게 대답하고는 다시 노트에 뭔가를 적었다.

$$E\left[\sum(\quad)\right] = \sum\left(E[\quad]\right)$$

"'합의 기댓값은 기댓값의 합'이라는 정의는 상징적으로 이렇게 표현할 수 있어. 기댓값의 선형성 때문에 합의 $\sum(\quad)$와 기댓값의 E[ ]는 교환이 가능해. 고맙게도 기댓값의 선형성은 어떤 확률분포에 대해서도 무조건적으로 성립해."

3. 이항분포

동전 이야기

미르카는 자리에서 일어나 손가락을 빙글빙글 돌리면서 주변을 맴돌았다. 뭔가 생각 중인 것이다. 표정이 밝은 걸 보니 즐거운 모양이다. 고개를 좌우로 움직일 때마다 긴 머리카락이 잔잔한 파도를 일으킨다. 간간히 창문으로 불어오는 바람이 그 파도를 풍성하게 만들어 준다.

미르카는 성질이 급하고 변덕스러운데다 괴팍한 면도 있지만, 수학에 대해서는 성실하고 진지하다. 수학을 배우는 사람을 대할 때도 꽤 인내심을 발휘한다. 복잡한 성격인지 단순한 성격인지 잘 모르겠다.

"동전 이야기를 해 보자."

미르카는 자리로 돌아와 안경테를 밀어 올리고는 노트에 문제를 적기 시작했다.

문제 5-1 이항분포

앞면이 나올 확률이 p이고 뒷면이 나올 확률이 q인 동전을 n번 던진다. 앞면이 k번 나올 확률 $P_n(k)$를 구하라. 단, $p+q=1$, $0 \leq k \leq n$이다.

"이건 간단하지. 먼저 n번 던진 가운데 앞면이 k번 나왔다면 뒤는 $n-k$번 나왔겠지." 내가 말했다.

"그런 것 같아요." 테트라가 고개를 끄덕였다.

"처음에 k번 연속해서 앞면이 나오고, 그 후에 연속해서 $n-k$번 뒷면이 나올 확률은 이렇게 돼."

$$\underbrace{\overbrace{p \times p \times p \times \cdots \times p}^{n\text{개의 } p \text{ 또는 } q}}_{k\text{개의 } p} \times \underbrace{q \times q \times q \times \cdots \times q}_{n-k\text{개의 } q} = p^k q^{n-k}$$

"하지만 처음에 k번 연속해서 앞면이 나와야 하는 건 아니야. 아무 때나 앞면이 k번만큼 나오면 되거든. 그러니까 'n개 가운데 k개가 앞면인 조합의 수'만 더해야 해. 즉 $\binom{n}{k}$배를 하면 돼. 그러니까 구하는 $\mathrm{P}_n(k)$는 이렇게 돼."

$$\mathrm{P}_n(k) = \binom{n}{k} p^k q^{n-k}$$

풀이 5-1 이항분포

$$\mathrm{P}_n(k) = \binom{n}{k} p^k q^{n-k}$$

"여기까지는 문제가 없어." 내 설명을 듣고 있던 미르카가 말했다. "$\mathrm{P}_n(k)$는 이항정리를 사용해서 $(p+q)^n$을 전개했을 때 k번째 항이 돼."

$$(p+q)^n$$
$$= \binom{n}{0} p^0 q^{n-0} + \binom{n}{1} p^1 q^{n-1} + \binom{n}{2} p^2 q^{n-2} + \cdots + \underbrace{\binom{n}{k} p^k q^{n-k}}_{\mathrm{P}_n(k)} + \cdots + \binom{n}{k} p^{n-0} q^0$$

"확실히 그러네요!" 테트라가 목소리를 높였다.

"$(p+q)^n$을 $\mathrm{P}_n(k)$라고 해 보자."

$$(p+q)^n = \mathrm{P}_n(0) + \mathrm{P}_n(1) + \mathrm{P}_n(2) + \cdots + \mathrm{P}_n(k) + \cdots + \mathrm{P}_n(n)$$

"아하……." 내가 말했다. "이 값은 1과 같아지는구나. $p+q=1$이라서 $(p+q)^n=1$이 되니까."

"좀 이상해요. 이항정리라는 건 $(x+y)^n$이라는 'n제곱의 식을 전개하기 위한' 정리인 줄 알았어요. 그런데 이항정리가 'n번 동전을 던졌을 때 앞면이 나오는 횟수의 확률분포'로 이어지는군요. $P_n(k)$는 확률분포가 맞나요?" 테트라가 말했다.

"맞아. k를 변수로 생각하면 확률분포, k를 정수로 생각하면 확률이지." 미르카가 대답했다. "그리고 $P_n(k)$를 확률분포라고 생각했을 때, 이걸 **이항분포**라고 불러. 1을 $P_n(0), P_n(1), P_n(2), \cdots, P_n(n)$으로 분배한 거야. 동전을 n번 던졌을 때 앞면이 나오는 횟수를 확률변수 X라고 하면, 확률변수 X는 이항분포를 **따른다**고 표현해."

미르카는 집게손가락을 곧게 세웠다.

"그럼 이항분포를 따르는 확률변수 X의 기댓값을 구해 보자."

이항분포의 기댓값

문제 5-2 │ 이항분포의 기댓값

> 확률 p로 앞면이 나오고 확률 q로 뒷면이 나오는 동전을 n번 던진다. 이때 앞면이 나오는 횟수의 기댓값을 구하라. 단, $p + q = 1$이다.

"$n = 3$인 경우를 테트라가 대답해 봐." 미르카가 오케스트라 지휘자가 연주자에게 신호를 보내는 것처럼 테트라를 가리켰다.

"네, E[X]를 구할게요!" 테트라가 노트에 적으려는 순간 미르카가 말했다.

"잠깐! 먼저 무엇을 X로 놓을지 말해야지."

"아…… 그러네요. 확률변수를 제대로 도입할게요. 지금 앞면이 나오는 횟수를 확률변수 X라고 할게요. 그리고 $n = 3$인 경우에 대해 X의 기댓값 E[X]를 구해 볼게요."

"좋아."

◆ ◆ ◆

확률변수의 기댓값 정의에서 다음과 같은 식이 성립해요.

$$E[X] = \sum_{k=0}^{\infty} k \cdot Pr(X = k)$$

이항분포의 정의를 사용해서 $Pr(X=k)$를 바꿔 쓸 수 있어요.

$$= \sum_{k=0}^{\infty} k \cdot \binom{n}{k} p^k (1-p)^{n-k}$$

$k>n$일 때는 $\binom{n}{k}=0$이니까 n까지 더한 합을 생각하면 돼요.

$$= \sum_{k=0}^{n} k \cdot \binom{n}{k} p^k (1-p)^{n-k}$$

여기서 $n=3$으로 생각할게요.

$$= \sum_{k=0}^{3} k \cdot \binom{3}{k} p^k (1-p)^{3-k}$$

$k=0$의 항은 어차피 0이 되니까 $k=1,2,3$만 생각할게요.

$$= \sum_{k=1}^{3} k \cdot \binom{3}{k} p^k (1-p)^{3-k}$$

$\sum$를 전개해요.

$$= 1 \cdot \binom{3}{1} p^1 (1-p)^2 + 2 \cdot \binom{3}{2} p^2 (1-p)^1 + 3 \cdot \binom{3}{3} p^3 (1-p)^0$$

여기서 $\binom{3}{1}=3, \binom{3}{2}=3, \binom{3}{3}=1$을 쓸게요.

$$= 1 \cdot 3 p^1 (1-p)^2 + 2 \cdot 3 p^2 (1-p)^1 + 3 \cdot 1 p^3 (1-p)^0$$

식을 정리해서,

$$= 3p(1-p)^2 + 6p^2(1-p) + 3p^3$$

$(1-p)^2$과 $p^2(1-p)$를 전개해요.

$$=3p(1-2p+p^2)+6(p^2-p^3)+3p^3$$

또 전개해요.

$$=3p-6p^2+3p^3+6p^2-6p^3+3p^3$$

동류항을 묶으면,

$$=3p+(6-6)p^2+(3-6+3)p^3$$
$$=3p$$

◆◆◆

"앗! p^2과 p^3의 항이 전부 다 사라졌어요! 이제 $3p$만 남았어요."

$$E[X]=3p \qquad \text{이항분포 } P_3(k)\text{를 따르는 확률변수 X의 기댓값}$$

"그렇군. $n=3$일 때 $E[X]=3p$이니까……."

내가 결론을 말하려 하는 순간 테트라가 끼어들었다.

"제가 말할게요! 일반적으로는 $E[X]=np$가 되지 않나요? 분명 그럴 거예요. n에 대해 수학적 귀납법을 써서 그 예상을 증명할게요!"

오늘 테트라는 꽤 고조되어 있다. 콧바람까지 내뿜으며 돌진하듯 샤프를 쥐어 들었다.

"잠깐! 기댓값의 선형성을 이용하자."

미르카가 브레이크를 걸었다.

합으로 나누다

"기댓값의 선형성……을 이용한다고요?"

"기댓값의 선형성은 '확률변수를 합으로 나누라'는 뜻이야."

"합으로 나누라……."

"지금 우리는 동전을 n번 던질 때 앞면이 나오는 횟수의 기댓값을 구하려는 거잖아. 그럼 주목해야 할 확률변수는 뭐야?"

"앞면이 나오는 횟수요. 앞면이 나오는 횟수를 확률변수 X로 했어요."

"그러면 새로운 확률변수 X_k를 생각하자."

k번째에 던진 동전이 다음과 같이 될 확률변수를 X_k로 둔다.

- 앞면이 나오면 1
- 뒷면이 나오면 0

"앞면이 나오면 1, 뒷면이 나오면 0이 되는 확률변수?" 테트라가 중얼거렸다.

"인디케이터!" 내가 소리를 높였다. "그거 있잖아. 선형 검색 알고리즘을 검토했을 때 '찾는 수가 있으면 1, 찾는 수가 없으면 0'이 되는 변수를 S라고 놨잖아. 그거랑 비슷해."

"맞아." 미르카가 미소 지었다. "이 X_k처럼 어떤 사건이 일어나는지에 따라 1이나 0이 정해지는 확률변수를 **인디케이터 확률변수**라고 해."*

"그렇구나!" 내가 말했다.

"죄송해요, X_k의 k는……?" 테트라가 물었다.

"$k = 1, 2, 3, \cdots, n$이야." 미르카가 대답했다. "인디케이터 확률변수 X_k를 전부 더하면 확률변수 X와 같아져. 테트라, 이거 이해할 수 있겠어?"

$$X = X_1 + X_2 + X_3 + \cdots + X_k + \cdots + X_n$$

"아니요, 이해 안 돼요." 고개를 절레절레 흔드는 테트라.

---

* 인디케이터 확률변수(indicator random variable)는 지표변수, 지시변수, 베르누이 확률변수, 0−1값 확률변수라고도 부른다.

"확률변수가 무엇을 나타내는지 끈기 있게 쫓아가야 해." 미르카가 말했다.

"X는 동전을 던져서 앞면이 나온 횟수를 나타내는 확률변수. X_k는 동전을 k번째 던졌을 때 앞이면 1이고 뒤면 0이 되는 확률변수."

"네…… 그렇긴 하지만."

"그럼 $n=3$이고 동전이 앞 → 뒤 → 앞이 나왔다 치고 생각해 봐."

"앗, 또 예시가……. 생각해 볼게요."

- 첫 번째, 앞($X_1=1$이 돼요)
- 두 번째, 뒤($X_2=0$이 돼요)
- 세 번째, 앞($X_3=1$이 돼요)

"그리고 앞면이 나온 횟수 $X=2$가 돼요. 아, 확실히 $X=X_1+X_2+X_3$가 성립하네요. 미르카 선배, 알았어요! X_k는 k번째가 앞인지(1) 뒤인지(0)를 알아보는 거예요. 그걸 전부 더하면 X가 된다. ……전부 중 앞면이 몇 번 나왔는지 알 수 있는 건 당연하네요!"

"그렇지." 미르카가 고개를 끄덕였다.

인디케이터 확률변수

인디케이터 확률변수는 수를 셀 때 편리해.

예를 들어 동전 한 개를 던졌을 때 앞면이 나오면 1이고 뒷면이 나오면 0이 되는 인디케이터 확률변수 C를 생각해 봐.

확률변수 C의 기댓값 E[C]는 어떻게 될까?

확률변수 C가 얻을 수 있는 값은 두 종류밖에 없다는 점에 주의해서 계산.

$$EX[C]=1 \cdot Pr(C=1)+0 \cdot Pr(C=0)$$
$$=Pr(C=1)$$

즉, $E[C]=Pr(C=1)$

이런 식이 성립해. 인디케이터 확률변수의 기댓값은 인디케이터 확률변수가 1이 될 확률과 같다는 걸 주장하는 식이지.

여기서 우리의 문제, 동전을 n번 던졌을 때 앞면이 나오는 횟수의 기댓값 $E[X]$를 구하는 문제로 돌아가 보자. X를 $X_1+X_2+X_3+\cdots+X_n$이라는 합으로 나누는 부분부터 시작하자.

$$E[X]=E[X_1+X_2+X_3+\cdots+X_n]$$

기댓값의 선형성을 사용할게.

$$=E[X_1]+E[X_2]+E[X_3]+\cdots+E[X_n]$$

X_k가 인디케이터 확률변수니까 기댓값은 확률과 같아.

$$=Pr(X_1=1)+Pr(X_2=1)+Pr(X_3=1)+\cdots+Pr(X_n=1)$$

k번째에 앞면이 나올 확률은 문제에 적혀 있는 것처럼 p와 같아.

$$=\underbrace{p+p+p+\cdots+p}_{n\text{개}}$$
$$=np$$

풀이5-2 이항분포의 기댓값

확률 p로 앞면이 나오고 확률 q로 뒷면이 나오는 동전을 n번 던진다. 이때 앞면이 나오는 횟수의 기댓값은 다음과 같다.

$$np$$

"왠지 허무하게 구해졌네요!"

"앞면이 나오는 횟수를 인디케이터 확률변수한테 세라고 시키는 거야."

- 기댓값의 선형성은 확률변수를 합으로 나누라는 걸 말한다.
- 인디케이터 확률변수는 확률로 기댓값을 구할 수 있다는 걸 말한다.

"이 둘을 조합할 수 있으면 기댓값은 편하게 구할 수 있어."

즐거운 숙제

"퇴실 시간입니다." 미즈타니 선생님의 목소리다. 벌써 시간이 이렇게 되었다니.

"저…… 미르카 선배, 왜 평균이나 기댓값 같은 걸 생각하게 된 걸까요?" 가방을 정리하면서 테트라가 물었다.

"사람들은 사건을 정량적으로 연구하고 싶어 해. 확률변수의 값은 실행 과정에서 여러 가지 값을 얻게 되는데 그런 경우 자연스럽게 그걸 요약하고 싶어지거든. 평균적인 값…… 그러니까 기댓값은 확률변수가 얻는 수많은 값을 요약한 값 중 하나야."

"요약한 값……."

"그럼 즐거운 숙제 시간." 미르카는 우리에게 카드를 보여줬다.

문제 5-3 모든 수가 나올 때까지의 기댓값
주사위의 모든 수가 나올 때까지 반복해서 던진다.
이때 던지는 횟수의 기댓값을 구하라.

"무라키 선생님이 주신 문제야?" 내가 물었다.

"응. 나는 이미 풀었어. 동전 던지기 재미있네."

동전이라고? 주사위를 잘못 말한 거 아닌가?

4. 모든 사건이 일어날 때까지

언젠가

한밤중. 나는 방에 홀로 앉아 있다. 다른 과목 공부를 마치고 이제 수학을 공부할 차례다. 문득 낮에 수학 이야기를 하던 테트라의 모습이 떠올랐다. 자신이 모르는 부분은 '모른다'고 인정하고 구체적으로 어느 부분을 모르는지 스스로 점검하는 테트라, 질문만 하지 않고 스스로 예시를 만드는 테트라, 이야기를 듣는 데 그치지 않고 적극적으로 요점을 정리하는 테트라. 그녀의 성장은 눈부시다. 아무리 내가 선배라도 잘난 척하고 있을 순 없다. 나 역시 성장해야 한다.

그리고 미르카……. 기댓값에 대해 이야기할 때 기댓값의 선형성을 언급한 걸 보면 미르카의 머릿속에는 다양한 수학 개념이 연결되어 있는 모양이다. 온갖 수학 개념을 장악해서 아름다운 소우주를 만들어 내는 것 같다. 기댓값의 선형성을 듣고 나면 당연한 것처럼 생각되지만 나는 그 이야기를 듣기 전에는 생각조차 못 했다.

테트라와 미르카.

그녀들에 비해 나는…… 이런, 또 부정적인 생각에 빠지고 있어. 나 자신을 타인과 비교하는 건 옳지 않다. 공부할 때 내가 맞닥뜨리는 문제들은 대부분 수많은 이들이 풀어낸 문제다. 그러니 어떤 문제를 내가 해결한다고 해서 객관적으로 업적이 될 순 없다. 하지만 주관적으로는 다르다. 내가 어떤 문제를 풀고자 할 때 그 문제는 나에게 특별한 의미가 있으며, 비록 풀지 못할지라도 나 자신과 맞선다는 의미가 있다. 나아가 언젠가 아무도 풀 수 없는 문제에 맞설 그날을 위해, 또 내가 세상에 메시지를 전하는 사람이 될 그날을 위해서라도 의미가 있다.

전부 쏟아 낼 수 있을까?

문제 5-3 모든 수가 나올 때까지의 기댓값

주사위의 모든 수가 나올 때까지 반복해서 던진다.
이때 던지는 횟수의 기댓값을 구하라.

이 문제는 얼핏 보면 그다지 어렵지 않은 것 같다. 하지만 방심은 금물이다. 우선 예시를 만들어 보자. 구체적인 예시 없이는 아무것도 시작할 수 없다.

주사위를 던졌을 때 모든 수가 같은 확률로 나온다고 하자. 물론 나오는 수는 1부터 6까지 6가지다. 6가지 수가 다 나올 때까지 던진다는 건…… 알겠다. 일단 극단적인 예로, 6회 던져서 1부터 6까지 순서대로 나왔다고 하자.

$$\underset{1}{\boxdot} \to \underset{2}{\boxdot} \to \underset{3}{\boxdot} \to \underset{4}{\boxdot} \to \underset{5}{\boxdot} \to \underset{6}{\boxdot}$$ 6회 던져서 모든 종류가 다 나왔다

6회 던져서 모든 수가 나오되, 순서는 상관없다.

$$\underset{3}{\boxdot} \to \underset{1}{\boxdot} \to \underset{4}{\boxdot} \to \underset{5}{\boxdot} \to \underset{2}{\boxdot} \to \underset{6}{\boxdot}$$ 6회 던져서 모든 종류가 다 나왔다

하지만 6회 던져서 모든 수가 나오는 건 운이 좋은 경우다.
주사위 수 $\underset{1}{\boxdot}$이 1회 중복되었을 때 모든 수가 나오려면 7회를 던져야 한다.

$$\underset{3}{\boxdot} \to \underset{1}{\boxdot} \to \underset{4}{\boxdot} \to \underset{1}{\boxdot} \to \underset{5}{\boxdot} \to \underset{2}{\boxdot} \to \underset{6}{\boxdot}$$ 7회 던져서 모든 수가 다 나왔다

이때 던지는 횟수는 7회다.

어디 보자, 이 문제에서 가장 중요한 개념은 '모든 수가 나올 때까지 주사위를 던지는 횟수'니까 이것을 확률변수라고 부르기로 하자.

'모든 수가 나올 때까지 주사위를 던지는 횟수'를 확률변수 X로 둔다.

확률변수 X의 값은 운이 좋으면 6이고, 운이 나쁘면 더 큰 수가 된다. 주사위 수가 처음에는 순조롭게 나오다가 마지막 하나의 수가 늦게 나오는 예시를 생각해 보자.

13회 던져서 모든 수가 나온 경우(X=13)

이 경우 마지막에 2가 나올 때까지 주사위를 13회나 던졌다.

그래, 여기까지 문제의 의미를 잘 파악하고 있다. 모든 수가 나올 때까지 던지는 횟수를 확률변수 X라고 했으니까, 이 문제에서 구할 수 있는 것은 확률변수 X의 기댓값인 E[X]이다.

기댓값의 정의는 $E[X] = \sum_{k=0}^{\infty} c_k \cdot Pr(X = c_k)$이므로 $Pr(X = c_k)$의 값을 계산하면 된다. 예를 들어 $Pr(X=1) = 0$이라고 할 수 있다. 한 번만 던져서 6가지의 수 전부가 나올 수는 없기 때문이다. 따라서 X=1이 될 확률은 0과 같다. 마찬가지로 던지는 횟수 X가 6 미만인 확률도 0과 같다. 즉 $Pr(X=2)$, $Pr(X=3), Pr(X=4), Pr(X=5)$는 모두 0과 같다.

그렇다면 $Pr(X=6)$은 어떨까? 6회 던져서 모든 수가 나올 확률은 중복된 수가 나오지 않는 경우의 확률이니까 바로 구할 수 있다.

1회 던질 때는 어떤 수가 나와도 된다(6가지).

각 수에 대해,

2회 던질 때는 1회에 나온 수 외에 어떤 수가 나와도 된다(5가지).

각 수에 대해,

3회 던질 때는 2회까지 나온 수 외에 어떤 수가 나와도 된다(4가지).

각 수에 대해,

4회 던질 때는 3회까지 나온 수 외에 어떤 수가 나와도 된다(3가지).

각 수에 대해,

5회 던질 때는 4회까지 나온 수 외에 어떤 수가 나와도 된다(2가지).

각 수에 대해,

6회 던질 때는 5회까지 나온 수 외에 어떤 수가 나와도 된다(1가지).

따라서 이렇게 된다.

$$\Pr(X=6)=\frac{6\times5\times4\times3\times2\times1}{6\times6\times6\times6\times6\times6}$$
$$=\frac{6!}{6^6}$$

다음 $\Pr(X=7)$에 대해 생각해 보자. 이번에는 딱 한 번 중복이 있다. 중복되는 수는 1부터 6까지 6가지 모두 가능하다. 아, 주사위를 7회 던지는 경우 가운데 언제 중복이 나오는지도 따져야 한다. 예를 들어 $\overset{1}{[\cdot]} \to \overset{2}{[\because]} \to \overset{3}{[\therefore]} \to \overset{4}{[::]} \to \overset{5}{[:\cdot:]} \to \overset{6}{[:::]}$ 중에서 $[:::]$이 중복되는 경우를 생각해 보자.

$\overset{1}{[\cdot]} \to \overset{6}{[:::]} \to \overset{2}{[\because]} \to \overset{3}{[\therefore]} \to \overset{4}{[::]} \to \overset{5}{[:\cdot:]} \to \overset{6}{[:::]}$

$\overset{1}{[\cdot]} \to \overset{2}{[\because]} \to \overset{6}{[:::]} \to \overset{3}{[\therefore]} \to \overset{4}{[::]} \to \overset{5}{[:\cdot:]} \to \overset{6}{[:::]}$

$\overset{1}{[\cdot]} \to \overset{2}{[\because]} \to \overset{3}{[\therefore]} \to \overset{6}{[:::]} \to \overset{4}{[::]} \to \overset{5}{[:\cdot:]} \to \overset{6}{[:::]}$

$\overset{1}{[\cdot]} \to \overset{2}{[\because]} \to \overset{3}{[\therefore]} \to \overset{4}{[::]} \to \overset{6}{[:::]} \to \overset{5}{[:\cdot:]} \to \overset{6}{[:::]}$

$\overset{1}{[\cdot]} \to \overset{2}{[\because]} \to \overset{3}{[\therefore]} \to \overset{4}{[::]} \to \overset{5}{[:\cdot:]} \to \overset{6}{[:::]} \to \overset{6}{[:::]}$

……앗, 뭐지?

이건 안 되겠어! 처음 예시부터 틀렸다.

$\overset{1}{[\cdot]} \to \overset{6}{[:::]} \to \overset{2}{[\because]} \to \overset{3}{[\therefore]} \to \overset{4}{[::]} \to \overset{5}{[:\cdot:]} \to \overset{6}{[:::]}$ 몇 번 던졌을 때 모든 수가 나왔는가?

이때 모든 수가 나온 건 7회가 아니라 6회째, 즉 $\overset{5}{[:\cdot:]}$가 나온 시점이다. 즉 이 경우에는 $X=7$이 아니라 $X=6$으로 세어야 한다.

으…… 이 문제는 상당히 성가신데?

게다가 $\Pr(X=8)$이 되면 중복되는 수가 더 늘어난다!

음, 까다롭군. 이런 식으로 해서 과연 임의의 k에 대해 $Pr(X=c_k)$를 구할 수 있을까? 그렇지 않으면 기댓값 $E[X]$는 계산할 수 없다.

밤늦도록 시행착오가 계속되고 있다. 뚜렷한 돌파구는 보이지 않는다.

결국 모든 경우를 일일이 계산해 보기로 하려는 순간 잠의 유혹에 빠지고 말았다.

꿈속에서 나는 주사위를 몇 번이나 던졌다.

신기하게도 그 주사위는 동전 모양이었다.

"동전이 아니라 주사위야." 내가 말했다.

"이 주사위는 동전이야." 미르카가 말했다.

배운 것 써먹기

"선배, 좋은 아침이에요!" 학교 가는 길에 씩씩한 테트라를 만났다.

"좋은 아침."

옆에서 나란히 걷고 있지만 테트라는 걸음이 빠른 편이다.

"선배, 미르카 선배가 낸 문제 풀었어요?"

"아니, 계산하다가 미궁에 빠져 버렸어."

"전 계산은 시작도 못 했어요." 테트라가 고개를 내저으며 말했다. "어떤 합으로 나눠야 하는지 모르겠더라고요."

"응?" 나는 걸음을 멈췄다.

"네? 왜 그러세요?"

"어떤 합으로 나눠야 하는지 모른다고 했어?"

"네⋯⋯. '합의 기댓값은 기댓값의 합'을 쓰는 거잖아요?"

기댓값의 선형성. 이런 바보. 미르카가 기껏 설명해 주고 '합의 기댓값은 기댓값의 합'이라는 말까지 해 줬는데⋯⋯ 더구나 테트라가 예시까지 만들어 보여 주었는데, 나는 기댓값의 정의를 써서 직접 구하는 데만 골몰하고 있었다. '모든 수가 나올 때까지 주사위를 던지는 횟수'라는 확률변수 X를 '합으로 나눈다'는 방법은 생각조차 못 했다. 나는 정말 바보인가?

"……선배?" 불안한 듯 쳐다보는 테트라.

"미안, 넌 잘못한 거 없어. 그냥 내가 얼마나 바보 같았는지 깨닫고 놀랐을 뿐이야."

나는 크게 심호흡을 하고 다시 걸음을 옮겼다.

테트라는 안도의 표정을 지었다.

"기댓값의 선형성을 완전히 잊고 있었어. 테트라는 어디까지 생각했어?"

"그게, 저도 잘 몰라요. 기댓값의 선형성을 쓰기 위해 주사위를 던지는 횟수를 합으로 나누는 건가 싶어서 예시를 많이 만들어 봤는데도 어떻게 해야 할지 모르겠더라고요. 하지만 '행복의 계단'은 그릴 수 있었어요."

"행복의 계단?"

"네, 이거예요."

테트라가 가방을 열고 노트를 꺼내느라 우리는 또 한 번 걸음을 멈췄다.

주사위 던지기에서 볼 수 있는 '행복의 계단'

"이 그림은 어떻게 보는 거야?"

그림을 보자마자 내 심장이 고동치기 시작했다. 뭔가 중요한 게 담겨 있다는 걸 느꼈기 때문이다.

"왼쪽부터 순서대로 보는 거예요." 테트라는 그림을 가리키며 말했다.

"맨 처음 던진 주사위가 2가 나온 게 1단이에요. 그다음에는 계단이 한 층 높아졌죠. 2단에서는 3이 나오고 계단이 한 층 높아졌어요. 3단에서는 6이 나오고 다시 한 층 높아졌어요. 그런데 지금까지 나왔던 수가 또 나오면 계단은 높아지지 않아요. 새로운 수가 나와야 한 계단 오르는 거예요."

"아하, 그렇구나."

"그러니까 계단이 평평한 곳은 그때까지 나왔던 수들이 계속 나왔다는 뜻이고, 오른쪽 끝에 새로운 수가 오게 돼요."

"테트라, 이게 왜 '행복의 계단'이야?"

"그러니까…… 새로운 수가 나오면 정상을 향해 다가가는 거니까 행복한 거잖아요."

"……"

"아무튼 깜짝 놀랐어요. 이 주사위의 예시는 이걸로 만들었거든요."

$$\sqrt{5} = 2.23606797749978969640917\underline{3}6687\underline{3}1276\underline{2}35\cdots$$

"처음으로 5가 나오는 건 무려 소수점 아래 36번째 자리예요! 선배도 이거 알고 있어요?"

더 이상 테트라의 말이 내 귀에 들리지 않았다.

"테트라는 이미 찾은 거야."

"네?" 테트라는 큰 눈을 깜박였다.

"던지는 횟수를 합으로 나누는 방법 말이야."

"그런가요……"

"테트라의 '행복의 계단'에 똑똑히 그려져 있어. 이 계단의 전체 길이는 '모든 수가 나올 때까지 주사위를 던지는 횟수'와 같아. 그리고 그 길이는 '각 단의 길이'의 총합인 거야!"

"오!"

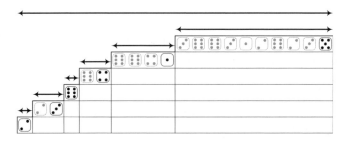

'모든 수가 나올 때까지 주사위를 던지는 횟수'를 합으로 나눈다

전부 다 쏟아 내기

수업이 끝난 교실, 나는 칠판 앞에 서 있고 테트라와 미르카는 앞자리에 앉아 있다.

'행복의 계단'을 힌트로 삼아 나는 테트라와 함께 '모든 수가 나올 때까지의 기댓값 구하기'를 풀 수 있었다. 그리고 미르카에게 풀이 과정을 설명했다.

◆◆◆

'모든 수가 나올 때까지 주사위를 던지는 횟수'를 확률변수 X라고 할게.

X는 테트라가 말한 '행복의 계단' 전체 길이에 해당돼.

그리고 조금 까다롭지만 'j가지의 수가 이미 나왔다고 치고, 그때까지 한 번도 나오지 않은 수가 나올 때까지 주사위를 던지는 횟수'를 확률변수 X_j라고 할게.

그러니까 X_j는 '행복의 계단'에서 $(j+1)$번째 단의 길이에 해당돼.

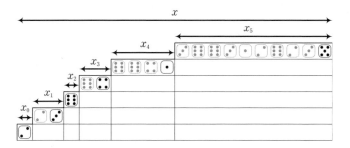

X는 X_j의 합으로 나타나거든. j 값의 범위는 0부터 5까지라고 생각하면 돼.

$$X = X_0 + X_1 + X_2 + X_3 + X_4 + X_5$$

기댓값 $E[X]$를 구할 예정이니까 '합의 기댓값은 기댓값의 합'을 사용하자.

$$E[X] = E[X_0 + X_1 + X_2 + X_3 + X_4 + X_5]$$
$$= E[X_0] + E[X_1] + E[X_2] + E[X_3] + E[X_4] + E[X_5]$$

여기부터 확률변수 X_j를 검토하는 거야.

아직 주사위를 던지지 않은 상태는 0가지의 수라고 할 수 있어. 이 상태에서 주사위를 던지게 되면 당연히 그때까지 한 번도 나온 적이 없는 수가 되겠지. 따라서 다음이 성립해.

$$X_0 = 1$$

주사위를 던질 때는 다음 두 가지 경우를 생각할 수 있어.

• 한 번도 나온 적이 없는 수가 나온다
• 이미 나왔던 수가 나온다

j가지 수가 이미 나왔을 때, '한 번도 나온 적이 없는 수가 나올 확률'은 얼마나 될까?

j가지 수가 이미 나왔다면 $6-j$가지가 아직 나오지 않았다는 거야. 그러니까 '아직 나온 적이 없는 수가 나올 확률'을 p_j라고 하면…… 이렇게 돼.

$$p_j = \frac{6-j}{6} = 1 - \frac{j}{6}$$

그럼 j가지의 수가 이미 나왔을 때, '이미 나온 수가 나올 확률'은? 이 확률을 q_j라고 할게. 모두 6가지인 주사위 수 가운데 이미 j가지가 나왔어. 그러니까 이렇게 되겠지.

$$q_j = \frac{j}{6}$$

'행복의 계단'에서 $(j+1)$번째 층에 있는 동안은 이 확률 p_j와 q_j로 진행돼. 아직 나온 적이 없는 수가 나와서 한 층 위로 올라가면 이번에는 확률 p_{j+1}과 q_{j+1}로 진행돼. 물론 어떤 j에 대해서도 $p_j + q_j = 1$은 항상 성립해.

◆◆◆

내가 여기까지 설명했을 때 미르카는 손가락을 튕겼다.

"우리는 확률이 변화하는 동전을 던지고 있어."

나는 숨을 들이켰다.

"그렇군! 주사위가 아니라 동전을 던진다고 말한 건 그런 뜻이었구나!"

"무슨 말이에요?" 테트라가 열심히 받아 적으면서 물었다.

"이 문제에서 주사위는 잊어도 좋다는 뜻이야." 내가 말했다. "**확률 p_j로 앞면이 나오고, 확률 q_j로 뒷면이 나오는 동전**을 던진다고 생각하면 돼. 그리고 동전 앞면이 나올 때마다 한 계단씩 올라갈 수 있어."

◆◆◆

동전 앞면이 나올 때마다 한 계단씩 올라갈 수 있어. 그리고 올라갈 때마다 앞면이 나올 확률은 낮아져. 이 동전의 확률을 말하자면 다음과 같아.

- 앞면이 나올 확률은 $p_j = 1 - \dfrac{j}{6}$
- 뒷면이 나올 확률은 $q_j = \dfrac{j}{6}$

행복의 계단의 성질을 이제 알았으니까 확률변수 X_j에 대해 생각해 보자. 확률변수 X_j는 $(j+1)$번째 층의 길이야. 이 길이가 k가 될 확률 $Pr(X_j = k)$는 얼마나 될까?

확률 $Pr(\mathrm{X}_j=k)$는 동전을 던져서 '뒷면이 $k-1$회 이어지고 나서 <u>앞면이 1회</u> 나올 확률'과 같아.

미르카가 말해 준 동전 모델로 설명하기 쉽지. 이런 거야.

$$
\begin{aligned}
Pr(\mathrm{X}_j=k) &= q_j^{k-1}\cdot p_j && \text{뒷면이 } k-1\text{회 이어지고 앞면이 1회 나올 확률} \\
&= q_j^{k-1}\cdot(1-q_j) && p_j=1-q_j \text{를 사용} \\
&= q_j^{k-1}-q_j^{k} && \text{전개}
\end{aligned}
$$

이렇게 $j=0,1,2,3,4,5$ 및 $k=1,2,3,\cdots$에 대해 $Pr(\mathrm{X}_j=k)$가 정해졌으니까 확률변수 X_j의 기댓값 $\mathrm{E}[\mathrm{X}_j]$를 계산할 수 있어. 적당히 고른 n에 대해 $k=1,2,3,\cdots,n$에 관한 부분합 $\sum_{k=1}^{n}k\cdot Pr(\mathrm{X}_j=k)$를 구하고, $n\to\infty$로 극한을 취하면 돼.

$$
\begin{aligned}
\sum_{k=1}^{n}k\cdot Pr(\mathrm{X}_j=k) &= 1\cdot Pr(\mathrm{X}_j=1) \\
&\quad +2\cdot Pr(\mathrm{X}_j=2) \\
&\quad\quad +3\cdot Pr(\mathrm{X}_j=3) \\
&\quad\quad\quad +\cdots \\
&\quad\quad\quad\quad +n\cdot Pr(\mathrm{X}_j=n) \\
&= 1\cdot(q_j^{0}-q_j^{1}) \\
&\quad +2\cdot(q_j^{1}-q_j^{2}) \\
&\quad\quad +3\cdot(q_j^{2}-q_j^{3}) \\
&\quad\quad\quad +\cdots \\
&\quad\quad\quad\quad +n\cdot(q_j^{n-1}-q_j^{n}) \\
&= 1\cdot q_j^{0}-1\cdot q_j^{1} \\
&\quad +2\cdot q_j^{1}-2\cdot q_j^{2} \\
&\quad\quad +3\cdot q_j^{2}-3\cdot q_j^{3} \\
&\quad\quad\quad +\cdots \\
&\quad\quad\quad\quad +n\cdot q_j^{n-1}-n\cdot q_j^{n}
\end{aligned}
$$

$$= q_j^0 + q_j^1 + q_j^2 + q_j^3 + \cdots + q_j^{n-1} - n \cdot q_j^n$$

이건 등비수열의 합으로 계산할 수 있어.

$$= \frac{1 - q_j^n}{1 - q_j} - n \cdot q_j^n$$

이제 극한을 취하기만 하면 돼. $q_j = \frac{1}{6}$이라서 $0 < q_j < 1$이 성립하니까 극한은 수렴하지.

$$
\begin{aligned}
E[X_j] = {} & 1 \cdot Pr(X_j = 1) \\
& + 2 \cdot Pr(X_j = 2) \\
& + 3 \cdot Pr(X_j = 3) \\
& + \cdots \\
& + k \cdot Pr(X_j = k) \\
& + \cdots \\
= {} & \lim_{n \to \infty} \sum_{k=1}^{n} k \cdot Pr(X_j = k) \\
= {} & \lim_{n \to \infty} \left(\frac{1 - q_j^n}{1 - q_j} - n \cdot q_j^n \right) \\
= {} & \frac{1}{1 - q_j} \\
= {} & \frac{1}{1 - \dfrac{j}{6}} \qquad q_j \text{를 } \frac{j}{6} \text{로 돌림} \\
= {} & \frac{6}{6 - j}
\end{aligned}
$$

따라서 j번째+1층 길이의 기댓값은 이렇게 돼.

$$E[X_j] = \frac{6}{6 - j}$$

드디어 계단 전체 길이의 기댓값을 구할 수 있어.

$$\begin{aligned}
E[X] &= E[X_0 + X_1 + X_2 + X_3 + X_4 + X_5] \\
&= E[X_0] + E[X_1] + E[X_2] + E[X_3] + E[X_4] + E[X_5] \\
&= \frac{6}{6-0} + \frac{6}{6-1} + \frac{6}{6-2} + \frac{6}{6-3} + \frac{6}{6-4} + \frac{6}{6-5} \\
&= \frac{6}{6} + \frac{6}{5} + \frac{6}{4} + \frac{6}{3} + \frac{6}{2} + \frac{6}{1} \\
&= 6 \cdot \left(\frac{1}{6} + \frac{1}{5} + \frac{1}{4} + \frac{1}{3} + \frac{1}{2} + \frac{1}{1} \right) \\
&= 6 \cdot \left(\frac{1}{1} + \frac{1}{2} + \frac{1}{3} + \frac{1}{4} + \frac{1}{5} + \frac{1}{6} \right)
\end{aligned}$$

그러니까 주사위의 모든 수가 적어도 한 번 나올 때까지 던져야 할 횟수의 기댓값 $E[X]$는 이렇게 구할 수 있어.

$$E[X] = 6 \cdot \left(\frac{1}{1} + \frac{1}{2} + \frac{1}{3} + \frac{1}{4} + \frac{1}{5} + \frac{1}{6} \right)$$

◆◆◆

"이렇게 해서 식이 깔끔하게 정리됐어." 내가 말했다.

"괜찮네." 만족스러운 표정의 미르카.

"계산하면 $E[X] = 14.7$이 나와요." 테트라가 말했다.

"주사위를 평균 14.7회쯤 던져야 모든 수가 나온다는 거죠. 꽤 많이 던져야 하네요!"

풀이 5-3 모든 수가 나올 때까지의 기댓값

구하는 기댓값은 다음과 같다.

$$6 \cdot \left(\frac{1}{1} + \frac{1}{2} + \frac{1}{3} + \frac{1}{4} + \frac{1}{5} + \frac{1}{6} \right) = 14.7$$

"무사히 풀었구나." 내가 말했다.*

"이제 조화수를 쓰자." 미르카가 말했다.

"조화수가 뭐였죠?" 테트라가 말했다.

미르카는 내 노트를 끌어다가 식을 적어서 테트라에게 보여 주었다.

나도 교단에서 내려와 공책을 들여다보았다.

$$H_n = \frac{1}{1} + \frac{1}{2} + \frac{1}{3} + \cdots + \frac{1}{n}$$

"H_n을 사용하면 X의 기댓값은 이렇게 쓸 수 있어."

$$E[X] = 6 \cdot H_6$$

"이 문제를 간단히 일반화할 수 있다는 말이지. 6면으로 된 주사위뿐 아니라 n면인 주사위를 사용할 때도 이런 식을 얻을 수 있어."

미르카가 말했다.

$$E[X] = n \cdot H_n$$

---

* 문제 5-3은 기댓값의 고전적인 문제로 '쿠폰 수집 문제(the coupon collector problem)'라고 한다. 엄밀히 따지면 확률공간이 무한집합인 경우의 정식화가 필요하다.

모든 수가 나올 때까지 던지는 횟수의 기댓값 구하기 '여행 지도'

던지는 횟수를 확률변수 X로 놓는다

$\downarrow$

'행복의 계단'에서 합으로 나눈다

$$X = X_0 + X_1 + \cdots + X_5$$

$\downarrow$

'합의 기댓값은 기댓값의 합' $\underrightarrow{E[X_j]는?}$ 기댓값의 정의

$$E[X] = E[X_0] + E[X_1] + \cdots + E[X_5] \qquad\qquad E[X_j] = \sum_{k=1}^{\infty} k \cdot Pr(X_j = k)$$

$\downarrow$

앞면이 나올 확률 p_j와 뒷면이 나올
확률 q_j의 동전 던지기로 생각한다

$$Pr(X_j = k) = q_j^{k-1} \cdot p_j$$

$\downarrow$

$$E[X_j] = q_j^0 + q_j^1 + \cdots$$

$\downarrow$

등비급수

$$E[X_j] = \frac{1}{1 - q_j}$$

$\downarrow$

$$E[X] = 6 \cdot \left(\frac{1}{1} + \frac{1}{2} + \frac{1}{3} + \frac{1}{4} + \frac{1}{5} + \frac{1}{6} \right) \quad\longleftarrow\quad E[X_j] = \frac{6}{6 - j}$$

$\downarrow$

$$E[X] = 6 \cdot H_6$$

생각지 못한 말

"다 같이 문제 푸니까 재미있어요!" 테트라가 말했다.

"내가 풀 수 있었던 건 테트라의 '행복의 계단' 덕분이야."

"전 그걸 생각했으면서도 못 풀었어요……."

우리는 마주보고 웃었다.

"자, 이걸로 한 건 해결!"

미르카도 기분 좋은 표정으로 손가락을 세우더니 특유의 대사를 외쳤다.

그러고 난 뒤 미르카는 한마디 덧붙였다.

"그것 봐, 깔끔하게 잘 끝냈지? 오빠!"

순간 시간이 얼어붙은 듯 정적이 이어졌다.

굳어 버린 나.

굳어 버린 테트라.

굳어 버린 미르카.

누구든 긴장이 풀리면 생각지도 못한 말을 내뱉을 때가 있다.

그게 완벽주의자로 평가받는 미르카라도 말이다.

누구든 상대를 잘못 부를 때가 있다.

그 상대가 어린 시절에 세상을 떠난 '오빠'라 해도 말이다.

잠시 후, 얼어붙었던 시간이 풀렸다.

미르카는 내 얼굴에 노트를 던지더니 교실을 뛰쳐나갔다.

주어진 확률변수가 전형적으로 어떻게 움직이는지 이해하고 싶다면,

대부분 그 확률변수의 '평균적인' 값을 묻게 될 것이다.

_『컴퓨터 수학』

이항분포와 확률공간

문제 5-2(이항분포의 기댓값)에서 동전을 n번 던졌을 때 앞면이 나오는 횟수의 기댓값을 구했다. 그때 확률변수의 합을 생각했다면, 그다음 확률공간은 어떻게 생각하면 될까?

n번 던지는 것을 한 번 실행할 때 확률공간 Ω는 다음과 같이 나타낼 수 있다.

$$\Omega = \Big\{ \langle u_1, u_2, \cdots, u_n \rangle \,|\, u_k \in \{\text{앞, 뒤}\},\, 1 \le k \le n \Big\}$$

$n = 3$인 경우를 생각하면, 확률공간 Ω는 다음과 같다.

$$\begin{aligned}
\Omega &= \Big\{ \langle u_1, u_2, u_3 \rangle \,|\, u_k \in \{\text{앞, 뒤}\},\, (1 \le k \le 3) \Big\} \\
&= \Big\{ (\text{앞, 앞, 앞}), (\text{앞, 앞, 뒤}), (\text{앞, 뒤, 앞}), (\text{앞, 뒤, 뒤}), \\
&\qquad (\text{뒤, 앞, 앞}), (\text{뒤, 앞, 뒤}), (\text{뒤, 뒤, 앞}), (\text{뒤, 뒤, 뒤}) \Big\}
\end{aligned}$$

앞면이 나오는 횟수를 나타내는 확률변수를 X로 놓고, k번째에 앞면이 나오면 1이고 뒷면이 나오면 0이 되는 인디케이터 확률변수를 X_k로 둔다. 그러면 다음과 같은 표를 만들 수 있다.

ω	$X(\omega)$	$X_1(\omega)$	$X_2(\omega)$	$X_3(\omega)$
(앞, 앞, 앞)	3	1	1	1
(앞, 앞, 뒤)	2	1	1	0
(앞, 뒤, 앞)	2	1	0	1
(앞, 뒤, 뒤)	1	1	0	0
(뒤, 앞, 앞)	2	0	1	1
(뒤, 앞, 뒤)	1	0	1	0
(뒤, 뒤, 앞)	1	0	0	1
(뒤, 뒤, 뒤)	0	0	0	0

이 표를 보면 어떤 $\omega \in \Omega$에 대해서도 다음과 같은 식이 성립한다는 사실을 알 수 있다.

$$X(\omega) = X_1(\omega) + X_2(\omega) + X_3(\omega)$$

붙잡기 힘든 미래

오랜 시간 찾아 헤매다 마침내 목수 도구 상자를 찾았다.
그것은 무척이나 쓸 만한 보물로,
배에 가득 찬 황금보다 훨씬 더 가치가 있었다.
_「로빈슨 크루소」

1. 그날의 약속

강가

"내일 하자고 그랬어." 그녀가 말했다.

여기는 강변. 그녀와 나는 나란히 앉아 하늘을 바라보고 있다.

까마귀가 두 마리 날아갔다. 하늘은 서서히 노을이 지고 있다.

저 멀리 전철 지나가는 소리가 희미하게 들려온다.

주변에는 아무도 없다. 바람이 불기는 하지만 쌀쌀하지는 않다.

"내일 하자고……." 그녀가 다시 말했다.

'누가?' 엉겁결에 이 말이 입 밖으로 튀어나올 뻔했다.

"나머지는 내일 하자, 오늘은 집에 가.' 병원에서 오빠가 말했지."

그녀의 목소리가 평소와 다르다.

"내일 봐, 같이 수학 공부하자.' 그렇게 약속했거든."

그녀의 목소리는 훨씬 부드럽고…… 그리고 어리다.

"계속 오빠 곁에 있고 싶었는데……."

그녀는 내 어깨에 머리를 기댔다. 나는 팔을 뻗어 그녀의 어깨를 감쌌다.

오렌지 향……. 따뜻하고 고요한 시간이다.

나는 교실을 뛰쳐나간 그녀를 뒤쫓아 여기까지 왔다. 그녀가 던진 노트에 맞은 코가 시큰거리긴 하지만 참을 만하다.

그녀는 가만히 눈을 감고 있다.

그녀는…… 지금 오빠를 생각하고 있다. 생각하고, 또 생각하고.

나는 어떻게 해야 할지 모르겠지만 지금은 여기 있어야 할 것 같다. 그녀 옆에…….

하늘은 완전히 석양에 물들었고, 이제 곧 어둠이 찾아올 것이다.

이윽고 그녀는 크게 숨을 들이켜고 나서 일어나 교복을 털었다.

나도 일어서서 그녀를 봤다. 우리는 마주보고 섰다.

그녀는 아무 말도 하지 않는다. 나 역시 아무 말도 하지 않는다.

나는 손을 뻗어 그녀의 뺨에 흘러내린 눈물을 천천히 닦아 주었다.

그녀는 내 손을 잡더니…… 깨물었다.

"난 옆에 있어 주고 싶었다고!"

2. 오더

빠른 알고리즘

며칠 후, 연휴를 맞아 세상은 들썩들썩했다. 하지만 수험생에게 연휴란 없다. 수험생을 위한 특별 수업이 끝나자 나는 도서실로 향했다. 연습 문제 몇 개를 풀고 나서 한숨 돌리고 있는데 건너편에 앉아 있는 테트라와 리사가 보였다. 1, 2학년도 연휴에 특별 수업이 있나? 그들은 열심히 대화를 나누고 있다. 정확히 말하면 테트라 혼자 열심히 이야기할 뿐 리사는 빨간 노트북을 주시한 채 고개를 끄덕이거나 가로젓고 있다.

"선배!" 테트라가 나를 발견하고 손을 흔들었다.

"또 알고리즘 공부해?" 가까이 다가가서 내가 물었다.

"공부라고 할 수 있을지 모르겠지만, 알고리즘의 '속도'에 대해 생각하고 있었어요."

테트라는 노트를 펼쳐 보이며 말했다.

"며칠 전 선형 검색을 배우고 '보초법' 버전으로 수정한 두 가지 알고리즘에 대해서도 공부했잖아요. 두 경우 모두 찾는 수가 '없다'일 때 시간이 가장 많이 걸렸는데…… 최대 실행 스텝 수는 이랬어요."

알고리즘	최대 실행 스텝 수
LINEAR-SEARCH	$T_L(n) = 4n + 5$
SENTINEL-LINEAR-SEARCH	$T_S(n) = 3n + 7$

최대 실행 스텝 수(n은 수열 크기)

"그랬지." 내가 말했다.

테트라는 배운 걸 꼼꼼히 메모했구나.

"여기 $T_L(n)$이라는 건 뭐야?"

"아, 너무 복잡해져서 최대 실행 스텝 수에 이름을 붙이기로 했어요. LINEAR-SEARCH에는 $T_L(n)$이라는 이름을 붙이고, SENTINEL-LINEAR-SEARCH는 $T_S(n)$이라고 했어요."

"n이라는 건 수열 크기네?"

"네, 맞아요. 그걸로 알고리즘의 속도를 비교하고 있어요."

"두 개의 식을 비교할 때는 **뺄셈**을 하면 돼." 내가 말했다. "두 식의 차를 구해서 음수인지 양수인지 알아보는 게 정석이야. 그러니까 이런 거지. n을 자연수라고 하면……."

$$T_L(n) - T_S(n) = (4n + 5) - (3n + 7)$$
$$= 4n - 3n + 5 - 7$$
$$= n - 2$$

"그러면 $T_L(n) - T_S(n) > 0$이 성립하는 건 $n > 2$일 때라는 걸 알 수 있지. 이제 $T_S(n)$을 우변으로 이항해서 다음 부등식을 얻으면 돼."

$$\text{T}_L(n) > \text{T}_S(n) \qquad (n > 2 \text{일 때})$$

"아, 알았어요. 그러니까 보초법을 활용한 선형 검색으로 하면 $n > 2$일 때 최대 실행 스텝 수가 작아진다. 즉 빨라진다는 거군요. 그런데 저번에 미르카 선배는 그런 걸 꼼꼼히 하는 게 점근적 해석이라고 했어요. 부등식이 똑똑히 성립하는데 이보다 더 정밀한 방법이 있을까요?" 테트라가 물었다.

"나도 모르겠네. 하지만 테트라의 주장이 맞다고 생각해. 그래프를 그려도 알 수 있지."

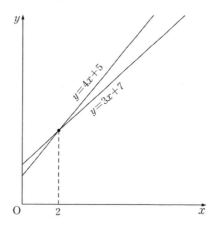

"봐, $n > 2$일 때는 $y = 3x + 7$의 그래프가 $y = 4x + 5$의 그래프보다 항상 아래에 있어. 그러니까 선형 검색보다 보초법을 활용한 선형 검색이 실행 스텝 수가 더 작다고 할 수 있어."

"그러네요! 그래프로 보니까 알기 쉬워요." 테트라가 말했다.

그때 리사가 "으악!" 하고 비명을 질렀다. 어느새 나타난 미르카가 리사의 빨강머리를 마구 헝클어뜨리고 있었다. 리사는 성가시다는 듯 미르카의 손을 뿌리쳤다.

많아야 n의 오더

"미르카 선배, $T_L(n)=4n+5$나 $T_S(n)=3n+7$보다 정밀한 해석은 어떻게 하는 건가요?" 테트라가 물었다.

"해석이 반드시 정밀한 방향으로 나아간다고는 할 수 없어."

미르카는 우리를 둘러보더니 시원시원하게 설명했다. 며칠 전 강변에서 본 모습과는 딴판이다.

"알고리즘 해석에 관심이 있다면 O 표기법에 대해 배워 보자."

◆◆◆

함수 $T(n)$이 어떻게 움직이는지 나타내기 위해 이런 표기를 할 때가 있어.

$$T(n)=O(n)$$

이걸 O **표기법** 혹은 **큰 O 표기법**(big-O notation, 란다우 표기법)이라고 해.

O 표기법은 n의 값을 늘렸을 때 함수 $T(n)$의 값이 어느 정도로 늘어나는지를 표현하는 거야. $T(n)$이 알고리즘의 실행 스텝 수(이걸 실행 시간이라고 생각해도 좋아)를 나타낸다고 하자. 입력 값인 n이 커졌을 때 속도가 얼마나 느려지는지, O 표기법을 사용해서 정량적으로 표현할 수 있어.

$T(n)=O(n)$이라는 식은 어떤 자연수 N과 양수 C가 존재하고, N 이상인 모든 정수 n에 대해 다음 식이 성립한다는 걸 말해.

$$|T(n)| \leqq Cn$$

논리식으로 깔끔하게 정의하기를 원한다면 이렇게 쓰면 돼.

$$\exists N \in \mathbb{N} \, \exists C > 0 \, \forall n \geqq N \left[\, |T(n)| \leqq Cn \, \right]$$

이런 경우는 이렇게 말할 수 있지.

'함수 $T(n)$은 많아야 n의 오더이다.'

◆◆◆

"죄송한데요……." 테트라가 손을 들고 미르카의 말을 끊었다.

"논리식에 꽤 익숙해졌다고 생각했는데, 적응이 쉽지 않네요. N이나 C 같은 문자도 있고…… 천천히 생각할 시간을 주세요."

"어려울 것 없어. $T(n) \geqq 0$으로 생각해 보자. $T(n) = O(n)$이란 N 이상의 n에 관해 함수 $y = T(n)$의 그래프가 함수 $y = Cn$의 그래프 이하가 되도록 정수 N과 C를 정할 수 있다는 거야."

미르카는 그렇게 말하고 간단한 그래프를 그렸다.

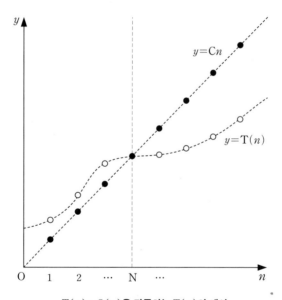

$T(n) = O(n)$을 만족하는 $T(n)$의 예시

"$T(n)$의 크기가 n의 정수배인데 위에서 눌리고 있잖아. 그게 $T(n) = O(n)$이라는 식의 의미야."

"그건 $T(n)$은 '별로 커지지 않는다'는 뜻인가요?" 테트라가 메모를 하면서 물었다.

"맞아. 하지만 '별로 커지지 않는다'라는 표현은 적절치 않아. 첫째, '별로 커지지 않는다'라는 말은 어떤 정수를 넘지 않는다는 소리로 들려. 하지만 n → ∞일 때 $T(n)$ → ∞가 되어도 상관없어. 둘째, '별로 커지지 않는다'라는 말은 정량적인 표현이 아니야. 이 경우를 굳이 말로 표현하자면 '$T(n)$의 증가 정도는 많아야 n의 정수배와 같다'고 할 수 있지. 보통은 '$T(n)$은 많아야 n의 오더' 혹은 단순히 '$T(n)$은 $O(n)$'이라고도 해."

"'많아야'라는 건 'at most'라는 뜻이죠?"

"맞아. '기껏해야, 고작'이라는 뜻."

"그럼 '오더'는 뭐예요?"

"증가 정도(order of growth)."

O 표기법(많아야 n의 오더)

$$T(n)=O(n)$$

$\Longleftrightarrow$ ∃N ∈ ℕ ∃C>0 ∀n≧N $\left[\, |T(n)| \leq Cn \,\right]$

$\Longleftrightarrow$ 함수 $T(n)$은 많아야 n의 오더이다.

퀴즈

"퀴즈를 낼게." 미르카가 말했다. "선형 검색의 최대 실행 스텝 수 $T_L(n)$ =4n+5를 쓸 거야. 4n+5는 O 표기법을 사용해서 이렇게 쓸 수 있어."

$$4n+5=O(n)$$

"왜 그럴까?" 미르카는 테트라를 가리켰다.

"그게, 저기…… 상한이 있기 때문…… 아, 모르겠어요."

"흠, 너는 어떻게 생각해?" 미르카가 나를 돌아보며 말했다.

"정의로 돌아가서 생각하면 되겠지? 예를 들어 N=5이고 C=5라고 하면 될까? 그러니까 5 이상인 모든 n에 대해 다음 식이 성립해."

$$|4n+5| \leqq 5n$$

"그래서 정의를 바탕으로 $4n+5 = O(n)$이 성립한다고 할 수 있지."
"그러네요. 정의, 정의, 정의! 난 왜 '정의로 돌아가는 것'이 잘 안 되죠?"
"다음 **퀴즈**. 다음 식은 성립할까?"

$$n+1000 = O(n)$$

"이번에는 저도 이해했어요." 테트라가 말했다.
"N $=1000$이고 C $=2$로 하면 돼요. 1000 이상의 모든 n에 대해 이런 식이 가능하죠."

$$|n+1000| \leqq 2n$$

"그래서 $n+1000 = O(n)$은 성립해요."
"그렇지. N $=2$와 C $=1000$도 괜찮아." 미르카가 고개를 끄덕였다.
"아, 그렇게 $1000n$처럼 큰 함수로 제한을 둬도 되는군요."
"다음 **퀴즈**. 다음 식은 성립할까?"

$$n^2 = O(n)$$

"이 경우는…… 좌변의 n^2는 1, 4, 9, 16, 25…가 되죠. 어? Cn 이하로 하는 건 무리 아닌가요?"
"빙고. $n^2 = O(n)$은 성립하지 않아. n^2 같은 2차함수는 n의 정수배 이하로는 제한할 수 없어. 아무리 큰 C 이하로 제한하려고 해도 n을 너무 크게 만들면 $n^2 > Cn$이 되니까 말이야. 즉 2차함수는 '많아야 n의 오더'라고는 할 수 없어. 3차함수, 4차함수도 마찬가지. 반면…….”

갑자기 미르카는 나를 보더니 천천히 말을 이었다. “n이나 $n+1000$이나 $4n+5$는 '많아야 n의 오더'라고 할 수 있다.”

“앗, 함수의 분류구나! '많아야 n의 오더'인지 아닌지에 따라 함수를 두 종류로 분류할 수 있어!” 내가 말했다.

“빙고.” 미르카가 손가락을 튕겨 딱 소리를 냈다. “n이나 $n+1000$이나 $4n+5$는 '많아야 n의 오더'라는 이름 아래, n의 계수나 정수항의 차이를 무시하고 동일시할 수 있어. 그래서 해석이 항상 정밀화를 향한다고 볼 순 없어.”

“차이를 무시하고 동일시…….” 테트라가 중얼거렸다.

“O 표기법이라는 도구에 익숙해졌으니까 선형 검색과 보초법을 활용한 선형 검색의 최대 실행 스텝 수를 보자. 뭘 발견할 수 있을까?”

$$T_L(n)=4n+5$$
$$T_S(n)=3n+7$$

“하하, 둘 다 '많아야 n의 오더'네요. 어, 그런데 이건 어떻게 된 건가요?”

$$T_L(n)=4n+5=O(n)$$
$$T_S(n)=3n+7=O(n)$$

“선형 검색을 보초를 써서 수정하면 확실히 최대 실행 스텝 수를 작게 할 수 있어. 하지만 둘 다 $O(n)$이지. 그 말은 오더를 변화시킬 정도로 본질적인 수정은 할 수 없다는 거야. '본질적'이라는 말을 어떻게 정의하느냐에 따라 다르긴 하겠지만.”

“어? 오더는 n 이외에도 있는 건가요?”

“있어. O 표기법에서는 n만 쓸 수 있는 건 아니야. O( ) 안에 임의의 함수를 넣어도 돼.” 미르카가 말했다.

많아야 $f(n)$의 오더

미르카의 강의는 계속 이어졌다.

"O( ) 안에 임의의 함수 $f(n)$을 넣어도 돼. 즉 $T(n) = O(f(n))$의 꼴로 쓸 수 있지."

O 표기법(많아야 $f(n)$의 오더)

$$T(n) = O(\underline{f(n)})$$

$$\Longleftrightarrow \exists N \in \mathbb{N} \, \exists C > 0 \, \forall n \geq N \, \left[\, |T(n)| \leq C\underline{f(n)} \, \right]$$

$$\Longleftrightarrow \text{함수 } T(n)\text{은 많아야 } \underline{f(n)}\text{의 오더이다.}$$

"몇 가지 예시를 들어 보자."

$$n = O(n) \qquad n\text{은 많아야 } n\text{의 오더}$$

$$2n = O(n) \qquad 2n\text{은 많아야 } n\text{의 오더}$$

$$4n + 5 = O(n) \qquad 4n + 5\text{는 많아야 } n\text{의 오더}$$

$$1000n = O(n) \qquad 1000n\text{은 많아야 } n\text{의 오더}$$

$$n^2 = O(n^2) \qquad n^2\text{는 많아야 } n^2\text{의 오더}$$

$$2n^3 + 3n^2 + 4n + 5 = O(n^3) \qquad 2n^3 + 3n^2 + 4n + 5\text{는 많아야 } n^3\text{의 오더}$$

$$0.00001n^{1000} = O(n^{1000}) \qquad 0.00001n^{1000}\text{은 많아야 } n^{1000}\text{의 오더}$$

"아, 계수를 무시하고 n의 최대차수의 항을 쓰면 되는군요."

"지금 든 예시에는 이 정도면 돼. 하지만 O 표기법의 정의에서는 $|T(n)| \leq Cf(n)$처럼 부등식이 쓰이니까 주의하도록 해. 즉 $f(n)$에 따른 평가는 크면 큰 대로 상관없어."

"무슨 뜻이죠?"

"예를 들어 O 표기법을 사용한 다음 식은 성립해."

$$n = O(n^2)$$

"네? n이 n^2의 오더인가요?"

"아까도 말했지만 n은 많아야 n^2의 오더."

"앗, 커도 괜찮군요……. 그럼 이것도 성립하나요?"

$$n = O(n^{1000})$$

"성립해."

"그렇다면 아까 $T_L(n) = 4n + 5 = O(n)$이라고 했는데…… 이런 경우도 되나요?"

$$T_L(n) = 4n + 5 = O(n^{1000})$$

"정의로 봤을 때는 완벽히 성립하지." 미르카가 대답했다.

내내 말없이 자판을 두드리고 있던 리사가 갑자기 놀란 표정으로 고개를 들었다.

미르카는 리사를 흘깃 보고 말을 이었다.

"물론 $O(n)$이라는 걸 알고 있는데 $O(n^{1000})$이라고 주장하는 건 기껏 알아낸 정보를 무용지물로 만드는 셈이야. 하지만 $4n + 5 = O(n^{1000})$라는 식 자체는 완벽하게 성립해."

"아, 아까부터 '많아야'라고 말하면서도 마음속으로는 $O(f(n))$을 '정확히' $f(n)$의 오더로 생각하고 있었어요."

"'정확히 $f(n)$의 오더'라고 하고 싶으면 O 대신에 θ(세타)를 쓰면 돼."

미르카는 'θ' 발음을 정확히 구사했다.

"아, '정확히'에 대한 표기법도 있군요."

"그뿐만 아니라 '적어도'를 나타낸 것도 있어. Ω를 써서 나타내지. 그리고 $T(n) = O(f(n))$과 $T(n) = \Omega(f(n))$이 모두 성립하는 것이 $T(n) = \theta(f(n))$

의 필요충분조건이야. 정수배를 한 그래프에서 위와 아래 사이에 끼인 경우지."

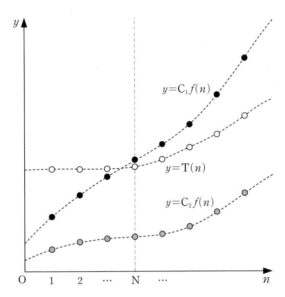

$$T(n)=O(f(n))$$과 $$T(n)=\Omega(f(n))$$이 모두 성립하면, $$T(n)=\theta(f(n))$$이 된다

θ 표기법(정확히 $f(n)$의 오더)

$$T(n)=\theta(f(n))$$
$$\Longleftrightarrow T(n)=O(f(n)) \wedge T(n)=\Omega(f(n))$$
$$\Longleftrightarrow \exists N \in \mathbb{N}\, \exists C_1>0\, \exists C_2>0\, \forall n \geq N \left[C_2 f(n) \leq T(n) \leq C_1 f(n) \right]$$
$\Longleftrightarrow$ 함수 $T(n)$은 정확히 $f(n)$의 오더이다.

Ω 표기법(적어도 $f(n)$의 오더)

$$T(n)=\Omega(f(n))$$
$$\Longleftrightarrow \exists N \in \mathbb{N}\, \exists C>0\, \forall n \geq N \left[T(n) \geq C f(n) \right]$$
$\Longleftrightarrow$ 함수 $T(n)$은 적어도 $f(n)$의 오더이다.

O 표기법의 친구들

$T(n) = O(f(n))$ $T(n)$은 많아야 $f(n)$의 오더이다.

$T(n) = \theta(f(n))$ $T(n)$은 정확히 $f(n)$의 오더이다.

$T(n) = \Omega(f(n))$ $T(n)$은 적어도 $f(n)$의 오더이다.

"그럼 **퀴즈**를 낼게." 미르카가 테트라를 향해 말했다.

$T(n) = O(n^2)$과 $T(n) = O(3n^2)$은 값이 같다. 참인가 거짓인가?

"계수인 3이 틀린…… 아니다, 참이에요. 두 식은 값이 같아요."

"그렇지. $T(n) = O(n^2)$라면 $T(n) = O(3n^2)$이 성립하고, 그 반대도 성립해. 마찬가지로 $T(n) = O(n^2)$과 $T(n) = O(3n^2 + 2n + 1)$도 값이 같아."

"네, 이해했어요."

"다음 **퀴즈**." 미르카가 신이 난 듯 말을 이었다.

$T(n) = O(1)$이 성립할 때, $T(n)$은 어떤 함수인가?

"어라, n이 없어……. O 표기법의 정의로 돌아가면……."

$$T(n) = O(1) \iff \exists N \in \mathbb{N} \, \exists C > 0 \, \forall n \geq N \left[|T(n)| \leq C \cdot 1 \right]$$

"따라서 $T(n)$은 정수 함수가 돼요!"

"틀렸어. $T(n)$이 정수 함수라면 $T(n) = O(1)$이라고 할 수 있지. 그런데 반드시 정수 함수일 필요는 없어."

"상계(上界, upper bound)." 그때 리사가 입을 열었다. 우리는 모두 리사를 쳐다보았다.

"맞아." 미르카가 말했다. "$T(n) = O(n)$일 때, 함수 $T(n)$은 아무리 n을 크게 해도 일정한 수를 넘지 않아. 그러니까 상계를 가지는 거야. 상계를 넘지만 않는다면 계속 변화해도 상관없어."

"어느 일정한 수를 넘지 않는 함수라는 건 $T(n)$은 $n \to \infty$일 때 수렴한다는 건가요?"

"아니야. 어쩌면 $T(n)$은 어느 일정한 수를 넘지 않은 상태에서 늘어나거나 줄어드는 함수일지도 몰라. 예를 들면 $T(n) = (-1)^n$처럼. 그러니까 $T(n) = O(1)$이라고 해서 $T(n)$이 $n \to \infty$일 때 반드시 수렴한다고 할 수는 없어."

이런 대화를 듣고 있다 보니 나는 말로 표현할 수 없는 기쁨을 느꼈다. 우리는 O 표기법이라는 재료를 놓고 수식과 논리를 써서 수학 토론을 벌이고 있다. 전문가들에게는 보잘 것 없는 내용일지 모르지만 나는 이런 대화 속에서 깊고 깊은 기쁨을 느낀다.

$\log n$

"$T(n) = O(n)$과 $T(n) = O(3n)$의 값이 같다는 건, 그러니까 결국 O 표기법은 다음 중 하나가 된다는 건가요?" 테트라가 말했다.

$$O(1), O(n), O(n^2), O(n^3), O(n^4), \cdots$$

"이뿐만이 아니야. 예를 들어 1과 n 사이에도 무수히 많은 오더가 있어. 대표적으로는 $\log n$의 오더. 그러니까 이거야."

$$O(\log n)$$

"$\log n$의 오더는 n의 오더보다 작아. 최대 실행 스텝 수가 $\log n$의 오더인 알고리즘은 점근적으로 매우 좋지."

미르카는 손가락을 빙글빙글 돌리면서 말을 이었다.

"마찬가지로 n과 n^2 사이에는 $n\log n$의 오더가 있어."

$\mathrm{O}(n\log n)$

"$n\log n$은 $n \times \log \times n$이 아니라 $n \times \log(n)$이라는 뜻이야." 내가 말했다.

"아, 그건 알아요. log라는 건 로그…… 맞죠?"

"응, $\log n$은 로그함수야. n을 주면 n의 로그를 얻는 함수. 로그를 얘기할 때는 보통 $\log_2 n$인지, $\log_{10} n$인지, 아니면 $\log_e n$인지 밑을 의식해야 해. 하지만 로그함수를 O 표기법으로 쓸 때는 밑을 신경 쓰지 않아도 돼. 모든 로그함수는 밑을 변환해도 정수배밖에 차이가 나지 않거든." 미르카가 말했다.

"밑의 변환이라고 하면…… 이런 거야." 내가 말했다.

$$\log_A x = \log_A \mathrm{B}^{\log_B x}$$

$x = \mathrm{B}^{\log_B x}$이므로

$$= (\log_B x) \cdot (\log_A \mathrm{B})$$

$\log_A \mathrm{B}^a = a \cdot \log_A \mathrm{B}$이므로

$$\log_A x = \underbrace{(\log_A \mathrm{B})}_{\text{정수}} \cdot (\log_B x)$$

$\log_A x$와 $\log_B x$의 차이는 정수배

"맞아." 미르카가 고개를 끄덕였다.

$$\mathrm{T}(n) = \mathrm{O}(\log_2 n)$$
$$\Longleftrightarrow \mathrm{T}(n) = \mathrm{O}(\log_{10} n)$$
$$\Longleftrightarrow \mathrm{T}(n) = \mathrm{O}(\log_e n)$$

"그러니까 O 표기법에서는 $\mathrm{T}(n) = \mathrm{O}(\log n)$으로 쓰고 밑을 신경 쓰지는 않아."

"그렇구나." 내가 말했다.

"자, 로그함수는 지수함수의 역함수야. 지수함수는 극단적으로 급격히 상승해. 반대로 로그함수는 극단적으로 완만하게 상승해. 이를 테면 밑이 2인 경우, n이 $2^1 = 2$배, $2^2 = 4$배, $2^3 = 8$배처럼 늘어나도 $\log_2 n$은 $+1$, $+2$, $+3$처럼 조금씩만 늘어나거든. $\log_2 n$처럼 조금씩만 늘어나는 함수, 그러니까 '오더(증가 정도)'가 작은 함수로 제한되어 있다는 건 입력 값이 커져도 최대 실

행 스텝 수가 아주 조금만 늘어난다는 뜻이 돼. 즉 점근적으로 빠른 알고리즘이라고 해도 좋아."

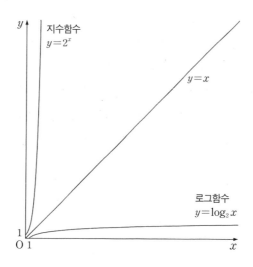

"최대 실행 스텝 수가 $O(\log n)$이 되는 알고리즘이 있나요?" 테트라가 물었다.

"당연하지. 예를 들어 이진 탐색이라는 알고리즘은 정확히 $\log n$의 오더로 목표 원소를 찾아낼 수 있어."

"앗! 잠깐. 탐색이 $\log n$의 오더가 되는 건 이상하지 않나? 왜냐하면 어떤 수가 수열 안에 '없다'가 되려면 n개를 모두 찾아봐야 하잖아. 오더가 n보다 작아질 리가 없잖아." 내가 말했다.

"조건을 붙이면 오더는 내릴 수 있어. 테트라가 가진 카드에 이진 탐색은 없어?" 미르카가 말했다.

"아! 있어요."

테트라는 무라키 선생님에게 받은 카드를 하나씩 넘기더니 '이진 탐색'이라고 적힌 것을 빼냈다.

3. 탐색

이진 탐색

이진 탐색 알고리즘(입력과 출력)

입력

- 수열 $A = \langle A[1], A[2], A[3], \cdots, A[n] \rangle$
    단, $A[1] \leq A[2] \leq A[3] \leq \cdots \leq A[n]$이다.
- 수열의 크기 n
- 찾는 수 v

출력

A 안에 v와 같은 수가 있을 때, '있다'라고 출력한다.

A 안에 v와 같은 수가 없을 때, '없다'라고 출력한다.

"이게 이진 탐색의 입력과 출력이에요." 테트라가 말했다. "수열 A에서 찾는 수 v를 탐색하는 거니까 선형 검색 때랑 똑같네요."

"아니야, 테트라. 조건을 놓쳤어. '단'이라고 쓰여 있는 걸 봐야지." 나는 카드를 가리키며 말했다.

"아! 그러네요, 죄송해요. 그런데 이 조건의 의미는?"

$$A[1] \leq A[2] \leq A[3] \leq \cdots \leq A[n]$$

"이 조건은 수열 안에 있는 수들이 **오름차순**으로 나열되어 있다는 뜻이야. 엄밀히 말해서 작은 수의 순서로 나열되어 있어."

"아…… 이 조건이 오더를 내리는 데 중요한가요? 이쪽 카드가 이진 탐색의 절차예요."

```
이진 탐색 알고리즘(절차)

C1: procedure BINARY-SEARCH(A, n, v)
C2:     a ← 1
C3:     b ← n
C4:     while a ≦ b do
C5:         k ← ⌊ (a+b)/2 ⌋
C6:         if A[k]=v then
C7:             return 〈있다〉
C8:         else-if A[k]<v then
C9:             a ← k+1
C10:        else
C11:            b ← k-1
C12:        end-if
C13:    end-while
C14:    return 〈없다〉
C15: end-procedure
```

나와 테트라는 이진 탐색의 절차를 한참 읽었다. 리사는 카드를 힐끔 보더니 다시 노트북으로 향했다. 미르카는 손가락을 빙글빙글 돌리며 창밖을 바라보고 있었다.

"어, 어렵네요……." 테트라가 말했다. "역시 워크 스루를 똑바로 하지 않으면 뭘 하고 있는 건지 깜깜해져요."

"C5는 이해가 돼?" 미르카는 창밖을 보면서 말했다.

"네. $k \leftarrow \frac{a+b}{2}$ 는 a와 b의 평균을 k에 대입한 거예요."

"소수 이하를 버린다는 플로어($\lfloor \ \rfloor$)를 놓쳤어. $\frac{a+b}{2}$ 는 a와 b를 잇는 선분의 중점이야. $\lfloor \ \rfloor$가 없으면 $a+b$가 홀수일 때 k는 정수가 되지 않아." 미르카가 지적했다.

"아…… 기호 $\lfloor \ \rfloor$는 '버림'이었죠. '플로어(floor)'라는 명칭은 바닥을 뜻하는 것이겠네요."

"그래. $\lfloor x \rfloor$는 x를 넘지 않는 가장 큰 정수를 나타내. x가 정수면 $\lfloor x \rfloor$는 x 그 자체가 돼. $\lfloor 3 \rfloor = 3$, $\lfloor 2.5 \rfloor = 2$, $\lfloor -2.5 \rfloor = -3$, $\lfloor \pi \rfloor = 3$이야."

"네, 그럼 예를 들어 워크 스루를 해 볼게요."

테트라는 노트의 빈 페이지에 적기 시작했다.

예시

잠시 후 테트라가 말을 꺼냈다.

"이진 탐색의 워크 스루를 통해 어느 정도 윤곽이 잡혔어요."

◆◆◆

시험 삼아 이런 경우를 생각해 볼게요.

$$A = (26, 31, 41, 53, 77, 89, 93, 97), \quad n = 8, \quad v = 77$$

수열 A에서 수 77을 찾는 경우예요.

C1:	procedure BINARY-SEARCH(A, n, v)	①		
C2:	$a \leftarrow 1$	②		
C3:	$b \leftarrow n$	③		
C4:	while $a \leqq b$ do	④	⑪	⑱
C5:	$k \leftarrow \left\lfloor \dfrac{a+b}{2} \right\rfloor$	⑤	⑫	⑲
C6:	if $A[k] = v$ then	⑥	⑬	⑳
C7:	return 〈있다〉			㉑
C8:	else-if $A[k] < v$ then	⑦	⑭	
C9:	$a \leftarrow k+1$	⑧		
C10:	else			
C11:	$b \leftarrow k-1$		⑮	
C12:	end-if	⑨	⑯	

C13:   end-while   ⑩ ⑰

C14:   return 〈없다〉

C15: end-procedure   ㉒

이진 탐색의 워크 스루
입력은 A = (26, 31, 41, 53, 77, 89, 93, 97), $n = 8$, $v = 77$

일단 ⑤에서 $a = 1$, $b = 8$, $k = \left\lfloor \dfrac{1+8}{2} \right\rfloor = \lfloor 4.5 \rfloor = 4$예요. 그리고 ⑥과 ⑦에서 $A[k] = A[4] = 53$과 $v = 77$을 비교해요.

⑦부터 재미있어요. 53 < 77이니까 $A[k] < v$가 성립해요. ⑦의 조건을 만족하니까 ⑧에서 $a \leftarrow k + 1$로 대입을 하죠. 이건 뭘 하는 거냐 하면 a를 크게 만들어서 찾아봐야 할 범위를 확 줄이는 거예요!

$A[k] < v$라는 건 v가 반드시 $A[k]$보다 오른쪽에 있다는 거예요. 즉 $A[k]$보다 왼쪽은 찾아볼 필요가 없다는 거죠.

다음으로 ⑫에서 $a = 5$, $b = 8$, $k = \left\lfloor \dfrac{5+8}{2} \right\rfloor = \lfloor 6.5 \rfloor = 6$이에요. 그리고 ⑬과 ⑭에서 $A[k] = A[6] = 89$와 $v = 77$을 비교해요.

77<89니까 $v<$ A$[k]$가 성립하죠. ⑬이나 ⑭의 조건은 만족하지 않아요. 따라서 ⑮로 와서 $b \leftarrow k-1$로 대입을 해요. 이번에도 찾아야 할 범위를 줄였으니까 아까랑 반대로 b를 작게 했어요.

마지막으로 ⑲에서 $a=5, b=5, k=\left\lfloor \dfrac{5+5}{2} \right\rfloor=\lfloor 5 \rfloor=5$예요. 그리고 ⑳에서 A$[k]=A[5]=77$과 $v=77$을 비교해서 찾고자 하는 수 v를 찾았어요. 우후!

$$\Downarrow$$

1	2	3	4	5	6	7	8
26	31	41	53	**77**	89	93	97

$\longleftrightarrow$

◆◆◆

"뭔가 번거로운 것 같은데……. 과연 속도가 빨라진 걸까?" 내가 말했다.

"테트라가 설명한 것처럼 핵심은 a 이상 b 이하라는 탐색 범위야." 미르카가 말했다. "속도가 빨라졌다는 건 A$[k]$와 v의 비교 횟수를 보면 바로 알 수 있어. 한 번 비교할 때마다 탐색 범위는 약 $\dfrac{1}{2}$이 돼. 그러니까 비교 횟수를 1 늘리면 검색 가능한 수열의 크기가 2배가 돼. 반대로 말하면 수열의 크기가 n인 경우에 비교 횟수를 $\log_2 n$ 이하로 줄일 수 있게 돼. 이진 탐색은 훌륭하고 멋진 알고리즘이야."

"그렇구나. 하지만 정말 O$(\log n)$이 될까?"

해석

문제 6-1 이진 탐색의 실행 스텝 수

이진 탐색 알고리즘의 절차 BINARY$-$SEARCH에서 실행 스텝 수는 O$(\log n)$이 되는가?

"수식 없이는 이해 못 하겠지?"
미르카가 나를 보고 미소 지었다.

"그럼 이진 탐색을 해석하자."

"끝났어." 미르카의 말이 끝나기가 무섭게 리사가 대답하면서 화면을 보여 주었다.

	실행 횟수	이진 탐색
C1:	1	procedure BINARY-SEARCH(A, n, v)
C2:	1	$a \leftarrow 1$
C3:	1	$b \leftarrow n$
C4:	M+1	while $a \leqq b$ do
C5:	M+S	$k \leftarrow \left\lfloor \dfrac{a+b}{2} \right\rfloor$
C6:	M+S	if $A[k] = v$ then
C7:	S	return 〈있다〉
C8:	M	else-if $A[k] < v$ then
C9:	X	$a \leftarrow k+1$
C10:	0	else
C11:	Y	$b \leftarrow k-1$
C12:	M	end-if
C13:	M	end-while
C14:	1−S	return 〈없다〉
C15:	1	end-procedure

절차 BINARY-SEARCH의 해석

이진 탐색의 실행 스텝 수

$=C1+C2+C3+C4+C5+C6+C7+C8+C9+C10$
$\quad +C11+C12+C13+C14+C15$

$=1+1+1+(M+1)+(M+S)+(M+S)+S+M+X+0$
$\quad +Y+M+M+(1-S)+1$

$=6M+X+Y+2S+6$

"좋아, 리사. 그런데 X＋Y＝M이 성립하니까 한 단계 더 묶을 수 있어."

$$\text{이진 탐색의 실행 스텝 수}＝7M＋2S＋6$$

"이렇게 이진 탐색의 실행 스텝 수는 7M＋2S＋6이 돼. S는 찾았을 때 1이 되는 인디케이터니까 0 또는 1이 돼. 실행 스텝 수의 크기를 지배하는 건 M의 값이고, 이건 C8의 비교 횟수에 해당하지. 그러니까 C8에서 최대 비교 횟수 M이 $O(\log n)$라는 사실을 말하면 돼."

"M이 $O(\log n)$인가……. 잠깐! M은 입력 크기 n에 따라 바뀌니까 $M(n)$ 처럼 함수 표기를 하는 게 낫지 않을까?" 내가 말했다.

"그러네." 미르카가 고개를 끄덕였다.

"C8에 있는 최대 비교 횟수를 $M(n)$으로 해서 증명하고 싶은 식은 이거야."

$$M(n)＝O(\log n)$$

"증명하고 싶은 식이 $M(n)＝O(\log n)$이라는 건 알겠는데요, $M(n)$은 어떤 함수가 되는 건가요?" 테트라가 물었다.

"이번에야말로 테트라가 나설 차례네." 미르카가 미소 지었다.

"네? 아…… 구체 예시를 생각하는 거군요! 그럼 바로 $M(1)$, $M(2)$, $M(3)$……의 값을 구체적으로 생각해 볼게요!"

"테트라, 워크 스루를 제대로 하려면 C8에서 했던 최대 비교 횟수를 생각하기에 좋은 사례를 찾아야 해. 막무가내로 사례를 만들면 적은 비교 횟수로 찾게 될지도 모르니까." 내가 말했다.

"아, 그건 괜찮아요." 테트라가 대답했다.

"수열 안에 없는 수를 찾으면 돼요. 그러면 최대 비교 횟수가 되죠."

"아니, 안 돼. C5를 생각해 봐. $k \leftarrow \left\lfloor \dfrac{a+b}{2} \right\rfloor$에서 버림을 했으니까 수열 안에 있는 그 어떤 수보다도 큰 수를 찾도록 해야지. 그러려면 반드시 수열의 남은 오른쪽 절반으로 찾으러 가게 돼. 그러면 당연히 최대 비교 횟수가 되지."

"와, 그러네요. 선배 말이 맞아요. 오른쪽 절반이 왼쪽 절반보다 클 때가 있으니까요. 그럼 반드시 수열 안에 있는 그 어떤 수보다 큰 수를 찾도록 해 볼게요."

"응, 나도 해 볼게." 잠시 후 테트라가 외쳤다.

"선배! 재미있는 규칙성이 있어요. 예를 들어 $n=16$으로 수열에 있는 수들보다 큰 수인 v를 찾으면, 이진 탐색은 이런 순서로 수열의 원소를 찾아요!"

나와 테트라는 작은 n에 관한 $M(n)$의 표를 만들었다. 규칙성이 생각보다 빨리 나타나서 시간은 오래 걸리지 않았다.

n	비교 대상이 되는 원소의 위치(■)	$M(n)$(■의 개수)
1	■	1
2	■■	2
3	□■■	2
4	□■■■	3
5	□□■■■	3
6	□□■□■■	3
7	□□□■□■■	3
8	□□□■□■■■	4
9	□□□□■□■■■	4
10	□□□□■□□■■■	4
11	□□□□□■□□■■■	4
12	□□□□□■□■□□■■	4
13	□□□□□□■□□■□■■	4
14	□□□□□□■□□□■□■■	4
15	□□□□□□□■□□■□■■	4
16	□□□□□□□■□□□■□■■■	5
⋮	⋮	⋮

입력 크기 n과 C8에 있는 최대 비교 횟수 $M(n)$의 관계

"이 표에서 규칙성은 명백해." 미르카가 말했다.

"응, 그렇지. n과 M(n) 사이에 이런 관계가 있을 것 같아." 나도 말했다.

$$2^{M(n)-1} \leq n$$

테트라는 표와 식을 몇 번이나 번갈아 봤다.

"아…… 확실히 그렇게 되네요. 이런 식을 간단히 생각해 낼 수 있으면 좋겠어요."

"이 부등식에서 밑이 2인 로그를 취하면 목적으로 하는 식에 근접하게 돼." 내가 말했다.

$2^{M(n)-1} \leq n$	예상
$\log_2 2^{M(n)-1} \leq \log_2 n$	밑이 2인 로그를 취함
$M(n)-1 \leq \log_2 n$	로그의 의미에서
$M(n) \leq 1+\log_2 n$	1을 우변으로 이항
$M(n) = O(\log_2 n)$	정수항을 무시
$M(n) = O(\log n)$	로그의 밑을 무시

"어, 이렇게 증명이 끝인가요?" 테트라가 물었다.

"증명이 남아 있는 건 $2^{M(n)-1} \leq n$이라는 예상 부분, 그러니까 $M(n) \leq 1+\log_2 n$이야. 거의 확실하지만 수학적 귀납법으로 증명할 수 있을 것 같아." 내가 말했다.

◆◆◆

$M(n) \leq 1+\log_2 n$이 N $= 1, 2, 3, \cdots$일 때 성립한다는 걸 증명할게.

먼저 $n=1$일 때 성립해. 좌변은 $M(1)=1$이고 우변은 $1+\log_2 1 = 1$이니까.

다음 $n=1, 2, 3, \cdots j$일 때 성립한다고 가정해서 $n=j+1$일 때도 성립한다는 걸 증명할게. 알기 쉽도록 $n=j+1$이 홀짝일 때로 분류하자.

<u>$n = j+1$이 짝수일 경우:</u>

$$\underbrace{\square\square\cdots\square}_{\frac{j+1}{2}}\blacksquare\underbrace{\square\square\cdots\square\square}_{\frac{j+1}{2}}$$

■에서 한 번 비교한 다음 오른쪽 절반인 $\dfrac{j+1}{2}$에서 찾아보면 다음 부등식을 얻을 수 있어.

$$
\begin{aligned}
\mathrm{M}(j+1) &\leqq 1+\mathrm{M}\left(\frac{j+1}{2}\right) &&\text{한 번 비교＋오른쪽 절반을 탐색}\\
&\leqq 1+\left(1+\log_2\frac{j+1}{2}\right) &&\text{수학적 귀납법의 가정에서}\\
&= 2+\log_2(j+1)-\log_2 2 &&\text{로그의 성질에서}\\
&= 1+\log_2(j+1)
\end{aligned}
$$

따라서 다음 식이 성립해.

$$\mathrm{M}(j+1) \leqq 1+\log_2(j+1)$$

<u>$n = j+1$이 홀수일 경우:</u>

$$\underbrace{\square\square\cdots\square\square}_{\frac{j}{2}}\blacksquare\underbrace{\square\square\cdots\square\square}_{\frac{j}{2}}$$

■에서 한 번 비교한 다음에 오른쪽 절반인 $\dfrac{j}{2}$에서 찾아보면 다음 부등식을 얻을 수 있어.

$$\mathrm{M}(j+1) \leqq 1+\mathrm{M}\left(\frac{j}{2}\right) \qquad \text{한 번 비교＋오른쪽 절반을 탐색}$$

$$\leqq 1+\left(1+\log_2\frac{j}{2}\right) \qquad \text{수학적 귀납법의 가정에서}$$
$$=2+\log_2 j-\log_2 2 \qquad \text{로그의 성질에서}$$
$$=1+\log_2 j$$
$$\leqq 1+\log_2(j+1)$$

따라서 다음 식이 성립해.

$$\mathrm{M}(j+1)\leqq 1+\log_2(j+1)$$

홀수와 짝수 둘 다 다음 식이 성립해.

$$\mathrm{M}(j+1)\leqq 1+\log_2(j+1)$$

그러므로 수학적 귀납법에 따라 모든 자연수 n에 대해 다음 식을 말할 수 있어.

$$\mathrm{M}(n)\leqq 1+\log_2 n$$

증명 끝.

[풀이 6-1] 이진 탐색의 실행 스텝 수
이진 탐색 알고리즘의 절차 BINARY-SEARCH에서 실행 스텝 수는 $O(\log n)$이 된다.

"이진 탐색의 실행 스텝 수는 기껏해야 $\log n$의 오더라는 사실을 나타낸 것이군요." 테트라가 말했다.

정렬

"무지개."

갑자기 리사가 창문을 바라보며 말했다.

"어머! 정말?" 테트라가 창문으로 달려갔다. 무지개는 곧 사라질 듯 말 듯 흐릿하게 걸려 있었다.

"아까 여우비가 흩날리더니." 미르카가 말했다.

"무지개는 약속의 증표래요." 테트라가 말했다.

"약속?" 내가 물었다.

"노아의 방주 말예요. 노아가 가족과 많은 동물들을 방주에 태우고 나서 온 세상을 뒤덮을 만큼 큰 비가 내렸죠. 한 달하고도 열흘이 지나서 물이 빠지자 사람들이 방주에서 내리는데 하늘에 무지개가 걸렸어요. 비가 그친 뒤 나타나는 무지개는 신의 축복과 약속의 증표예요."

"아……." 나는 다시 무지개를 바라봤다. 약속의 증표라…….

약속을 한다, 약속을 지킨다, 약속을 깬다……. 우리는 왜 약속을 하는 걸까.

'내일 봐, 같이 수학 공부하자. 이렇게 약속했다고.'

"앗! 대발견, 대발견!" 갑자기 테트라가 호들갑스럽게 소리쳤다.

"이진 탐색은 $O(\log n)$이 약속된 멋진 알고리즘이에요. 하지만 정렬되어 있다는 게 전제로 깔려 있었어요. 그 말은 주어진 수열을 정렬한 다음에 탐색을 하면 빠른 탐색 알고리즘이 만들어진다는 거죠!"

"정렬하는 데 시간이 걸리니까 빠른 탐색 알고리즘이라고는 할 수 없지." 미르카가 말했다.

"아…… 그렇군요."

"하지만 탐색을 반복한다면 미리 정렬해 두는 게 효과적이야. 정렬에도 다양한 알고리즘이 있는데, 카드에 그것도 담겨 있어?"

테트라는 카드를 트럼프 게임하듯 넘겼다.

"……네. 예를 들면 이건 거품 정렬이라는 알고리즘이에요."

4. 정렬

거품 정렬

"애초에 정렬이라는 걸 크기 순으로 나열하는 것으로 봐도 되나요?" 테트라가 물었다.

"그런 셈이지. 테트라가 꺼낸 카드의 입력과 출력을 보자."

거품 정렬 알고리즘(입력과 출력)

입력

• 수열 $A = (A[1], A[2], A[3], \cdots, A[n])$
• 수열의 크기 n

출력

입력의 수열을 오름차순으로 정렬한 수열
$A[1] \leq A[2] \leq A[3] \leq \cdots A[n]$

"여기 '$A[1] \leq A[2] \leq A[3] \leq \cdots A[n]$'은 오름차순으로 정렬되어 있다는 조건을 수식으로 표현한 거야. 이 조건을 만족하도록 수열의 원소 순서를 바꾸는 거야. 이게 바로 정렬이야." 미르카가 말했다

"네……. 그럼 절차를 읽을게요."

거품 정렬 알고리즘(절차)

```
B1:    procedure BUBBLE-SORT(A, n)
B2:        m ← n
B3:        while m > 1 do
B4:            k ← 1
B5:            while k < m do
B6:                if A[k] > A[k+1] then
B7:                    A[k] ↔ A[k+1]
B8:                end-if
B9:                k ← k+1
B10:           end-while
B11:           m ← m-1
B12:       end-while
B13:       return A
B14:   end-procedure
```

"어디 보자, 행 B7의 A[k] ↔ A[$k+1$]이라는 건……." 테트라가 노트를 다시 읽었다. "아, 두 변수의 값…… 그러니까 A[k]의 값과 A[$k+1$]의 값을 교환하는 거군요."

침묵의 시간이 흘렀다. 우리는 거품 정렬의 워크 스루를 통해 대체 이 알고리즘이 무엇을 하는지 생각하기 시작했다. 나 스스로 '컴퓨터가 되었다'고 생각하고 우직하게 알고리즘을 실행한다면 깊은 이해에 도달할 수 있을 것이다.

예시

"이제 알 것 같아요." 테트라가 말했다. "옆자리끼리 크기가 역전된 짝꿍을 찾아서 교환하는 것을 $n-1$번 반복하는 거네요. A = ⟨53, 89, 41, 31, 26⟩, $n = 5$를 시험 삼아 BUBBLE-SORT를 실행하면 이렇게 돼요."

테트라는 노트를 펼쳐서 워크 스루의 과정을 보여 주었다.

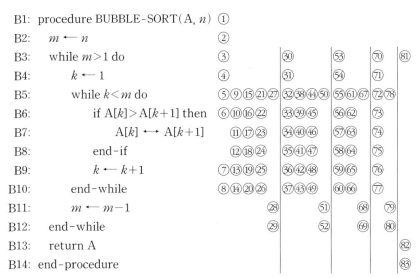

거품 정렬의 워크 스루
(입력은 A = ⟨53, 89, 41, 31, 26⟩, $n = 5$)

"그런데 '거품'이라는 이름이 붙은 이유는 뭐죠?"

"큰 수가 거품처럼 위로 떠오르니까." 미르카가 말했다.

	$m=5$				$m=4$			$m=3$		$m=2$
	$k=1$	$k=2$	$k=3$	$k=4$	$k=1$	$k=2$	$k=3$	$k=1$	$k=2$	$k=1$
A[5]	26	26	26	26	89	89	89	89	89	89
A[4]	31	31	31	89	26	26	26	53	53	53
A[3]	41	41	89	31	31	31	53	26	26	41
A[2]	89	89	41	41	41	53	31	31	41	26
A[1]	53	53	53	53	53	41	41	41	31	31

해석

"저기, 거품 정렬도 해석할 수 있을까?" 내가 말했다.

"사실 중간까지 해 봤어요……. 여기까지 '제가 이해한 부분'이에요."

테트라가 낮은 목소리로 대답했다.

	실행 횟수	거품 정렬
B1:	1	procedure BUBBLE-SORT(A, n)
B2:	1	$m \leftarrow n$
B3:	n	while $m > 1$ do
B4:	$n-1$	$k \leftarrow 1$
B5:		while $k < m$ do
B6:		if A$[k] >$ A$[k+1]$ then
B7:		A$[k] \longleftrightarrow$ A$[k+1]$
B8:		end-if
B9:		$k \leftarrow k+1$
B10:		end-while
B11:	$n-1$	$m \leftarrow m-1$
B12:	$n-1$	end-while
B13:	1	return A
B14:	1	end-procedure

절차 BUBBLE-SORT의 해석(중간까지)

"어? 행 B3의 실행 횟수가 n이야?"

"맞는 것 같은데요……." 테트라가 카드를 가리키며 설명했다. "B3을 실행하기 직전에 컴퓨터는 B2 아니면 B12 중 하나를 실행해요. 그러니까 B2와 B12의 실행 횟수를 합치면 B3의 실행 횟수와 같아지죠. B2에서 B3으로 내려오는 경우가 1회, B12에서 B3으로 돌아오는 경우가 $n-1$회니까, 총 n번이 되는 거죠. 이건 B3으로 들어가는 수를 알아본 셈이에요."

"오!" 내 입에서 탄성이 새어 나왔다.

"그리고 반대로 B3을 실행한 직후에 컴퓨터는 B4 아니면 B13 중 하나로 가요. B3에서 B4로 내려오는 경우가 $n-1$회이고, B3에서 B13으로 점프하는 게 1회. 합치면 n회예요. 이건 B3에서 나오는 수를 알아본 셈이에요. '들어가는 수와 나오는 수는 일치'할 테니까, B3의 실행 횟수는 n번이 틀림없어요."

"아……." 나는 테트라의 명쾌한 설명에 감탄했다.

"그렇구나. '들어가는 수와 나오는 수는 일치한다.' 당연해 보이지만 재미있는 성질이네."

"키르호프의 법칙." 리사가 툭 내뱉었다.

"아, 명칭이 있었구나." 내가 리사를 보며 말했지만 대답은 없었다.

"그런데 행 B5는 $n-1$회 아니야?" 내가 테트라에게 물었다.

"아니에요, 행 B5에서 B10까지는 안쪽에 있는 'while문'이니까 반복이 상당히 많아져요."

"아, 그렇구나. '상당히'를 정량적으로 나타낼 수 있을까?"

문제 6-2 거품 정렬의 최대 실행 스텝 수를 해석
수열의 크기가 n일 때, 절차 BUBBLE-SORT의 최대 실행 스텝 수를 O 표기법으로 나타내라.

나는 테트라의 노트를 보고 말했다. "있잖아, 행 B5를 옆에서 보면 반복 횟수는 5회 → 4회 → 3회 → 2회로 점점 줄어들어."

"그러네요……. m의 값이 n부터 1씩 줄어드니까요."

"응, 그래서 B5의 실행 횟수는 $n+(n-1)+(n-2)+\cdots+3+2$처럼 전부 더한 값이 될 거야."

"그러네요! 2부터 n까지 전부 더한 값……."

"맞아, 그건 $\dfrac{n(n+1)}{2}-1$이 돼." 내가 말했다.

$$\text{(B5의 실행 횟수)}$$
$$=n+(n-1)+(n-2)+\cdots+2$$

$$= \frac{n(n+1)}{2} - 1$$
$$= \frac{1}{2}n^2 + \frac{1}{2}n - 1$$

"아, B5의 실행 횟수를 안다면 B6부터 B10도 알 것 같아요."

"그렇지. 테트라가 예로 든 사례에서는 처음 단 한 번 B7의 교환이 이루어지지 않는데, 최대 실행 스텝 수를 생각한다면 여기도 포함해야지. 그럼 B5의 실행 횟수를 B라고 하자."

$$B = = \frac{1}{2}n^2 + \frac{1}{2}n - 1$$

"이렇게 하니까 실행 스텝 수를 쓰기 쉬워졌어. B6부터 B10은 전부 $B - (n-1) = B - n + 1$로 하자."

	실행 횟수	거품 정렬
B1:	1	procedure BUBBLE-SORT(A, n)
B2:	1	$m \leftarrow n$
B3:	n	while $m > 1$ do
B4:	$n-1$	$k \leftarrow 1$
B5:	B	while $k < m$ do
B6:	$B-n+1$	if $A[k] > A[k+1]$ then
B7:	$B-n+1$	$A[k] \leftrightarrow A[k+1]$
B8:	$B-n+1$	end-if
B9:	$B-n+1$	$k \leftarrow k+1$
B10:	$B-n+1$	end-while
B11:	$n-1$	$m \leftarrow m-1$
B12:	$n-1$	end-while
B13:	1	return A
B14:	1	end-procedure

절차 BUBBLE-SORT의 해석(최대 실행 스텝 수)

거품 정렬의 최대 실행 스텝 수

$=$B1$+$B2$+$B3$+$B4$+$B5$+$B6$+$B7
$\quad +$B8$+$B9$+$B10$+$B11$+$B12$+$B13$+$B14

$=1+1+n+(n-1)+$B$+($B$-n+1)+($B$-n+1)$
$\quad +($B$-n+1)+($B$-n+1)+($B$-n+1)+(n-1)+(n-1)+1+1$

$=6$B$-n+6$

$=6\left(\dfrac{1}{2}n^2+\dfrac{1}{2}n-1\right)-n+6 \qquad$ (B$=\dfrac{1}{2}n^2+\dfrac{1}{2}n-1$이니까)

$=3n^2+2n$

"$3n^2+2n$은 많아야 n^2의 오더야." 내가 말했다.

$$\text{거품 정렬의 최대 실행 스텝 수}=O(n^2)$$

풀이 6-2 거품 정렬의 최대 실행 스텝 수를 해석
수열의 크기가 n일 때, 절차 BUBBLE$-$SORT의 최대 실행 스텝 수는 다음
과 같다.

$$O(n^2)$$

오더의 계층

"그런데 O 표기법을 쓸 때는 부호의 양변을 교환하면 안 돼. 예를 들어
$4n+5=O(n)$이고 $3n+7=O(n)$이라고 해서 $4n+5=3n+7$이 성립하지
는 않아." 미르카가 말했다.

"그건 맞아." 나도 동의했다.

"그 말은 O 표기법에 쓰이는 부호가 다른 때와 의미가 다르다는 뜻이군
요." 테트라가 말했다.

"그렇지. $O(f(n))$이라는 표기는 '함수의 집합'을 나타내니까."

"함수의 집합……이요?"

"$O(f(n))$은 $|T(n)|\leq Cf(n)$이라는 조건을 만족하는 함수의 집합을 나

타내. 형식적으로 쓰면 $O(f(n))$은 아래 집합과 같아."

$$\{\,g(n)\mid \exists N \in \mathbb{N} \ \exists C>0 \ \forall n \geq N \ |g(n)| \leq cf(n)\,\}$$

"집합이라…… 그럼 $T(n)=O(f(n))$은 $T(n) \in O(f(n))$이라는 거야?"
내가 물었다.
"그렇지. $\in$이라고 생각하면 O 표기법에서 등호($=$)가 좌우 교환을 뜻하는 게 아니라는 것도 이해가 될 거야."
"역시…… 그렇군요."
"O 표기법이 집합이라는 걸 알면 집합의 포함 관계가 그대로 오더의 계층을 만든다는 것도 알 수 있어."

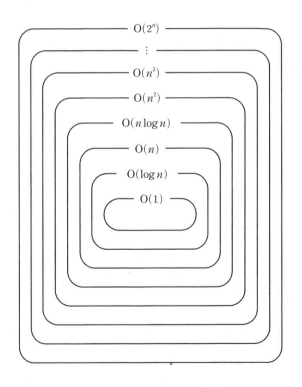

미르카가 말을 이었다.

"O 표기법에 따라 우리는 알고리즘의 '속도'를 나타내는 말을 얻게 된 거나 마찬가지야. 그건 실제 컴퓨터로 프로그램을 움직일 때의 속도와는 다를지도 몰라. 계수나 정수항을 무시하기 때문이지. 하지만 O 표기법을 사용해서 정리하면 입력 크기가 아주 클 때 알고리즘이 어떻게 움직이는지, 그러니까 알고리즘의 **점근적인 움직임**을 기술할 수 있어. 어떤 의사 코드를 썼을 때 실행 스텝 수가 $4n+5$인 알고리즘이 다른 의사 코드를 썼더니 $3n+1$일 때도 있을 거야. 하지만 오더는 변하지 않아. 둘 다 오더는 n이거든. '$O(n)$이다'라는 표현 덕분에 우리는 알고리즘의 점근적 움직임을 남에게 전달할 수 있게 됐어."

5. 동적 시점, 정적 시점

비교는 몇 번 필요할까?

"말로 설명하긴 힘들지만…… 우리의 뇌는 알고리즘의 워크 스루를 할 때랑 최대 실행 스텝 수를 수식으로 표현할 때랑 다른 부분을 쓰는 기분이에요." 테트라가 말했다.

"아, 그렇지. 나도 동감이야." 나는 테트라의 말에 찬성했다.

"일반적으로 동적인 것보다 정적인 것을 해석하기가 더 쉽거든." 미르카가 말했다.

"동적인 것이란 뭘 말하죠?"

"동적인 것이란 워크 스루처럼 시간이나 순서를 따라갈 필요가 있는 것. 정적인 것이란 시간이나 순서를 따라가지 않고도 전체 구조를 한눈에 볼 수 있는 것. 간단히 말하면 그런 거야."

"수식으로 나타냈을 때 안심이 되는 것도 전체를 한눈에 볼 수 있기 때문일까?" 내가 중얼거렸다.

"동적인 것을 정적인 것으로 변환해서 해석할 때도 있어. 시간이나 순서를 버리고 다루기 쉬운 구조로 변환하는 거지. 잘되면 이게 강력하거든." 미르카가 빠르게 말했다.

"동적인 것을 정적인 것으로 변환한다고요?" 테트라가 물었다.

"흠, 그럼 유명한 문제를 내 볼게." 미르카가 말했다.

문제 6-3 비교 정렬에서 최대 비교 횟수의 평가

크기가 n인 수열을 비교 정렬할 때, 최대 비교 횟수는 적어도 $n \log n$의 오더가 되는가? 즉 최대 비교 횟수를 $T_{max}(n)$이라고 하면 어떤 비교 정렬의 알고리즘에 대해서도 다음 식이 성립한다고 말할 수 있는가?

$$T_{max}(n) = \Omega(n \log n)$$

단, 수열의 원소는 모두 다른 것으로 한다.

"비교 정렬이 뭐죠?"

"임의의 두 원소에 대해 크고 작음을 비교한 것을 단서로 하는 정렬이야. 이를 테면 거품 정렬은 비교 정렬의 일종이지."

"그렇군요! 알겠어요. 그럼 바로 비교 횟수를 세 볼게요! 잠시 시간을 주세요. 제가 바로……."

"잠깐, 잠깐, 잠깐, 잠깐, 테트라!" 내가 다급히 끼어들었다.

"어, '잠깐'이 네 번! 소수가…… 아니네요. 왜 그러세요, 선배?"

"어떻게 세려고?"

"아…… 거품 정렬로 생각하면 되지 않을까요?"

"아니야. 어떤 비교 정렬에서도 최대 비교 횟수가 $\Omega(n \log n)$이 되는 걸 말하는 거니까 거품 정렬만 가지고 시험하는 건 의미가 없어."

"아……."

"그러니까 테트라, 이 문제에서는 천재 프로그래머가 아무리 훌륭한 비교 정렬 알고리즘을 고안해 내더라도 최대 비교 횟수를 $n \log n$의 오더보다 낮추는 건 불가능하다는 걸 증명하라는 뜻이야."

"그, 그렇군요! 그 어떤 천재도 오더를 낮추기는 어렵다……."

테트라가 머뭇거리자 미르카가 설명을 시작했다.

"비교 정렬로 한정한다는 것의 기본은 두 원소를 비교해서 어느 쪽이 작은지를 판단하는 것이라고 할 수 있어. 판단할 때마다 처리가 바뀌니까 모든 경우를 일일이 따라가기는 어려워. 동적으로 인식하게 되거든. 그래서 정적으로 인식하기 위해 결정 트리라는 걸 도입해."

결정 트리

"결정 트리는 또 뭐예요?"

"예를 들어 세 원소 A[1], A[2], A[3]을 어떤 비교 정렬의 알고리즘으로 정렬했을 때, A[1], A[2], A[3]의 대소 관계에 따라 다음과 같은 결정 트리가 생겨."

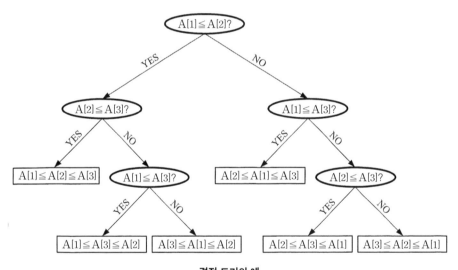

결정 트리의 예

"결정 트리 중간에 위치한 내부 노드(타원형)는 몇 번째 원소와 몇 번째 원소를 비교하는지를 나타내. 결정 트리 위쪽에 위치한 내부 노드를 **뿌리**(root)라고 불러. 뿌리에서 순서대로 가지를 쳐서 아래로 내려가는 건 비교 정렬에서 어떤 원소끼리 비교하는지와 대응해. 결정 트리에서는 어떤 두 원소를 비교해서 원소 사이의 순서를 정하는 데 주목할 뿐 수열 안에서 원소를 어떻게 이동할지는 무시해. 이처럼 원소 사이의 비교를 나무 구조에 빗대어 정적으로 나타낸 게 결정 트리야."

"아……."

"결정 트리의 아래쪽에 **잎**(leaf)이라고 부르는 외부 노드(직사각형)는 모든 원소의 순서를 나타내. 원소의 순서는 결정 트리 '뿌리'에서 '잎'에 이를 때까지 비교해서 정해져. 어떤 수열이 주어져도 정렬을 할 수 있어야 하니까 **결정 트리는 '잎'으로서 수열의 모든 순열을 가져야 해.** 그렇지 않으면 정렬할 수 없는 순열이 존재하게 되거든."

미르카는 우리를 둘러보며 말을 이었다.

"결정 트리의 '뿌리'에서 '잎'에 이를 때까지 있는 내부 노드의 수가 비교 횟수에 해당해. 결정 트리의 '뿌리'에서 '잎'에 이를 때까지 있는 모든 경로를 생각했을 때, 내부 노드 수의 최댓값에 주목해야 해. 이 값을 결정 트리의 '높이'라고 부르도록 할게. 결정 트리의 '높이'란 내부 노드 수의 최댓값이며, 이 비교 정렬의 알고리즘에서 최대 비교 횟수와 같아. 앞서 나왔던 결정 트리의 '높이'는 3이야. 자, 이렇게 해서 비교 정렬의 동적인 움직임이 결정 트리의 정적인 특성으로 옮겨졌어."

"그렇구나, 이제 비교 정렬 안에 경우를 나눠서 나오는 건 잊어도 되는구나. 그 대신 결정 트리라는 구조를 알아보는……."

내 말이 끝나기도 전에 미르카가 끼어들었다.

"결정 트리에 대해 여기까지 알았다면 나머지는 간단해. 결정 트리에서는 내부 노드 1개에서 가지가 2개만 갈라지잖아. 즉 결정 트리의 높이가 h인 결정 트리의 외부 노드 수는 어떻게 될까? 2개로 갈라진 가지가 기껏해야 h번 이루어지는 거니까 외부 노드의 수는 기껏해야 2^h개. 한편 크기가 n인 수열의 모든 순열은 $n!$가지. 결정 트리는 '잎'으로서 수열의 모든 순열을 가져야 하니까 아래와 같은 부등식이 성립하겠지."

$$2^h \geq n!$$

"양변에 밑이 2인 로그를 취해 보자. 로그함수 $y = \log_2 x$가 단조증가함수니까 부등호의 방향은 바뀌지 않고 아래와 같은 식이 성립해."

$$\log_2 2^h \geq \log_2 n!$$

"결과적으로 다음과 같이 말할 수 있어."

$$h \geq \log_2 n!$$

"그런데 결정 트리의 높이 h는 최대 비교 횟수와 같으니까 $h = \Omega(n \log n)$을 증명하려면 $\log_2 n! = \Omega(n \log n)$이 증명되면 되는 거야."
"아하……."

$\log n!$의 추정
"$\log_2 n!$을 추정한다는 건 $n!$을 평가하면 되는 거지? 뭐였지, 스털링의 근사를 썼나? 아, 기억이 안 나네……." 내가 말했다.
"$\log_2 n! = \Omega(n \log n)$이라는 식을 증명하는 데 스털링의 근사는 필요 없어. 다소 거친 추정이라도 $\log_2 n! = \Omega(n \log n)$은 증명할 수 있으니까." 미르카가 대답했다.
"그런데 '추정'이 뭐죠?" 테트라가 말했다.
"여기서는 크기를 예상하는 걸 뜻해." 내가 대답했다.
"테트라를 위해 구체적으로 얘기해 줄게. 예를 들어 $\log 6!$을 예상해 보자. 6!은 다음과 같은 형태를 취하고 있겠지." 미르카가 말했다.

$$6! = 6 \cdot 5 \cdot 4 \cdot 3 \cdot 2 \cdot 1$$

"네, 그렇죠."

"이 수보다 작은 수를 구성하고 싶어. 6!을 아래부터 추정하는 거야. 예를 들어 6, 5, 4, 3, 2, 1에서 거의 중앙에 있는 수 3을 3번 곱한 수로 추정할 수 있어."

$$6! = 6 \cdot 5 \cdot 4 \cdot 3 \cdot 2 \cdot 1 \geqq 6 \cdot 5 \cdot 4 \geqq 3 \cdot 3 \cdot 3 = 3^3$$

"아, 네······. 이건 예시인 거죠?"

"맞아. 그러면 아래 식이 성립해."

$$6! \geqq 3^3$$

"그렇죠."

"여기서 양변의 로그를 취하면 이렇게 돼."

$$6! \geqq 3^3$$
$$\log 6! \geqq \log 3^3 \qquad \text{로그를 취함}$$
$$\log 6! \geqq 3\log 3 \qquad \log 3^3 = 3\log 3\text{이므로}$$

"일반화하는 걸 생각하여 3을 $\frac{6}{2}$으로 나타내면 다음 식을 얻을 수 있어."

$$\log 6! \geqq \frac{6}{2} \log \frac{6}{2}$$

"여기까지 나온 의견들은 밑을 2로 하고 $n \geqq 4$이면 일반화할 수 있어."

$$\log_2 n! \geqq \frac{n}{2} \log_2 \frac{n}{2}$$

"여기서 $n \geqq 4$일 때 $\log_2 \frac{n}{2} \geqq \frac{1}{2} \log_2 n$이니까 다음 식을 얻을 수 있어."

$$\log_2 n! \geqq \frac{n}{2} \log_2 \frac{n}{2}$$

$$\geqq \frac{n}{2} \frac{1}{2} \log_2 n \qquad \log_2 \frac{n}{2} \geqq \frac{1}{2} \log_2 n \text{에서}$$

$$= \frac{1}{4} n \log_2 n$$

"그렇다면 다음 식이 성립해."

$$\log_2 n! \geqq \frac{1}{4} n \log_2 n \qquad (n \geqq 4)$$

"바꿔 말하면 다음 식이 성립하는 거지."

$$\log_2 n! = \Omega(n \log_2 n)$$

"최종적으로 이렇게 돼."

$$\log n! = \Omega(n \log n)$$

"이게 바로 증명하고 싶었던 거야. 자, 이것으로 또 한 건 해결!"

풀이 6-3 │ 비교 정렬에서 최대 비교 횟수의 평가

결정 트리의 높이를 평가함으로써 크기가 n인 수열을 비교 정렬할 때 최대 비교 횟수는 다음과 같다고 말할 수 있다.

$$\mathrm{T}_{max}(n) = \Omega(n \log n)$$

"음…… $n \geqq 4$일 때 $\log_2 \frac{n}{2} \geqq \frac{1}{2} \log_2 n$이라는 부분이……."

신음 소리를 내면서 필사적으로 필기를 하던 테트라가 웅얼거렸다.

"같은 수를 빼서 음수인지 양수인지 보면 돼. 정석대로." 내가 알려 주었다.

$$\log_2 \frac{n}{2} - \frac{1}{2} \log_2 n = (\log_2 n - \log_2 2) - \frac{1}{2} \log_2 n \qquad \text{로그의 성질에서}$$

$$= \frac{1}{2} \log_2 n - \log_2 2 \qquad\qquad\quad \log_2 n \text{의 항을 계산}$$

$$= \frac{1}{2} \log_2 n - 1 \qquad\qquad\quad\;\; \log_2 2 = 1 \text{이므로}$$

"$n \geq 4 = 2^2$일 때, $\log_2 n \geq 2$니까 다음 식이 성립해."

$$\frac{1}{2} \log_2 n - 1 \geq \frac{1}{2} \cdot 2 - 1 = 0$$

"따라서 $\log_2 \frac{n}{2} - \frac{1}{2} \log_2 n \geq 0$이 되고, 결국 다음 식이 성립해."

$$\log_2 \frac{n}{2} \geq \frac{1}{2} \log_2 n$$

"감사합니다. 로그 부분을 복습해 볼게요……." 테트라가 말했다.

"결국 비교 정렬을 할 때, 적어도 $n \log n$의 오더만큼 비교 횟수는 필요하다고 할 수 있겠네." 내가 말했다.

"응. 이 이야기에서 재미있는 건 알고리즘을 구체화하지 않고도 증명을 할 수 있었다는 점이야. '비교한다'에 주목해서 결정 트리라는 정적 구조를 평가했지."

미르카는 갑자기 말을 멈추었다가 다시 입을 열었다.

"**비교 정렬**에서 최대 비교 횟수가 적어도 $n \log n$의 오더라는 사실은 결정 트리를 써서 증명했어. 마찬가지로 **비교 탐색**, 그러니까 비교만 하고 수열에서 원소를 탐색하는 알고리즘에서 최대 비교 횟수가 $\Omega(\log n)$라는 것도 증명할 수 있어. 이진 탐색의 최대 비교 횟수는 $O(\log n)$이었어. 즉 이진 탐색은 $\theta(\log n)$이고, 점근적으로는 최선의 알고리즘이라고도 할 수 있어. 점근적으로는 이진 탐색보다 빠른 비교 탐색은 존재하지 않아."

"그렇구나." 내가 말했다.

"지금 미르카 선배가 쓴 결정 트리나 경우의 수 문제에서 자주 등장하는 수형도는 '나무'라는 공통점이 있네요. 우연찮게 비슷한 개념이 나오니까 좀 흥미롭네요." 테트라가 말했다.

"확실히 그러네. 나무 구조가 다른 분야의 구조를 설명하기에 유용한가 봐." 내가 말했다.

6. 전하다, 그리고 배우다

전하다

"저…… 컴퓨터를 작동시키려면 프로그램 형태로 바꿔야 하잖아요? 인간이나 컴퓨터가 어떤 내용을 정확히 전달하는 건 매우 중요하다고 생각해요." 진지한 표정으로 테트라가 말했다.

"그렇지." 내가 말했다.

테트라는 나를 보면서 방긋 웃더니, 다시 진지한 표정을 지었다.

"저는…… 선배한테 '수식은 메시지'라고 배웠어요. 책이나 교과서를 통해 저는 수식을 고안한 사람의 메시지를 받는 셈이지요. 언젠가 나 또한 메시지를 전하는 사람이 될 수도 있다고 생각해요."

"테트라, 나도 최근에 똑같은 생각을 했어. 주어진 문제를 풀기만 하는 게 아니라 언젠가 나도 메시지를 주는 사람이 되고 싶다고."

"그래요? ……저는 수식에 대해 생각할 때 '저 멀리 있는 세상'을 상상해요. 시간적인 의미로."

"저 멀리 있는 세상?"

"네. 제가 이 세상을 떠난 후, 그러니까 육체적으로 사라진 후 미래의 사람들에게 뭔가를 전하고 싶다는 생각을 해요. '저 멀리 있는 세상', 제가 없는 미래에 뭔가를 전하고 싶은 거예요."

테트라는 두 손을 꼭 쥐고 있었다.

나는 할 말을 잃었다. 테트라는 체구는 작지만 생각은 크다. 어쩐지 고개가 숙여진다.

어떻게 하면 미래에…… 자신이 죽고 난 세상에 메시지를 남길 수 있을까.

"논문이겠지." 미르카가 말했다.

"논문?"

예상치 못한 대답이다.

"논문을 써서 메시지를 전한다는 건가요?"

테트라는 한숨을 쉬었다.

"그건 어려운 얘기잖아요."

"테트라, 어렵다는 건 논문의 본질이 아니야."

전할 가치가 있는 것을 올바르게 전할 수 있도록 적는 것, 그것이 논문의 본질이다. 지금까지 인류가 했던 발견에 자신의 발견을 새로이 덧쓰는 것, 그것이 연구의 본질이다. 과거 위에 현재를 포개어 미래를 보는 것, 그것이 학문의 본질이다.

미르카가 단호히 말했다.

"거인의 어깨 위에 올라서자."

배우다

"미르카 선배는 이런 걸 어디서 배우세요?"

"물론 책이나 논문이지. 그리고 선생님으로부터."

"선생님이라니? 학교에서는 이런 거 안 가르쳐 주잖아." 내가 말했다.

"이를 테면 나라비쿠라 박사님. 리사 어머니에게 많이 배워."

"아!"

"그동안 나라비쿠라 도서관에서 열리는 연구회에 참가해 왔어. 나라비쿠라 박사님은 미국에서 오실 때마다 공개 연구회를 열거든. 흥미로운 문제와 해설, 배움의 의미, 책이나 논문을 읽는 태도 등을 많이 배우게 돼."

"배우지 않았어." 갑자기 리사가 입을 열었다.

우리의 시선은 모두 리사에게 집중되었다.

노트북에서 고개를 든 리사는 빨강머리를 가로저으며 말했다.

"난 그 사람한테 아무것도 배우지 않았어. 그 사람은 나에게 아무것도 가르쳐 주지 않았다고."

리사는 기침을 하면서 미르카를 노려봤다.

"난 배웠어." 미르카는 흔들림 없는 목소리로 말했다. "넌 나라비쿠라 도서관 바로 옆에 살고 있으면서 연구회에 나온 적이 없었어. 엎어지면 코 닿을 곳에서 그토록 자주 연구회가 열렸는데…… 배움의 기회를 활용하지 않는 건 너의 자유지만 불만을 드러내는 건 부당하지."

"아니, 나갔어."

"그런데 안 나오게 됐지. 왜 그랬을까?" 미르카가 받아쳤다.

"그건……."

"연구회 문제가 아니야. 나라비쿠라 박사님과 얘기할 기회는 많았을 거야. 나라비쿠라 박사님은 너의 엄마잖아. 언제든지 물어보면 돼. 물어보기는 했어? 그런데도 박사님이 가르쳐 주지 않았다고?" 미르카가 다그쳤다.

"……." 리사는 대답하지 못했다.

"왜 너는 부모님에게 아무것도 배우지 않는 거야? 자기 앞에 있는 기회를 쓸 생각도 없으면서 불평만 늘어놓는 건 어리석은 짓이야."

"어차피…… 어차피 난 비뚤어졌어. ……목소리도 잘 안 나오고 ……난 기회를 놓치기만 했고, 이미 손쓰기엔 늦어서…… 그러니까 혼자서 할 수밖에 없어."

"너 스스로 기회를 놓쳤다고 단정 지은 거지. 일방적으로 늦었다고 단념한 거야. 그런 냉소적인 태도 역시 네가 선택한 거야. 그런 것으로 '배움'에 대한 자세를 알 수 있지. 결국 너는 수수께끼를 푸는 것보다 자신의 마음을 지키는 게 더 중요한 거야."

미르카의 말은 뜨거웠지만 목소리는 차가웠다.

"저기…… 싸, 싸우지, 마세요! 우, 우리 모두 '오일러 선생님의 제자'잖아요, 그렇죠!"

테트라는 어쩔 줄 몰라 하며 리사와 미르카를 번갈아 바라보다가 손으로 피보나치 사인을 만들었다. 수학 애호가의 손가락 사인. 하지만 두 사람은 고개를 돌리지 않았다.

"싸우는 게 아니야."

미르카는 테트라에게 대답하면서도 리사에게서 시선을 떼지 않았다.

리사는 고개를 돌리고 헤드폰을 쓰더니 노트북에 시선을 꽂았다.

말로 표현한다면

$O(f(n))$은 '많아야 $f(n)$의 오더'이고,

$\Omega(f(n))$은 '적어도 $f(n)$의 오더'이며,

$\theta(f(n))$은 '정확히 $f(n)$의 오더'라고 읽을 수 있다.

_도널드 커누스

행렬

배에는 나침반이 없기 때문에
섬의 위치를 놓쳤다면
어떤 방향으로 키를 돌려야 하는지,
결코 알 수 없었을 것이다.
_『로빈슨 크루소』

1. 도서실

미즈타니 선생님

"도움이 필요합니다."

수업이 끝난 후 도서실. 꼭 끼는 스커트에 색이 진한 안경을 낀 사서 미즈타니 선생님이 나타나 이렇게 말했다.

나와 테트라는 어리둥절한 표정으로 시계를 보았다. 벌써 퇴실 시간인가? 하지만 오늘 사서 선생님은 퇴실을 알리는 말이 아니라 도움이 필요하다고 하셨다.

"도움이 필요합니다."

미즈타니 선생님은 다시 한번 말했다.

누구에게 하는 말일까? 주위를 둘러봤지만 도서실에는 나와 테트라뿐이다. 그러니까 우리 둘에게 말하는 것이다.

"넵!" 테트라가 손을 들었다.

도움이라는 건 서고의 책을 옮기는 일이었다. 우리는 미즈타니 선생님을 따라 서고로 들어갔다. 처음 들어와 보는 서고에는 천장까지 닿아 있는 목제 책장이 죽 늘어서 있다. 숲속에 들어온 듯한 독특한 냄새, 많은 책과 많은 시간……. 문득 나라비쿠라 도서관이 떠올랐다. 그곳은 책 냄새와 바다 냄새가 섞여 있었다.

미즈타니 선생님은 우리에게 방법을 알려 준 뒤 사서실로 돌아갔고, 우리는 선반에 있는 책을 책장으로 옮기기 시작했다.

테트랄리에인

"선배, 테트랄리에인이 뭔지 아세요?"

『유기화학』이라는 책을 나에게 건네면서 테트라가 물었다.

"테트라의 팬?"

"아이, 그게 아니라 탄소 개수가 4000개인 포화탄화수소를 테트랄리에인 (tetraliane)이라고 해요. 400개이면 테트락테인(tetractane)이고요."

"탄소의 개수라니? 화학 얘기야?" 나는 책장에 책을 꽂으면서 물었다.

"네. 탄소가 40개면 테트라콘테인(tetracontane)이에요."

"호…… 왠지 몸보신할 것 같은 느낌인데."

"왜요?"

"테트라콘테인, 테트라곰탕."

"아, 썰렁해요!"

"테트랄리에인, 테트락테인, 테트라콘테인…… 그럼 4는 테트란?"

"아니요, 별로…… 말하고 싶지 않아요."

"왜? 메탄, 에탄, 프로판, 부탄……."

"아예 테트라탄이라고 하지 그래요?"

우리는 웃으며 책을 정리했다.

"이 책이 마지막이에요. 『선형 로그』라…… 어? 선형 로그의 '형'자가 '형상 형(形)'이 아니라 '모형 형(型)'이었네요?"

"원래는 '형(型)'일 텐데 '형(形)'으로도 많이 쓰이고 있어."

"핫!"

테트라가 내게 책을 건네주려다가 바닥에 떨어뜨렸다. 책을 주우려고 서로 허리를 구부리던 우리는 이마를 세게 부딪치고 말았다.

"에헤헤…… 박치기했네요." 테트라는 이마를 문지르면서 쑥스러운 듯 웃었다.

"아프지?" 내가 말했다.

"괜찮으세요?" 테트라는 한 손으로 책을 주워 든 채 다른 한 손을 뻗어 내 이마를 어루만지려 했다. 익숙한 달콤한 향기가 전해졌다.

큰 눈이 나를 보고 있다. 나도 테트라를 봤다.

"……."

"……."

침묵이 흘렀다.

나는 양손을 테트라의 어깨에 올렸다.

"서, 선배?"

테트라는 책을 가슴에 품은 채 고개를 갸웃했다.

나는 말없이 테트라를 끌어당겼다. 순간 테트라는 나를 힘껏 밀어내고 서고에서 나갔다.

테트라가 떠난 자리에는 『선형 로그』가 떨어져 있었다.

2. 유리

불능

"좋아, 이제 숙제 끝. 오빠, 재미있는 퀴즈 없어?"

토요일. 내 방에서 숙제를 하던 유리가 뿔테 안경을 벗어 윗주머니에 넣었다. 세계사 공부를 하고 있던 나는 한숨을 쉬면서 고개를 들었다.

"난 공부 중이잖아. 연립방정식이라도 풀래?"

나는 종이에 식을 하나 적어서 유리에게 줬다.

$$\begin{cases} 2x+4y=7 & \cdots\cdots \text{①} \\ x+2y=4 & \cdots\cdots \text{②} \end{cases}$$

"이런 건 식은 죽 먹기지." 유리가 말했다. "먼저 x를 없애기 위해 ②의 양변에 2배를 하고, 그렇게 나온 식을 ③이라고 하면…… $2x$가 생겼어."

$$2x+4y=8 \quad \cdots\cdots ③ \quad (②의 양변을 2배)$$

"좋아, 그다음은?"

"이제 ③에서 ①을 빼면 x가 없어져."

$$
\begin{array}{rl}
2x+4y=8 & \quad \cdots\cdots ③ \\
-)\ \underline{2x+4y=7} & \quad \cdots\cdots ① \\
0+\ 0=1\ (?) &
\end{array}
$$

"그다음은?" 나는 히죽 웃으며 또 재촉했다.

"어, y도 없어졌네. $0+0=1$이라고? 이상하네."

"유리야, 뭐가 문제인 것 같아?"

"으음……오빠, 치사해. 이런 문제를 어떻게 풀어. ①에서는 $2x+4y$는 7인데, ③에서는 같은 $2x+4y$가 8이 됐잖아. 그럼 x랑 y를 어떻게 찾아."

"그렇지. 이 연립방정식은 풀 수 없다, 그러니까 **불능**이라고 해."

"불능?"

"그래. 연립방정식을 만족하는 해가 존재하지 않는 걸 불능이라고 해."

"우와……."

부정

나는 새 종이를 펼치고 다른 연립방정식을 적었다.

"①의 7을 8로 바꿔서 다른 문제를 만들어 봤어."

"좋아, 좋아."

$$
\begin{cases}
2x+4y=8 & \quad \cdots\cdots ⓐ \\
x+2y=4 & \quad \cdots\cdots ⓑ
\end{cases}
$$

"그리고 네가 한 것처럼 ⓑ의 양변을 2배로 해. 그러면……."

$$2x + 4y = 8 \qquad \cdots\cdots ⓑ의\ 양변을\ 2배$$

"어, 이번에는 ⓐ랑 같은 식이 나왔어."

"응. 그러니까 ⓐ와 ⓑ의 연립방정식은 실질적으로 식이 하나밖에 없어. 이 연립방정식 ⓐ와 ⓑ에서는 $2x + 4y = 8$을 만족하는 x, y의 짝들은 전부 다 해가 돼. $(x, y) = (0, 2), (2, 1), \left(\dfrac{1}{2}, \dfrac{7}{4} \right), \cdots$처럼 해가 무수히 있지."

"그렇구나……."

"이런 연립방정식은 해가 정해지지 않았으니까 **부정**이라고 해."

"부정?"

"응. 연립방정식을 만족하는 해가 무수히 존재하는 걸 부정이라고 해."

"음, 불능과 부정……."

유리는 입을 다물고 고개를 갸웃거렸다. 갈색 말총머리가 찰랑거리면서 머리카락이 금색으로 빛났다. 유리가 생각에 잠겨 있을 때는 말을 걸지 않는 게 좋다.

"……."

"오빠는 지금 불능과 부정의 연립방정식을 만들었는데, 보통 연립방정식은 해가 한 쌍으로 정해지잖아? 대체 해가 한 쌍으로 정해지는 건 어떤 경우지?"

"역시 좋은 질문이야, 유리."

"그래?"

명확한 이치를 궁금해하는 걸 보면 유리는 논리를 좋아하는 성격이다.

"해가 한 쌍으로 정해지는 연립방정식을 **정칙**이라고 해."

"정칙?"

"그래. 학교에서는 정칙에 대해 배울 수 없지만 지금 너는 '연립방정식이 정칙이 되는 조건은 무엇인가'를 공부한 셈이야."

"알았다. 그 조건 말인데, 연립방정식의 2와 4가 말이야……."

"유리야, x나 y의 계수라고 표현해 줬으면 좋겠어."

$$\underline{2}x+\underline{4}y=7 \qquad \text{(계수)}$$

"연립방정식에서 계수를 몇 배 했을 때 다른 것과 같아지면 정칙이 아니라는 거지?"

"그렇게 설명하면 나 말고 다른 사람들은 전혀 알아들을 수 없을 거야. 정칙을 모르는 사람들도 이해할 수 있도록 설명하지 못한다면 알고 있다고 할 수 없지."

"으…… 어떻게 하란 거야……."

유리는 손톱으로 덧니를 톡톡 쳤다.

"그럼 '연립방정식이 정칙이 되는 조건'에 관한 문제를 같이 생각해 보자."

정칙

문제 7-1 연립방정식이 정칙이 되는 조건

x, y에 관한 다음 연립방정식이 유일하게 해를 가지기 위한 조건을 구하라.

$$\begin{cases} ax+by=s \\ cx+dy=t \end{cases}$$

"연립방정식의 계수를 a, b, c, d라는 문자로 일반화했어. 이걸 사용해서 어떤 때에 이 연립방정식은 유일한 해를 가지는지 제대로 설명해 봐."

$$\begin{cases} ax+by=s \\ cx+dy=t \end{cases}$$

"음…… 연립방정식 ①②나 ⓐⓑ로 설명하면 안 될까?"

"좋을 대로 해."

$$\text{(불능)} \quad \begin{cases} 2x+4y=7 & \cdots\cdots ① \\ x+2y=4 & \cdots\cdots ② \end{cases}$$

$$(\text{부정}) \quad \begin{cases} 2x+4y=8 & \cdots\cdots \text{ⓐ} \\ x+2y=4 & \cdots\cdots \text{ⓑ} \end{cases}$$

"$x+2y$란 $1x+2y$를 말하니까 x의 계수는 1이지. ①과 ⓐ의 계수인 2와 4를 반으로 나누면 ⓐ와 ⓑ의 계수 1과 2가 되고. 이럴 때에는 연립방정식이 불능이나 부정이 되는 거야."

"그렇다고 할 수 있지. 그런데 a, b, c, d라는 문자로 연립방정식을 썼으니까 그대로 풀면 돼."

"응? 그대로 풀다니, 어떤 식으로?"

"이런 식으로."

◆ ◆ ◆

지금부터 아래 연립방정식을 풀 거야.

$$\begin{cases} ax+by=s & \cdots\cdots \text{Ⓐ} \\ cx+dy=t & \cdots\cdots \text{Ⓑ} \end{cases}$$

y를 없애기 위해 Ⓐ$\times d - b \times$Ⓑ를 계산하자.

Ⓐ$\times d$를 Ⓒ라고 할게.

$$adx+bdy=sd \quad \cdots\cdots \text{Ⓒ}$$

$b \times$Ⓑ를 Ⓓ라고 할게.

$$bcx+bdy=bt \quad \cdots\cdots \text{Ⓓ}$$

이걸로 Ⓒ－Ⓓ를 계산하면 y를 없앨 수 있어.

$$adx + bdy = sd \qquad \cdots\cdots \text{Ⓐ} \times d$$
$$-)\ \underline{\ bcx + bdy = \quad\ bt \qquad \cdots\cdots\ b \times \text{Ⓑ}\ }$$
$$(ac - bc)x \quad\ = sd - bt$$

그러니까 만약 $ad - bc \neq 0$이라면 다음처럼 x를 구할 수 있어.

$$(ac - bc)x = sd - bt \qquad \text{위의 계산에서}$$

$$x = \frac{sd - bt}{ad - bc} \qquad\qquad ad - bc \text{로 양변을 나눔}$$

◆◆◆

"그럼 다음으로……."

"알았어. 지금 x를 구했으니까 Ⓐ에 대입해서 y를 구하는 거지?" 유리가 말했다.

"응, 그렇게 해도 돼. 그런데 식을 자세히 보고 y를 없앴을 때랑 똑같이 x에 적용해도 돼."

"응? 무슨 말이야?"

◆◆◆

이렇게 하는 거야.

$$\begin{cases} ax + by = s & \cdots\cdots\ \text{Ⓐ} \\ cx + dy = t & \cdots\cdots\ \text{Ⓑ} \end{cases}$$

이번에는 x를 없애기 위해 $a \times \text{Ⓑ} - \text{Ⓐ} \times c$를 계산해.

$$acx + \quad ady = at \qquad\quad \cdots\cdots\ a \times \text{Ⓑ}$$
$$-)\ \underline{\ acx + \quad bcy = \quad sc \qquad\quad \cdots\cdots\ \text{Ⓐ} \times c\ }$$
$$(ac - bc)y = at - sc$$

따라서 만약 $ad-bc \neq 0$이라면 다음처럼 y를 구할 수 있어.

$$(ac-bc)=at-sc \qquad \text{위의 계산에서}$$

$$y=\frac{at-sc}{ad-bc} \qquad ad-bc\text{로 양변을 나눔}$$

위의 결과에서 $ad-bc \neq 0$이라는 조건이 성립할 때, 연립방정식은 아래와 같이 단 한 쌍의 해를 갖게 돼.

$$x=\frac{sd-bt}{ad-bc},\ y=\frac{at-sc}{ad-bc}$$

따라서 유일한 해를 가지는 조건이라는 건 이렇게 되지.

$$ad-bc \neq 0$$

◆◆◆

"자, 이제 됐지?" 나는 유리를 쳐다보았다.

"아니, 논리에 빼먹은 게 있는 것 같은데……." 유리는 머리카락을 만지작거리면서 생각에 잠겼다. 나는 말없이 기다려 주었다. 최근 들어 유리에게 끈기가 생긴 것 같다. 예전에는 곧바로 '모르겠어' 하고 포기했는데, 요즘에는 골똘히 생각하는 편이다. 마치…… 테트라에게 영향을 받기라도 한 것처럼.

"오빠, 이제 '$ad-bc \neq 0$이면 유일한 해를 가진다'는 건 알겠어. 그런데 '$ad-bc=0$이면 유일한 해를 가지지 않는다'는 아직 증명되지 않은 것 같아. $ad-bc=0$을 확실히 하지 않으면 뭔가 빠트린 것 같은 느낌이야."

"잘 파악했어. 그럼 '$ad-bc=0$이면 유일한 해를 가지지 않는다'라고 할 수 있는지 없는지, 처음부터 다시 생각해 보자."

말은 그렇게 했지만 식 변형만으로 유리를 이해시킬 수 있을까?

그때 미르카의 말이 떠올랐다.

'그래프를 그리지 않는 게 너의 단점이야.'

"사실은 말이야. $ax+by=s$라는 식을 만족하는 (x, y)의 점을 모두 좌표평면 위에 그리면 직선이 생겨."

"직선?"

"응. $ax+by=s$도 $cx+dy=t$도 각각 직선이 돼. 연립방정식의 해는 도형을 사용해서 생각할 수 있거든. 도형을 써서 정리하면 훨씬 더 내용을 잘 이해할 수 있을 거야. 우선 $ax+by=s$의 직선을 그려 보자."

"응! 알겠어."

"그럼 직선의 특징을 알기 쉽도록 식을 변형해 볼게."

$ax+by=s$	연립방정식 중 하나의 식
$by=-ax+s$	ax를 우변으로 이항
$y=\underbrace{-\dfrac{a}{b}}_{\text{기울기}}x+\underbrace{\dfrac{s}{b}}_{y\text{절편}}$	$b\neq 0$을 가정해서 양변을 b로 나눔

"따라서 $ax+by=s$는 기울기가 $-\dfrac{a}{b}$이고 y절편이 $\dfrac{s}{b}$인 직선이 돼. y절편이란 직선과 y축의 교점인 y좌표를 말해. 그래프를 보면 알 거야."

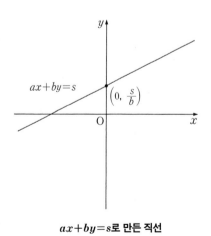

$ax+by=s$로 만든 직선

"음⋯⋯."

"좌표평면 위의 점 (x, y)의 집합이 도형이 된다는 게 무슨 뜻인지는 이해했니? 여기서는 '$ax+by=s$라는 식을 만족하는 점의 집합'이 '직선이라는 도형'을 만든 거야."

"그건 이해했어, 오빠. 내가 궁금한 건 방금 $b \neq 0$을 가정한 부분이야. 그게 신경 쓰이는데?"

"그래? 넌 조건이 확실한 걸 좋아한다니까. 그럼 다시 경우를 나눠서 생각해 보자. 그리고 $ax+by=s$가 어떤 도형을 만들어 내는지 보는 거야."

"응!"

◆◆◆

▶ $a=0 \wedge b=0 \wedge s=0$인 경우

식 $ax+by=s$는 다음 형태가 돼.

$$0x+0y=0$$

이 식은 어떤 (x, y)에 대해서도 성립해. 그러니까 식 $ax+by=s$를 만족하는 도형은 평면 전체가 되는 거야.

▶ $a=0 \wedge b=0 \wedge s \neq 0$인 경우

식 $ax+by=s$는 다음 형태가 돼.

$$0x+0y=s \qquad (s \neq 0)$$

이 식은 어떤 (x, y)에 대해서도 성립하지 않아. 좌변은 0이고 우변은 0이 아니니까. 즉 식 $ax+by=s$를 만족하는 도형은 존재하지 않는다는 뜻이야. 점의 집합으로 본다면 공집합인 셈이지.

▶ $a=0 \land b \neq 0$인 경우

식 $ax+by=s$는 다음 형태가 돼.

$$0x+by=s$$

$b \neq 0$이니까 이렇게 쓸 수 있겠지.

$$y=\frac{s}{b}$$

이 식은 x의 값이 무엇이든 상관없이 $y=\frac{s}{b}$면 성립해. 그러니까 식 $ax+by=s$를 만족하는 도형은 x축에 평행한 직선, 다시 말해 <u>수평선</u>이야. y축과의 교점은 $\left(0, \frac{s}{b}\right)$인 거지.

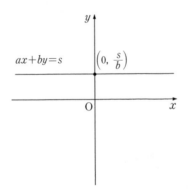

$a=0 \land b \neq 0$일 때 $ax+by=s$는 수평선이 된다

▶ $a \neq 0 \land b=0$인 경우

식 $ax+by=s$는 다음 형태가 돼.

$$ax+0y=s$$

$a \neq 0$이니까 이렇게 쓸 수 있겠지.

$$x = \frac{s}{a}$$

이 식은 y의 값이 무엇이든 상관없이 $x = \frac{s}{a}$라면 성립해. 다시 말해 식 $ax + by = s$를 만족하는 도형은 y축에 평행한 직선, 즉 <u>수직선</u>이야. x축과의 교점은 $\left(\frac{s}{a}, 0\right)$이야. 아까 나왔던 수평선이랑 이치는 똑같지.

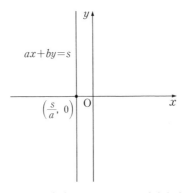

$a \neq 0 \wedge b = 0$일 때 $ax + by = s$는 수직선이 된다

▶ **$a \neq 0 \wedge b \neq 0$인 경우**
식 $ax + by = s$는 다음 형태가 돼.

$$y = -\frac{a}{b}x + \frac{s}{b}$$

그러니까 식 $ax + by = s$를 만족하는 도형은 기울기가 $-\frac{a}{b}$이고 y절편이 $\frac{s}{b}$인 직선이 돼. 이 직선은 수평도 아니고 수직도 아니야. <u>비스듬한 직선</u>이지.

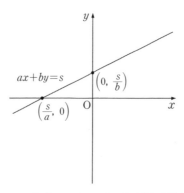

$a \neq 0 \land b \neq 0$일 때 $ax+by=s$는 비스듬한 직선이 된다

◆ ◆ ◆

"뭐가 이렇게 많아! 그래도 경우를 각각 나눈 것들이 도형과 관계가 있는 건 재미있는데?" 유리가 말했다.

"마찬가지로 $cx+dy=t$도 경우를 나눠서 생각할 수 있는데, 똑같은 걸 반복하는 셈이니까 표로 정리해 보자. '존재하지 않는 도형'에는 마땅한 이름이 없으니까 공집합이라고 쓸게."

	$ax+by=s$	$cx+dy=t$
평면 전체	$a=0 \land b=0 \land s=0$	$c=0 \land d=0 \land t=0$
공집합	$a=0 \land b=0 \land s \neq 0$	$c=0 \land d=0 \land t \neq 0$
수평선	$a=0 \land b \neq 0$	$c=0 \land d \neq 0$
수직선	$a \neq 0 \land b=0$	$c \neq 0 \land d=0$
비스듬한 직선	$a \neq 0 \land b \neq 0$	$c \neq 0 \land d \neq 0$

"오, 괜찮다!"

"지금 생각하고 있는 연립방정식의 해라는 건 두 방정식을 모두 만족하는 (x, y)를 말해. 그건 각 방정식이 만드는 도형의 교집합이라는 뜻이야. 도형을 점의 집합으로 생각한다는 점에 주의해야 해."

"아하, 그렇군!"

"표를 보면서 '평면 전체와 수평선'이나 '비스듬한 직선과 수평선'처럼 모든 짝을 생각하는 거야. 그리고 어떤 경우에 '교집합이 한 점이 되는지' 알아보면, 어떤 경우에 '해가 유일하게 정해지는지'를 알 수 있어."

"윽, 귀찮아!"

"그렇게 생각하면 안 돼. 직접 해 보면 별로 귀찮지 않을 거야. 많은 경우들을 하나로 정리할 수 있으니까. 예를 들어 '평면 전체와 수평선'의 짝을 생각해 보면, 교집합은 수평선 그 자체야. 그리고 '평면 전체와 무언가'의 교집합은 '무언가' 그 자체가 되고."

"그런가……."

"정해지지 않는 것도 있어. '수평선과 수평선'의 짝을 생각해 보면, 교집합은 공집합이 될 수도 있고 수평선 그 자체가 될 수도 있어. 두 수평선이 떨어져 있으면 공집합이고 일치하면 그 수평선 자체인 거지."

"'수직선과 수평선'의 짝은 교집합이 한 점이 되겠네!"

"맞아. 잘 이해했네!"

나는 유리와 함께 표를 만들었다.

	평면 전체	공집합	수평선	수직선	비스듬한 직선
평면 전체	평면 전체	공집합	수평선	수직선	비스듬한 직선
공집합	공집합	공집합	공집합	공집합	공집합
수평선	수평선	공집합	공집합/수평선	한 점	한 점
수직선	수직선	공집합	한 점	공집합/수직선	한 점
비스듬한 직선	비스듬한 직선	공집합	한 점	한 점	?

두 도형의 교집합

"그래서? 이제 어떻게 하는 거야?"

"이번에는 $ad-bc$의 값을 표로 만들 거야. 이를 테면 $ax+by=s$가 수직선($a\neq0\wedge b=0$)이고 $cx+dy=t$가 수평선($c=0\wedge d\neq0$)이라고 할게. 이

때 $ad-bc$의 값은 어떻게 될까?"

"$ad-bc$는…… $a \neq 0$과 $d \neq 0$이니까 ad는 0이 아니야. $b=0$과 $c=0$이니까 bc는 0이야. 따라서 $ad-bc$는 0이 아니야!"

"그래, 맞아. 그렇게 0인지 0이 아닌지를 알아보자."

"알았어!"

	평면 전체	공집합	수평선	수직선	비스듬한 직선
평면 전체	0	0	0	0	0
공집합	0	0	0	0	0
수평선	0	0	0	0 아님	0 아님
수직선	0	0	0 아님	0	0 아님
비스듬한 직선	0	0	0 아님	0 아님	?

식 $ad-bc$의 값

"지금 만든 두 표를 비교해 보면 교집합이 한 점이 되는 경우는 $ad-bc$가 0이 아닌 경우와 정확히 일치한다는 걸 알 수 있지?"

"오, 재미있다. 딱 들어맞네! 그런데 '비스듬한 직선과 비스듬한 직선' 부분만 결정이 안 났어. 물음표잖아."

"맞아. 물음표지. 둘 다 비스듬한 직선일 때, $ax+by=s$의 기울기는 $-\dfrac{a}{b}$이고 $cx+dy=t$의 기울기는 $-\dfrac{c}{d}$야. 기울기의 차를 구해 봐."

"기울기의 차…… 뺄셈이지?"

$$\langle \text{직선 } ax+by=s\text{의 기울기}\rangle - \langle \text{직선 } cx+dy=t\text{의 기울기}\rangle$$
$$=\left(-\frac{a}{b}\right)-\left(-\frac{c}{d}\right)$$
$$=-\frac{a}{b}+\frac{c}{d}$$
$$=-\frac{ad}{bd}+\frac{bc}{bd}$$
$$=-\frac{ad-bc}{bd}$$

"여기서 $ad-bc$가 나왔어. $ad-bc=0$일 때는 무엇을 의미할까?"

"$ad-bc=0$일 때는 이런 경우지."

⟨직선 $ax+by=s$의 기울기⟩−⟨직선 $cx+dy=t$의 기울기⟩$=0$

"그래. 그렇게 말할 수 있어."

⟨직선 $ax+by=s$의 기울기⟩$=$⟨직선 $cx+dy=t$의 기울기⟩

"그러니까 $ad-bc=0$이라는 식은 '두 직선의 기울기가 같다'는 뜻이고, $ad-bc\neq0$이라는 식은 '두 직선의 기울기가 같지 않다'는 뜻이야. 그리고 비스듬한 두 직선의 교집합은 '두 직선의 기울기가 같지 않을 때'만 '한 점'이 돼. 기울기가 같으면 평행이 되거나 일치하거나 둘 중 하나니까."

"아, 그렇구나!"

"그래. 평행이면 교집합은 공집합이고, 일치한다면 비스듬한 직선 그 자체가 되겠지. 이제 궁금증이 완전히 풀린 거지? '$ad-bc=0$이면 유일한 해를 가지지 않는다'이고, '$ad-bc\neq0$이면 유일한 해를 가진다'고 할 수 있어. 모든 경우를 다 알아본 거니까."

"그렇구나……. 그렇게 되는구나!"

"이렇게 다음 식이 확인되었어."

$$ad-bc\neq0 \iff \text{⟨연립방정식은 유일한 해를 가진다⟩}$$

풀이 7-1 연립방정식이 정칙이 되는 조건
x, y에 관한 연립방정식이 있다.

$$\begin{cases} ax+by=s \\ cx+dy=t \end{cases}$$

이 연립방정식이 유일한 해를 가지기 위한 조건은 다음과 같다.
$$ad-bc\neq0$$

편지

유리는 책상에 놓인 레몬 맛 사탕을 입에 넣었다.

"저기, 오빠. 테트라 언니한테 얘기…… 들었어."

나는 움찔했다.

"무, 무슨 얘기?"

얼마 전 도서실 서고에서 있었던 일을 말하는 걸까?

"테트라 언니가 열심히 생각해서 떠오른 감정을 글로 써 보면 좋다는 말을 해 줬어. 상대에게 전할지 말지는 쓴 다음에 생각하라고. 중요한 건 자신의 마음을 정리하기 위해 문장으로 표현하는 것이랬어."

"유리야, 대체 무슨 이야기야?"

"그러니까…… 편지를 써 보라는 말이지! 그 애가 전학을 가 버리니까……."

그 애? 전학 가는 남자 사람친구인가.

"아…… 그 얘기구나."

침울해하는 유리에게 테트라는 편지를 써 보라고 조언했구나. 역시 테트라다운 생각이다. 편지를 좋아하는 테트라, 문자를 좋아하는 테트라.

"테트라 언니는 의지할 수 있는 사람 같아." 유리가 말했다.

"넌…… 친구랑 어색해질 것 같을 땐 어떻게 해?"

"뭐야……. 지금까지 그 얘기를 한 거잖아. 어려운 말이나 멋진 말 따위가 아니라 상대에게 전하고 싶은 말을 글로 써 보는 게 중요하다고. 그 사람이 몰라주면 의미가 없으니까!"

"……그렇지."

3. 테트라

도서실

월요일 수업을 마치고 나는 도서실로 향했다. 그리고 노트에 뭔가를 열심히 적고 있는 소녀에게 다가갔다. 테트라가 고개를 들자 나는 재빨리 종이 한

장을 내밀었다.

'며칠 전 일은 미안해.'

그녀는 나를 흘끗 보더니 종이에 한 줄을 적어 나에게 내밀었다.

'괜찮아요. 신경 쓰지 마세요.'

나는 그녀를 봤다. 그녀도 나를 봤다. 그리고 싱긋 웃었다.

그 미소 덕분에 내 안에 있던 어색함이 녹아내리는 것 같았다.

테트라의 미소는 강력한 힘을 지닌 것 같다.

행과 열

"회전을 공부하고 있었어?" 나는 테트라의 노트를 들여다보며 말했다.

"아뇨, 행렬이 좀 어려워서…… 수업 시간에 배운 걸 복습하고 있었어요."

테트라는 수학 공부를 할 때 배운 것을 완전히 자기 것으로 만드는 스타일이다. 본인은 그 상황을 '이해한 느낌'이라고 표현한다. 제대로 이해한 느낌을 얻지 못하면 안심이 안 되고, 그러면 다음 단계로 넘어갈 수가 없다는 것이다.

"본질적으로 행렬이란 게 뭐예요? 계산은 할 수 있지만 실수할 때도 많아서……."

"그렇구나. 그럼 같이 얘기해 볼까?"

"아, 그럼 이 기회에…… 행렬 분야의 기초적인 것부터 물어봐도 되나요?"

"물론, 괜찮지."

"사실 행렬의 '행'과 '열'이 헷갈릴 때가 많아요!"

"우선 가로 방향이 행, 세로 방향이 열이야."

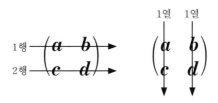

"네……. 그렇죠. 그렇지만……."

"참고서에 이런 방법도 소개되어 있어."

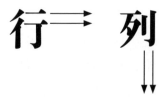

"앗, 한자 모양으로 이해하는 거군요. 이건 외우기 쉽겠는데요? 생각해 보면 십자 모양을 그려도 되겠네요. 가로로 쓱 그으면서 행, 세로로 쓱 그으면서 열."

테트라는 허공에 십자 모양을 그렸다.

행렬과 벡터의 곱

"행렬과 벡터의 곱은 알고 있지?"

나는 말하며 식을 적었다.

$$\begin{pmatrix} a & b \\ c & d \end{pmatrix}\begin{pmatrix} x \\ y \end{pmatrix} = \begin{pmatrix} ax+by \\ cx+dy \end{pmatrix}$$

"네, 알긴 하죠. 하지만 자주 틀려요."

"여기 $ax+by$나 $cx+dy$라는 식이 나와 있네. a와 x를 곱하고 b와 y를 곱하고, 그다음에 ax와 by를 더해. 바로 이 '곱하고 곱하고 더하기'라는 형태…… '곱의 합'을 꼭 기억해야 돼."

$$\underset{\text{더하기}}{\overset{\text{곱하고 곱하고}}{\overbrace{ax + by}}}$$

"곱하고, 곱하고, 더하기······."

"곱의 합은 두 개가 나와. 일단 첫 번째."

$$\begin{pmatrix} a & \cdot \\ \cdot & \cdot \end{pmatrix} \begin{pmatrix} x \\ \cdot \end{pmatrix} = \begin{pmatrix} ax \cdots \cdots \\ \cdot \end{pmatrix} \qquad \text{곱하고}$$

$$\begin{pmatrix} \cdot & b \\ \cdot & \cdot \end{pmatrix} \begin{pmatrix} \cdot \\ y \end{pmatrix} = \begin{pmatrix} \cdots \cdots by \\ \cdot \end{pmatrix} \qquad \text{곱하고}$$

$$\begin{pmatrix} a & b \\ \cdot & \cdot \end{pmatrix} \begin{pmatrix} x \\ y \end{pmatrix} = \begin{pmatrix} ax + by \\ \cdot \end{pmatrix} \qquad \text{더하기}$$

"확실히 그러네요. 그럼 제가 하나 더 쓸게요."

$$\begin{pmatrix} \cdot & \cdot \\ c & \cdot \end{pmatrix} \begin{pmatrix} x \\ \cdot \end{pmatrix} = \begin{pmatrix} \cdot \\ cx \cdots \cdots \end{pmatrix} \qquad \text{곱하고}$$

$$\begin{pmatrix} \cdot & \cdot \\ \cdot & d \end{pmatrix} \begin{pmatrix} \cdot \\ y \end{pmatrix} = \begin{pmatrix} \cdot \\ \cdots \cdots dy \end{pmatrix} \qquad \text{곱하고}$$

$$\begin{pmatrix} \cdot & \cdot \\ c & d \end{pmatrix} \begin{pmatrix} x \\ y \end{pmatrix} = \begin{pmatrix} \cdot \\ cx + dy \end{pmatrix} \qquad \text{더하기}$$

"그래, 됐어. 정리해서 쓰면 끝."

$$\begin{pmatrix} a & b \\ c & d \end{pmatrix} \begin{pmatrix} x \\ y \end{pmatrix} = \begin{pmatrix} ax + by \\ cx + dy \end{pmatrix}$$

"자, 잠깐만요, 지금 연습해도 돼요?"

테트라는 노트에 몇 번이나 적으며 연습을 했다.

"이제 어느 정도 알았어요. 흐름이 이렇군요······."

$$\begin{pmatrix} \Rightarrow & \Rightarrow \\ \cdot & \cdot \end{pmatrix} \begin{pmatrix} \Downarrow \\ \Downarrow \end{pmatrix} = \begin{pmatrix} ax + by \\ \cdot \end{pmatrix}$$

$$\begin{pmatrix} \cdot & \cdot \\ \Rightarrow & \Rightarrow \end{pmatrix} \begin{pmatrix} \Downarrow \\ \Downarrow \end{pmatrix} = \begin{pmatrix} \cdot \\ cx+dy \end{pmatrix}$$

"참고서만 열심히 들여다봤다면 이해하기 어려웠을 거예요. 그런데 직접 손으로 써 보니까 무엇과 무엇을 곱하고 무엇과 무엇을 더하는지 이해한 느낌이에요."

"그 말이 맞아. 직접 적어 보면 식의 패턴이 보이거든." 나는 동의했다.

"네. 새로운 계산을 배울 때는 직접 적어 보는 게 중요하군요."

"테트라, 이 정도는 새로운 게 아니야. 중학교 때도 배우니까."

"중학생 때는 행렬을 안 배웠는데요?"

"물론 행렬이라는 이름은 못 들어 봤겠지만 같은 형태의 식은 배웠지."

"그, 그런가요?"

"응. **연립방정식**이라고 하지."

"네?"

연립방정식과 행렬

"예를 들어 이런 연립방정식을 생각하자."

내가 말했다.

$$\begin{cases} 3x + y = 7 \\ x + 2y = 4 \end{cases}$$

"아, 중학교 때 배운 거예요. 풀어 볼까요?"

"아니, 여기에 나오는 식을 잘 살펴봐. 예를 들면 '$3x+y=7$'에 숨은 패턴이 뭔지 알겠어?"

"그게……."

"이렇게 쓰면 더 잘 보이려나?"

$$\underbrace{\overbrace{3 \cdot x}^{곱하고} + \overbrace{1 \cdot y}^{곱하고}}_{더하기} = 7$$

"앗! 곱하고 곱하고 더하기. '곱의 합'이네요!"

"그래. 그리고 연립방정식은 행렬을 써서 표현할 수 있어."

$$\begin{cases} 3x + \ y = 7 \\ x + 2y = 4 \end{cases} \longleftrightarrow \begin{pmatrix} 3 & 1 \\ 1 & 2 \end{pmatrix} \begin{pmatrix} x \\ y \end{pmatrix} = \begin{pmatrix} 7 \\ 4 \end{pmatrix}$$

"그렇군요! 연립방정식을 행렬로 나타낸 거네요."

"이걸 일반식으로 써 볼까? 연립방정식과 행렬의 관계는 이런 거야."

$$\begin{cases} ax + by = s \\ cx + dy = t \end{cases} \longleftrightarrow \begin{pmatrix} a & b \\ c & d \end{pmatrix} \begin{pmatrix} x \\ y \end{pmatrix} = \begin{pmatrix} s \\ t \end{pmatrix}$$

"네, 이해했어요. 연립방정식은 행렬과 벡터의 곱으로 나타낼 수 있어요!"

행렬의 곱

나는 다음 단계를 설명했다.

"2개 행과 2개 열이 있는 $\begin{pmatrix} a & b \\ c & d \end{pmatrix}$ 같은 행렬을 2×2 행렬이라고 해. 그리고 2개 행과 1개 열이 있는 $\begin{pmatrix} x \\ y \end{pmatrix}$ 같은 행렬을 2×1 행렬이라고 해. 열벡터라고도 하지. 조합의 수를 나타내는 $\begin{pmatrix} n \\ k \end{pmatrix}$ 와 쓰는 방법은 똑같지만 완전히 다른 거야. 보통은 앞뒤 문맥으로 구별이 돼."

$$\begin{pmatrix} a & b \\ c & d \end{pmatrix} \qquad 2 \times 2 \text{ 행렬 (2차 정사각행렬)}$$

$$\begin{pmatrix} a \\ b \end{pmatrix}$$ 　　2×1 행렬 (열벡터)

$$(\,a \quad b\,)$$ 　　1×2 행렬 (행벡터)

"네."

"'곱하고 곱하고 더하기' 패턴에 익숙해지면 행렬과 벡터의 곱뿐만 아니라 행렬끼리 곱하는 것도 바로 알 수 있어."

$$\begin{pmatrix} a & b \\ c & d \end{pmatrix}\begin{pmatrix} x & s \\ y & t \end{pmatrix} = \begin{pmatrix} ax+by & as+bt \\ cx+dy & cs+dt \end{pmatrix}$$

"음…… 아하, 이렇게 되네요."

$$\begin{cases} \begin{pmatrix} a & b \\ c & d \end{pmatrix}\begin{pmatrix} x \\ y \end{pmatrix} = \begin{pmatrix} ax+by \\ cx+dy \end{pmatrix} \\ \begin{pmatrix} a & b \\ c & d \end{pmatrix}\begin{pmatrix} s \\ t \end{pmatrix} = \begin{pmatrix} ax+bt \\ cs+dt \end{pmatrix} \end{cases} \longleftrightarrow \begin{pmatrix} a & b \\ c & d \end{pmatrix}\begin{pmatrix} x & s \\ y & t \end{pmatrix} = \begin{pmatrix} ax+by & as+bt \\ cx+dy & cs+dt \end{pmatrix}$$

"이제 좀 익숙해졌어?"

"문자가 많아서 눈이 좀 어지럽기는 하지만 차근차근 끈기 있게 확인하면 되겠죠?"

"그래. 익숙해지면 식의 패턴을 봐야 해."

"네. '곱하고 곱하고 더하기'가 곳곳에 나오네요."

테트라는 고개를 끄덕끄덕하더니 노트를 몇 번이나 다시 봤다.

"이 '곱하고 곱하고 더하기' 패턴을 벡터의 **내적**이라고 해."

"내적……이요?" 새로운 용어가 나오자 테트라는 어김없이 노트에 적어 넣었다.

"예를 들어 $(\,a_1 \quad a_2\,)$와 $\begin{pmatrix} b_1 \\ b_2 \end{pmatrix}$라는 두 벡터의 내적은 이렇게 나타나는 수를 말해."

$$a_1b_1+a_2b_2$$

"봐, '곱하고 곱하고 더하기' 패턴이지? 행렬의 곱에서는 이 '내적'이 많이 나와."

"내적……. '곱하고 곱하고 더하기' 패턴에 이름이 있군요."

역행렬

"연립방정식 풀기는 행렬로 어떻게 나타낼 수 있는지 생각해 보자."

"아…… 네." 테트라는 머뭇거리며 고개를 끄덕였다.

"방금 연립방정식을 행렬과 벡터의 곱으로 나타냈지?"

$$\begin{pmatrix} a & b \\ c & d \end{pmatrix}\begin{pmatrix} x \\ y \end{pmatrix}=\begin{pmatrix} s \\ t \end{pmatrix}$$

"네, 그랬죠."

"여기서 다음과 같은 식을 이끌어 내면 연립방정식을 푼 셈이야."

$$\begin{pmatrix} x \\ y \end{pmatrix}=\begin{pmatrix} \cdots\cdots \\ \cdots\cdots \end{pmatrix}$$

"네, 그러네요. x와 y를 구하는 거니까요."

"연립방정식을 일반 방식으로 풀어 보자."

나는 얼마 전 유리에게 설명할 때처럼 x와 y를 계산해서 보여 주었다.

◆◆◆

이제부터 아래 연립방정식을 풀게.

$$\begin{cases} ax+by=s & \cdots\cdots \text{Ⓐ} \\ cx+dy=t & \cdots\cdots \text{Ⓑ} \end{cases}$$

여기에서 x를 구하기 위해 Ⓐ$\times d-b\times$Ⓑ라는 계산을 하잖아. 그 계산에서 Ⓐ와 Ⓑ의 좌변이 어떻게 되는지 자세히 관찰해 보자.

$$
\begin{aligned}
(\text{Ⓐ의 좌변})\times d-b\times(\text{Ⓑ의 좌변}) &= d\times\langle\text{Ⓐ의 좌변}\rangle+(-b)\times\langle\text{Ⓑ의 좌변}\rangle \\
&= d(ax+by)+(-b)(cx+dy) \\
&= dax+dby+(-b)cx+(-b)dy \\
&= (da+(-b)c)x+(db+(-b)d)y \\
&= (da+(-b)c)x+\underbrace{(db+(-b)d)}_{\text{0이 된다}}y \\
&= \underset{\sim\sim\sim\sim\sim\sim\sim}{(da+(-b)c)}x
\end{aligned}
$$

잘 봐. 여기에 '곱하고 곱하고 더하기' 꼴이 나오지?

$$
\underbrace{\overbrace{da}^{\text{곱하고}}+\overbrace{(-b)c}^{\text{곱하고}}}_{\text{더하기}}
$$

이건 $(d \quad -b)$와 $\begin{pmatrix} a \\ c \end{pmatrix}$의 내적이야.

마찬가지로 y를 구하는 $a\times$Ⓑ$-$Ⓐ$\times c$의 좌변을 관찰하자.

$$
\begin{aligned}
a\times(\text{Ⓑ의 좌변})-(\text{Ⓐ의 좌변})\times c &= (-c)\times\langle\text{Ⓐ의 좌변}\rangle+a\times\langle\text{Ⓑ의 좌변}\rangle \\
&= (-c)(ax+by)+a(cx+dy) \\
&= (-c)ax+(-c)by+acx+ady \\
&= \underbrace{((-c)a+ac)}_{\text{0이 된다}}x+((-c)b+ad)y \\
&= \underset{\sim\sim\sim\sim\sim\sim\sim\sim}{((-c)b+ad)}y
\end{aligned}
$$

여기에도 '곱하고 곱하고 더하기'의 꼴이 나와.

$$\underbrace{\overbrace{(-c)b}^{\text{곱하고}} + \overbrace{ad}^{\text{곱하고}}}_{\text{더하기}}$$

이쪽은 $(-c \;\; a)$와 $\begin{pmatrix} b \\ d \end{pmatrix}$의 내적이야.

테트라, 두 내적에서 행렬 $\begin{pmatrix} d & -b \\ -c & a \end{pmatrix}$가 보이니?

$$\begin{cases} (d \;\; -b)\text{와 } \begin{pmatrix} a \\ c \end{pmatrix}\text{의 내적} \\[2ex] (-c \;\; a)\text{와 } \begin{pmatrix} b \\ a \end{pmatrix}\text{의 내적} \end{cases} \dashleftarrow \begin{pmatrix} d & -b \\ -c & a \end{pmatrix}\begin{pmatrix} a & b \\ c & d \end{pmatrix}$$

행렬의 곱 $\begin{pmatrix} d & -b \\ -c & a \end{pmatrix}\begin{pmatrix} a & b \\ c & d \end{pmatrix}$를 계산해 보자.

$$\begin{pmatrix} d & -b \\ -c & a \end{pmatrix}\begin{pmatrix} a & b \\ c & d \end{pmatrix} = \begin{pmatrix} da-bc & db-bd \\ -ca+ac & -cb+ad \end{pmatrix}$$
$$= \begin{pmatrix} ad-bc & 0 \\ 0 & ad-bc \end{pmatrix}$$
$$= (ad-bc)\begin{pmatrix} 1 & 0 \\ 0 & 1 \end{pmatrix}$$

그래서 $ad-bc \neq 0$일 때 이런 식이 성립해.

$$\frac{1}{ad-bc}\begin{pmatrix} d & -b \\ -c & a \end{pmatrix}\begin{pmatrix} a & b \\ c & d \end{pmatrix} = \begin{pmatrix} 1 & 0 \\ 0 & 1 \end{pmatrix}$$

지금 만든 $\dfrac{1}{ad-bc}\begin{pmatrix} d & -b \\ -c & a \end{pmatrix}$라는 행렬을 행렬 $\begin{pmatrix} a & b \\ c & d \end{pmatrix}$의 **역행렬**이라고 해.

◆◆◆

"잠깐만요, 못 따라가겠어요."

갑자기 테트라가 설명을 끊고 끼어들었다.

"지금 연립방정식을 풀고 있었잖아요? 이 특이한 계산으로 나온 역행렬은 연립방정식과 무슨 관계가 있나요?"

"역행렬은 연립방정식을 풀 때 열쇠가 돼. 연립방정식은 이랬지."

$$\begin{pmatrix} a & b \\ c & d \end{pmatrix} \begin{pmatrix} x \\ y \end{pmatrix} = \begin{pmatrix} s \\ t \end{pmatrix}$$

"이 양변의 왼쪽에 역행렬을 곱해 보자."

$$\begin{pmatrix} a & b \\ c & d \end{pmatrix} \begin{pmatrix} x \\ y \end{pmatrix} = \begin{pmatrix} s \\ t \end{pmatrix}$$

$$\frac{1}{ad-bc} \begin{pmatrix} d & -b \\ -c & a \end{pmatrix} \begin{pmatrix} a & b \\ c & d \end{pmatrix} \begin{pmatrix} x \\ y \end{pmatrix} = \frac{1}{ad-bc} \begin{pmatrix} d & -b \\ -c & a \end{pmatrix} \begin{pmatrix} s \\ t \end{pmatrix}$$

$$\frac{1}{ad-bc} \begin{pmatrix} ad-bc & 0 \\ 0 & ad-bc \end{pmatrix} \begin{pmatrix} x \\ y \end{pmatrix} = \frac{1}{ad-bc} \begin{pmatrix} d & -b \\ -c & a \end{pmatrix} \begin{pmatrix} s \\ t \end{pmatrix}$$

$$\begin{pmatrix} 1 & 0 \\ 0 & 1 \end{pmatrix} \begin{pmatrix} x \\ y \end{pmatrix} = \frac{1}{ad-bc} \begin{pmatrix} d & -b \\ -c & a \end{pmatrix} \begin{pmatrix} s \\ t \end{pmatrix}$$

$$\begin{pmatrix} 1 & 0 \\ 0 & 1 \end{pmatrix} \begin{pmatrix} x \\ y \end{pmatrix} = \frac{1}{ad-bc} \begin{pmatrix} sd-bt \\ at-sc \end{pmatrix}$$

$$\begin{pmatrix} x \\ y \end{pmatrix} = \frac{1}{ad-bc} \begin{pmatrix} sd-bt \\ at-sc \end{pmatrix}$$

"어? $\begin{pmatrix} x \\ y \end{pmatrix} = \cdots$ 형태가 되어 연립방정식이 풀렸어요!"

"응. '역행렬을 곱하기' 방식을 써서 연립방정식을 푼 셈이지."

"그런데 좀 복잡하네요."

테트라가 난처한 표정을 지었다.

"식이 복잡해 보인다고 해서 겁먹지 마. 식 안에서 '공통 패턴'을 찾으면 되니까."

"공통 패턴은 뭐죠?"

"$ad-bc$와 $sd-bt$와 $at-sc$의 패턴. $ad-bc$를 행렬 $\begin{pmatrix} a & b \\ c & d \end{pmatrix}$의 **행렬식**이라고 하고, $\begin{vmatrix} a & b \\ c & d \end{vmatrix}$라고 써."

$$\begin{vmatrix} a & b \\ c & d \end{vmatrix} = ad - bc$$

$$\begin{vmatrix} s & b \\ t & d \end{vmatrix} = sd - bt$$

$$\begin{vmatrix} a & s \\ c & t \end{vmatrix} = at - sc$$

"행렬식을 쓰면 연립방정식의 해를 간단히 쓸 수 있어."

$$\begin{pmatrix} x \\ y \end{pmatrix} = \frac{1}{ad-bc}\begin{pmatrix} sd-bt \\ at-sc \end{pmatrix} \iff \begin{pmatrix} x \\ y \end{pmatrix} = \frac{1}{\begin{vmatrix} a & b \\ c & d \end{vmatrix}}\begin{pmatrix} \begin{vmatrix} s & b \\ t & d \end{vmatrix} \\ \begin{vmatrix} a & s \\ c & t \end{vmatrix} \end{pmatrix}$$

"이, 이게 간단한가요?"

"행렬식 $\begin{vmatrix} a & b \\ c & d \end{vmatrix}$의 일부를 s와 t로 치환한 거야."

$$\begin{pmatrix} x \\ y \end{pmatrix} = \frac{1}{\begin{vmatrix} a & b \\ c & d \end{vmatrix}}\begin{pmatrix} \begin{vmatrix} ⓢ & b \\ ⓣ & d \end{vmatrix} \\ \begin{vmatrix} a & ⓢ \\ c & ⓣ \end{vmatrix} \end{pmatrix}$$

"저기…… 제가 아직 행렬과 행렬식을 제대로 이해하지 못한 것 같아요. 하지만 여기에 재미있는 게 많이 숨어 있다는 건 알겠어요. 또 변수가 많다고 해서 겁먹을 필요 없다는 것도요. 내적이든 행렬식이든, 수식을 똑똑히 보고 패턴을 간파한다!"

테트라는 선언하듯 말했다.

4. 미르카

숨은 수수께끼 간파하기

이튿날 방과 후, 나는 평소처럼 도서실로 향했다.

먼저 온 테트라와 미르카가 대화를 나누고 있다.

오랜만에 리사의 얼굴도 보였다. 하지만 리사는 창가 쪽 자리에 혼자 앉아 노트북을 들여다보고 있다. 얼마 전 말다툼으로 미르카와 어색해진 걸까.

"무라키 선생님한테 카드를 받았어."

미르카가 말했다.

문제 7-2 행렬의 거듭제곱

$$\begin{pmatrix} 1 & 1 \\ 1 & 0 \end{pmatrix}^{10}$$

"행렬 $\begin{pmatrix} 1 & 1 \\ 1 & 0 \end{pmatrix}$의 10제곱을 구하라는 말이지?" 내가 카드를 보며 물었다.

"재미있었어." 미르카가 말했다.

"벌써 풀었다고?" 미르카는 교실에서 도서실로 오는 동안 머릿속으로 푼 것이다.

"답은 말하지 마세요, 말하지 마세요!"

테트라는 마음이 급한지 풀이를 시작했다.

나도 노트를 펼치고 계산을 시작했다. 행렬의 10제곱, 그러니까…….

$$\underbrace{\begin{pmatrix} 1 & 1 \\ 1 & 0 \end{pmatrix}\begin{pmatrix} 1 & 1 \\ 1 & 0 \end{pmatrix}\begin{pmatrix} 1 & 1 \\ 1 & 0 \end{pmatrix}\begin{pmatrix} 1 & 1 \\ 1 & 0 \end{pmatrix}\begin{pmatrix} 1 & 1 \\ 1 & 0 \end{pmatrix}\begin{pmatrix} 1 & 1 \\ 1 & 0 \end{pmatrix}\begin{pmatrix} 1 & 1 \\ 1 & 0 \end{pmatrix}\begin{pmatrix} 1 & 1 \\ 1 & 0 \end{pmatrix}\begin{pmatrix} 1 & 1 \\ 1 & 0 \end{pmatrix}\begin{pmatrix} 1 & 1 \\ 1 & 0 \end{pmatrix}}_{\text{10개의 곱}}$$

위의 식을 계산하라는 뜻이다. 2제곱, 3제곱…… 이런 패턴을 간파하는 것이 군더더기 없는 방법일 것이다.

$$\begin{pmatrix} 1 & 1 \\ 1 & 0 \end{pmatrix}^1 = \begin{pmatrix} 1 & 1 \\ 1 & 0 \end{pmatrix}$$

$$\begin{pmatrix} 1 & 1 \\ 1 & 0 \end{pmatrix}^2 = \begin{pmatrix} 1 & 1 \\ 1 & 0 \end{pmatrix}\begin{pmatrix} 1 & 1 \\ 1 & 0 \end{pmatrix}$$
$$= \begin{pmatrix} 1\times1+1\times1 & 1\times1+1\times0 \\ 1\times1+0\times1 & 1\times1+0\times0 \end{pmatrix}$$
$$= \begin{pmatrix} 1+1 & 1+0 \\ 1+0 & 1+0 \end{pmatrix}$$
$$= \begin{pmatrix} 2 & 1 \\ 1 & 1 \end{pmatrix}$$

$$\begin{pmatrix} 1 & 1 \\ 1 & 0 \end{pmatrix}^3 = \begin{pmatrix} 2 & 1 \\ 1 & 0 \end{pmatrix}\begin{pmatrix} 1 & 1 \\ 1 & 0 \end{pmatrix}$$
$$= \begin{pmatrix} 2\times1+1\times1 & 2\times1+1\times0 \\ 1\times1+1\times1 & 1\times1+1\times0 \end{pmatrix}$$
$$= \begin{pmatrix} 2+1 & 2+0 \\ 1+1 & 1+0 \end{pmatrix}$$
$$= \begin{pmatrix} 3 & 2 \\ 2 & 1 \end{pmatrix}$$

$$\begin{pmatrix} 1 & 1 \\ 1 & 0 \end{pmatrix}^4 = \begin{pmatrix} 3 & 2 \\ 2 & 1 \end{pmatrix}\begin{pmatrix} 1 & 1 \\ 1 & 0 \end{pmatrix}$$
$$= \begin{pmatrix} 3\times1+2\times1 & 3\times1+2\times0 \\ 2\times1+1\times1 & 2\times1+1\times0 \end{pmatrix}$$
$$= \begin{pmatrix} 3+2 & 3+0 \\ 2+1 & 2+0 \end{pmatrix}$$
$$= \begin{pmatrix} 5 & 3 \\ 3 & 2 \end{pmatrix}$$

"알았다!" 내가 말했다.

"아직, 아직이요!" 테트라가 외쳤다.

고개를 들자 리사는 어느새 우리가 앉아 있는 곳 가까운 자리에 와 있었다. 우리의 공부에 호기심을 갖고 있는 걸까?

"리사도 풀어 볼래?" 내가 말을 걸었다.

"벌써 풀었어." 리사는 대답과 함께 화면을 보여 주었다.

POWER(MATRIX(1, 1, 1, 0), 10) ⏎
⇒MATRIX(89, 55, 55, 34)

"알아냈어요! $\begin{pmatrix} 89 & 55 \\ 55 & 34 \end{pmatrix}$ 예요!" 테트라가 말했다.

"정답! 숨겨진 수수께끼도 알아냈어?" 미르카가 말했다.

"네! 그건 말이죠……."

"스톱. 리사도 수수께끼를 찾았어?" 미르카가 테트라의 말을 막고 리사에게 물었다.

리사는 말없이 고개를 저었다.

미르카는 지휘자처럼 손가락으로 테트라를 지목했다.

"그럼 테트라가 대답해 봐."

"네! 이 행렬은 피보나치 수열을 만들어 내고 있어요!"

테트라가 씩씩하게 대답했다.

◆ ◆ ◆

피보나치 수열이란 이런 수열이에요.

$$1, 1, 2, 3, 5, 8, 13\cdots\cdots$$

이 수열의 n번째 항을 F_n이라 표현할게요. 그러니까 $F_1 = 1, F_2 = 1, F_3 = 2,$ $F_4 = 3, F_5 = 5\cdots$ 이런 식이에요. 그러면 이 행렬과 피보나치 수열 사이에는 이런 관계가 성립해요.

$$\begin{pmatrix} 1 & 1 \\ 1 & 0 \end{pmatrix}^n = \begin{pmatrix} F_{n+1} & F_n \\ F_n & F_{n-1} \end{pmatrix}$$

수학적 귀납법을 사용하면 바로 증명할 수 있어요. 그러니까 증명의 클라이맥스는 이렇게 돼요. $n=k$가 성립된다면 $n=k+1$도 성립된다는 거죠.

$$\begin{pmatrix} 1 & 1 \\ 1 & 0 \end{pmatrix}^{k+1} = \begin{pmatrix} 1 & 1 \\ 1 & 0 \end{pmatrix}^{k} \begin{pmatrix} 1 & 1 \\ 1 & 0 \end{pmatrix}$$

$$= \begin{pmatrix} F_{k+1} & F_k \\ F_k & F_{k-1} \end{pmatrix} \begin{pmatrix} 1 & 1 \\ 1 & 0 \end{pmatrix}$$

$$= \begin{pmatrix} F_{k+1} \times 1 + F_k \times 1 & F_{k+1} \times 1 + F_k \times 0 \\ F_k \times 1 + F_{k-1} \times 1 & F_k \times 1 + F_{k-1} \times 0 \end{pmatrix}$$

$$= \begin{pmatrix} F_{k+1} + F_k & F_{k+1} \\ F_k + F_{k-1} & F_k \end{pmatrix}$$

$$= \begin{pmatrix} F_{k+2} & F_{k+1} \\ F_{k+1} & F_k \end{pmatrix} \qquad F_{k+2} = F_{k+1} + F_k,\ F_{k+1} = F_k + F_{k-1} \text{을 사용}$$

행렬의 곱의 계산이 피보나치 수열의 식과 맞아떨어져요.

$$\begin{cases} F_1 = 1 \\ F_2 = 1 \\ F_n = F_{n-1} + F_{n-2} \qquad (n \geq 3) \end{cases}$$

이제 $\begin{pmatrix} 1 & 1 \\ 1 & 0 \end{pmatrix}^{10} = \begin{pmatrix} F_{11} & F_{10} \\ F_{10} & F_9 \end{pmatrix}$ 를 구하면 끝이에요.

n	1	2	3	4	5	6	7	8	9	10	11	$\cdots$
F_n	1	1	2	3	5	8	13	21	34	55	89	$\cdots$

[풀이 7-2] 행렬의 거듭제곱

$$\begin{pmatrix} 1 & 1 \\ 1 & 0 \end{pmatrix}^{10} = \begin{pmatrix} 89 & 55 \\ 55 & 34 \end{pmatrix}$$

◆◆◆

"테트라는 이 문제의 숨은 수수께끼…… 그러니까 피보나치 수열을 간파했어. 자기가 직접 계산했기 때문에 발견할 수 있었던 거야." 미르카는 담담하게 말했다.

"하지만 리사는 컴퓨터를 사용해서 값을 단숨에 구했어. 그게 잘못된 건 아니지만 이 문제에 수수께끼가 있다는 건 알아내지 못했어."

리사는 얼굴을 살짝 찌푸렸지만 곧 무표정한 얼굴로 인정한다는 듯 말했다.

"그건 그렇지."

미르카는 미소를 지으며 안경을 밀어 올렸다.

"암산, 필산, 컴퓨터. 어떤 방법으로도 문제는 풀 수 있어. 하지만 문제 속에 숨은 수수께끼를 찾아내기, 즉 숨은 구조를 간파하는 게 더 흥미진진하지."

미르카는 손가락으로 1, 1, 2, 3을 만들어 보였다. 그러자 나와 테트라는 한손을 쫙 펼쳐 5로 답했다.

"뭐 하는 거야?" 리사가 물었다.

"피보나치 사인이야. 1, 1, 2, 3이라는 사인을 보면 5로 대답하는 거지. 1, 1, 2, 3, 5……는 피보나치 수열. 수학 애호가들이 좋아하는 수열을 우리끼리의 인사법으로 정했어."

테트라는 설명을 하면서 피보나치 수열 인사법을 다시 보여 주었다.

"이렇게?" 리사는 오른손을 펼쳐 엄지와 중지를 접어 보였다.

"아, 그건…… 뭐지?" 테트라가 물었다.

"00101." 리사가 말했다.

"그게 5란 말이지?" 테트라가 물었다.

"2진법." 리사가 대답했다.

선형 변환

"선형 변환에 대해 이야기해 보자." 미르카가 말했다.

"'행렬과 벡터의 곱'을 '점의 이동'으로 보는 거야."

미르카는 벡터를 항상 '벡타'로 발음하는 버릇이 있지.

◆◆◆

행렬 $\begin{pmatrix} a & b \\ c & d \end{pmatrix}$와 벡타 $\begin{pmatrix} x \\ y \end{pmatrix}$의 곱은 이런 식이야.

$$\begin{pmatrix} a & b \\ c & d \end{pmatrix}\begin{pmatrix} x \\ y \end{pmatrix}=\begin{pmatrix} ax+by \\ cx+dy \end{pmatrix}$$

이런 식은 점 (x, y)를 점 $(ax+by, cx+dy)$로 옮기는 것으로, '행렬 $\begin{pmatrix} a & b \\ c & d \end{pmatrix}$에 따른 **선형 변환**'이라고 표현해. 행렬 $\begin{pmatrix} 2 & 1 \\ 1 & 2 \end{pmatrix}$을 예로 들어 볼게.

$$\begin{pmatrix} 2 & 1 \\ 1 & 2 \end{pmatrix}\begin{pmatrix} x \\ y \end{pmatrix}=\begin{pmatrix} 2x+y \\ x+2y \end{pmatrix}$$

따라서 행렬 $\begin{pmatrix} 2 & 1 \\ 1 & 2 \end{pmatrix}$는 점 (x, y)를 점 $(2x+y, x+2y)$로 옮기는 거야.

$$(x, y) \mapsto (2x+y, x+2y)$$

점의 이동을 '$\mapsto$'로 나타내 보면 이렇겠지.

$(0, 0) \mapsto (0, 0)$ $\quad \begin{pmatrix} 2 & 1 \\ 1 & 2 \end{pmatrix}\begin{pmatrix} 0 \\ 0 \end{pmatrix}=\begin{pmatrix} 0 \\ 0 \end{pmatrix}$이니까

$(1, 0) \mapsto (2, 1)$ $\quad \begin{pmatrix} 2 & 1 \\ 1 & 2 \end{pmatrix}\begin{pmatrix} 1 \\ 0 \end{pmatrix}=\begin{pmatrix} 2 \\ 1 \end{pmatrix}$이니까

$(0, 1) \mapsto (1, 2)$ $\quad \begin{pmatrix} 2 & 1 \\ 1 & 2 \end{pmatrix}\begin{pmatrix} 0 \\ 1 \end{pmatrix}=\begin{pmatrix} 1 \\ 2 \end{pmatrix}$이니까

$(1, 1) \mapsto (3, 3)$ $\quad \begin{pmatrix} 2 & 1 \\ 1 & 2 \end{pmatrix}\begin{pmatrix} 1 \\ 1 \end{pmatrix}=\begin{pmatrix} 3 \\ 3 \end{pmatrix}$이니까

$(-1, -1) \mapsto (-3, -3)$ $\quad \begin{pmatrix} 2 & 1 \\ 1 & 2 \end{pmatrix}\begin{pmatrix} -1 \\ -1 \end{pmatrix}=\begin{pmatrix} -3 \\ -3 \end{pmatrix}$이니까

$(2, 1) \mapsto (5, 4)$ $\quad \begin{pmatrix} 2 & 1 \\ 1 & 2 \end{pmatrix}\begin{pmatrix} 2 \\ 1 \end{pmatrix}=\begin{pmatrix} 5 \\ 4 \end{pmatrix}$이니까

$(100, 10) \mapsto (210, 120)$ $\quad \begin{pmatrix} 2 & 1 \\ 1 & 2 \end{pmatrix}\begin{pmatrix} 100 \\ 10 \end{pmatrix}=\begin{pmatrix} 210 \\ 120 \end{pmatrix}$이니까

이렇게 돼.

"여기까지 알겠어?" 미르카가 물었다.

"대략 알겠어요⋯⋯. 그런데 곱의 단위가 커지니까 조마조마해요." 테트라가 대답했다.

"평면은 점의 모임 그 자체야. 즉 행렬에 따라 점이 이동한다는 건 행렬에 따라 평면 전체를 변형시킬 수 있다는 거야. 여기부터는 리사의 도움을 받을게."

미르카가 리사의 귀에 대고 무어라 하자 리사는 고개를 끄덕이더니 노트북 자판을 두드렸다. 잠시 후 화면에 점렬이 떠올랐다.

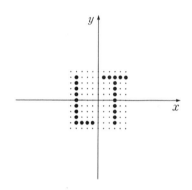

"선형 변환에 따른 평면의 변형을 알기 쉽게 점으로 찍었어." 미르카가 말했다. "단순한 점은 보기가 어려우니까, 'Linear Transfer'의 이니셜인 'LT'를 그렸어. 리사는 손이 정말 빨라."

"아, 'Linear Transfer'란 선형 변환이라는 뜻이군요."

미르카는 고개를 끄덕이며 설명했다.

"그리고 행렬 $\begin{pmatrix} 2 & 1 \\ 1 & 2 \end{pmatrix}$가 주어지면 평면은 이렇게 변형돼."

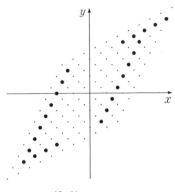

행렬 $\begin{pmatrix} 2 & 1 \\ 1 & 2 \end{pmatrix}$에 따른 선형 변환

"아, 비틀어졌네요."

"이런 변형이 나타난 이유는 사용한 행렬이 $\begin{pmatrix} 2 & 1 \\ 1 & 2 \end{pmatrix}$이기 때문이야. 다른 행렬을 사용하면 다른 형태로 변형이 되지."

"그러겠네요. 어떻게 변할지는 행렬에 달렸군요."

"그럼 **퀴즈!** 다음 행렬은 평면 전체를 어떻게 변형할까, 테트라?"

$$\begin{pmatrix} 1 & 0 \\ 0 & 1 \end{pmatrix}$$

"음…… 점 (x, y)가 어디로 움직이는지 생각하면 되는데……."

$$\begin{pmatrix} 1 & 0 \\ 0 & 1 \end{pmatrix}\begin{pmatrix} x \\ y \end{pmatrix} = \begin{pmatrix} x \\ y \end{pmatrix}$$

$$(x, y) \mapsto (x, y)$$

"어? 점이 그대로 있네요."

"그래서?" 미르카가 되받아 물었다.

"그래서…… 평면 전체는 전혀 변하지 않아요."

"그렇지. 단위행렬 $\begin{pmatrix} 1 & 0 \\ 0 & 1 \end{pmatrix}$은 평면을 그대로 두는 거야. 항등 변환이지. 그럼 **다음 퀴즈!** 다음 행렬은 평면 전체를 어떻게 변형할까?"

$$\begin{pmatrix} 0 & -1 \\ 1 & 0 \end{pmatrix}$$

"네, 이것도 곱을 생각하면 되는 거죠……."

$$\begin{pmatrix} 0 & -1 \\ 1 & 0 \end{pmatrix}\begin{pmatrix} x \\ y \end{pmatrix} = \begin{pmatrix} -y \\ x \end{pmatrix}$$

"x와 y를 교환하니까 한쪽 부호가 바뀌었네요."

$$(x, y) \mapsto (-y, x)$$

"그래서?" 미르카가 물었다.

"이건…… 평면 전체를 뒤집는 모양인가요?"

"테트라, 점을 실제로 그래프에 옮겨 봐." 미르카가 말했다.

"아…… 네."

테트라는 펜을 들어 노트에 그리려다가 고개를 번쩍 들었다.

"알았어요! 90도 왼쪽으로 회전하는 거예요!"

"회전이라고 말했으니 중심이 필요하겠지?" 미르카가 말했다.

"중심은 원점이에요."

"됐어." 리사가 말했다.

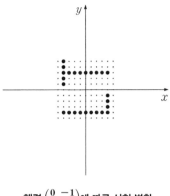

행렬 $\begin{pmatrix} 0 & -1 \\ 1 & 0 \end{pmatrix}$에 따른 선형 변환

"미르카 선배, 한 가지 알아냈어요. 선형 변환에서 원점은 절대로 움직이지 않아요. 왜냐하면 $(0,0) \mapsto (0,0)$이니까요." 테트라가 말했다.

$$\begin{pmatrix} a & b \\ c & d \end{pmatrix} \begin{pmatrix} 0 \\ 0 \end{pmatrix} = \begin{pmatrix} 0 \\ 0 \end{pmatrix}$$

"좋은 발견이야!" 미르카가 손가락을 튕기더니 말했다. "선형 변환에서 원점은 움직이지 않아. 부동점이야. 그러니까 선형 변환에서는 평면 전체를 옆으로 밀 수 없어."

"그렇죠."

"선형 변환은 두 점 $(1,0)$과 $(0,1)$을 보면 잘 보여. 두 점이 움직여서 가는 목적지를 열벡타로 나타내면 $\begin{pmatrix} a \\ c \end{pmatrix}$와 $\begin{pmatrix} b \\ d \end{pmatrix}$야. 그러니까 행렬 $\begin{pmatrix} a & b \\ c & d \end{pmatrix}$의 성분이 그대로 목적지를 나타내. 점 $(1,0)$과 점 $(0,1)$이 어디로 이동할지는 행렬을 보기만 해도 알 수 있어."

$$\begin{pmatrix} a & b \\ c & d \end{pmatrix} \begin{pmatrix} 1 \\ 0 \end{pmatrix} = \begin{pmatrix} a \\ c \end{pmatrix} \qquad \begin{pmatrix} a & \cdot \\ c & \cdot \end{pmatrix}$$

$$\begin{pmatrix} a & b \\ c & d \end{pmatrix} \begin{pmatrix} 0 \\ 1 \end{pmatrix} = \begin{pmatrix} b \\ d \end{pmatrix} \qquad \begin{pmatrix} \cdot & b \\ \cdot & d \end{pmatrix}$$

"그렇군요……."

"다른 **퀴즈**. 선형 변환에서 평면 전체는 항상 평면으로 이동할까?"

"지금까지의 예시를 보면 그랬죠. 평면이 비틀어지기도 하고 회전하기도 하지만 평면으로 이동했어요."

테트라는 잠시 생각하더니 말을 바꿨다.

"아니, 평면으로 이동하지 않을 때가 있어요."

$$\begin{pmatrix} 0 & 0 \\ 0 & 0 \end{pmatrix}$$

"이런 행렬이면 모든 점은 원점으로 모이죠."

"그래. **영행렬** $\begin{pmatrix} 0 & 0 \\ 0 & 0 \end{pmatrix}$은 임의의 점을 원점으로 옮겨." 미르카가 말했다.

나는 유리에게 설명한 연립방정식을 떠올렸다. 불능이나 부정이 되는 연립방정식도 행렬을 사용하면…….

"미르카, 행렬 $\begin{pmatrix} 2 & 4 \\ 1 & 2 \end{pmatrix}$도 평면으로 이동하지 않는 선형 변환이야." 내가 말했다.

"맞아, 행렬 $\begin{pmatrix} 2 & 4 \\ 1 & 2 \end{pmatrix}$는 평면이 직선 형태로 이동하지." 미르카가 대답했다.

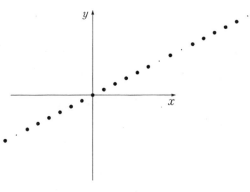

행렬 $\begin{pmatrix} 2 & 4 \\ 1 & 2 \end{pmatrix}$에 따른 선형 변환

"행렬식의 값이 중요해." 내가 말했다.

"맞아." 미르카가 말했다.

"무슨 뜻이죠?" 테트라가 물었다.

"선형 변환을 나타내는 행렬의 행렬식이 0이 아닌 경우, 그러니까 0 이외일 때 평면 전체는 평면 그대로 움직이지. 하지만 행렬식이 0일 때는 평면 전체가 '원점을 지나는 직선'이나 '원점'으로 움직여."

평면 전체 ↦ 평면 전체	행렬식은 0이 아님
평면 전체 ↦ 원점을 지나는 직선	행렬식은 0과 같음(영행렬 아님)
평면 전체 ↦ 원점	행렬식은 0과 같음(영행렬)

"행렬식은 연립방정식의 해를 구할 때 나오는 거죠?" 테트라가 물었다.

미르카가 고개를 끄덕였다.

"행렬과 벡터의 곱을 나타내는 식 $\begin{pmatrix} a & b \\ c & d \end{pmatrix}\begin{pmatrix} x \\ y \end{pmatrix} = \begin{pmatrix} s \\ t \end{pmatrix}$는 연립방정식으로도 보이고 $(x, y) \mapsto (s, t)$의 선형 변환으로도 보여. 예를 들어 '연립방정식 $\begin{pmatrix} a & b \\ c & d \end{pmatrix}\begin{pmatrix} x \\ y \end{pmatrix} = \begin{pmatrix} s \\ t \end{pmatrix}$가 유일한 해를 가지는 조건은?'이라는 질문은 '선형 변환에서 $\begin{pmatrix} s \\ t \end{pmatrix}$로 이동하는 원래 점 $\begin{pmatrix} x \\ y \end{pmatrix}$가 유일하게 결정되는 조건은?'이라는 질문과 같아. 둘 다 '행렬식≠0'이라는 답이 나오거든."

회전

"미르카, 아까 퀴즈로 예를 든 행렬 $\begin{pmatrix} 0 & -1 \\ 1 & 0 \end{pmatrix}$은 $\frac{\pi}{2}$ 라디안의 회전 행렬이지?" 내가 물었다.

$$\begin{pmatrix} \cos\dfrac{\pi}{2} & -\sin\dfrac{\pi}{2} \\ \sin\dfrac{\pi}{2} & \cos\dfrac{\pi}{2} \end{pmatrix}$$

"물론이지."

"자, 잠깐만요. 왜 갑자기 삼각함수가 나오는 거죠?" 테트라가 당황한 표정으로 물었다.

"테트라, $\cos \frac{\pi}{2}$의 값은?" 미르카가 물었다.

"아, 그게 그러니까, $\frac{\pi}{2}$는 $90°$이니까…… 0이에요."

"정답. 하지만 대답이 느리네. 테트라는 아직 라디안이나 삼각함수와 친해지지 못했구나. 그럼 $\sin \frac{\pi}{2}$의 값은?"

"그게, 그러니까…… 1이죠."

"좋아. 그럼 다음 등식을 이해할 수 있을 거야."

$$\begin{pmatrix} \cos \frac{\pi}{2} & -\sin \frac{\pi}{2} \\ \sin \frac{\pi}{2} & \cos \frac{\pi}{2} \end{pmatrix} = \begin{pmatrix} 0 & -1 \\ 1 & 0 \end{pmatrix}$$

"아…… 그러네요." 테트라는 성분을 하나하나 확인했다.

"행렬 $\begin{pmatrix} \cos \theta & -\sin \theta \\ \sin \theta & \cos \theta \end{pmatrix}$는 원점 중심으로 θ라디안의 좌회전을 나타내. 그리고 $\theta = \frac{\pi}{2}$인 경우의 행렬 $\begin{pmatrix} 0 & -1 \\ 1 & 0 \end{pmatrix}$은 원점 중심으로 $\frac{\pi}{2}$ 라디안의 좌회전…… 그러니까 $90°$의 좌회전, '좌향좌'야."

미르카는 말을 하다 말고 살짝 미소를 지었다.

"그리고 $\theta = \frac{2\pi}{3}$, 그러니까 행렬 $\begin{pmatrix} \cos \frac{2\pi}{3} & -\sin \frac{2\pi}{3} \\ \sin \frac{2\pi}{3} & \cos \frac{2\pi}{3} \end{pmatrix}$이라면……."

"ω의 왈츠다!" 내가 말했다.

"ω의 왈츠…… 그게 뭐예요?" 테트라가 물었다.

"그때가 떠오르는걸." 미르카가 말했다.

"$\frac{2\pi}{3}$ 라디안의 좌회전…… 그러니까 $120°$의 좌회전을 3번 반복하면 한 바퀴 돌아서 원래대로 돌아와."

"아! $120° \times 3 = 360°$이니까요."

"$\frac{2\pi}{3}$ 라디안의 회전 행렬을 3제곱 하면 원래대로 돌아와. 그러니까 $\begin{pmatrix} 1 & 0 \\ 0 & 1 \end{pmatrix}$과 같아."

$$\begin{pmatrix} \cos \dfrac{2\pi}{3} & -\sin \dfrac{2\pi}{3} \\ \sin \dfrac{2\pi}{3} & \cos \dfrac{2\pi}{3} \end{pmatrix} = \begin{pmatrix} 1 & 0 \\ 0 & 1 \end{pmatrix}$$

"됐다." 리사가 말했다.

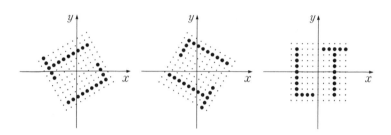

$\theta = \dfrac{2\pi}{3}, \dfrac{4\pi}{3}, 2\pi$인 **경우의 회전 결과**

"ω의 왈츠⋯⋯ 삼박자 댄스." 미르카가 말했다.

"저기, 대체 ω가 뭐⋯⋯"

테트라의 질문이 끝나기도 전에 미르카는 설명을 시작했다.

"3차방정식 $x^3 = 1$을 만족하는 복소수 중 하나야. 구체적으로는 이런 거지."

$$\omega = \frac{-1 + \sqrt{3}i}{2}$$

"$\omega^3 = 1$이 성립해."

"아, 네."

"복소평면을 생각하면 점과 복소수가 대응해."

점 (x, y) ⟵⟶ 복소수 $x + yi$

원점 중심, $\dfrac{2\pi}{3}$라디안 좌회전 ⟵⟶ ω를 곱하기

원점 중심, $\dfrac{2\pi}{3}$라디안 좌회전을 3회 반복 ⟵⟶ ω^3을 곱하기

$$\begin{pmatrix} \cos\dfrac{2\pi}{3} & -\sin\dfrac{2\pi}{3} \\ \sin\dfrac{2\pi}{3} & \cos\dfrac{2\pi}{3} \end{pmatrix}^3 = \begin{pmatrix} 1 & 0 \\ 0 & 1 \end{pmatrix} \longleftrightarrow \omega^3 = 1$$

"아, 회전……." 내가 말했다. 머릿속으로 행렬, 선형 변환, 그리고 복소수가 연결되는 그림이 그려진다.

"생각해 보니 평면 위의 점들이 원점을 중심으로 회전 운동을 하는 모습은 마치 밤하늘의 별이 북극성을 중심으로 회전하는 것과 비슷하네."

　평면 위의 점, 밤하늘은 움직인다.
　평면 위의 도형, 밤하늘의 별자리도 움직인다.
　그리고 평면 전체, 밤하늘 전체도 움직인다.

"마치 천체 투영관 같네요." 테트라가 말했다.
"회전 행렬이 평면 전체를 무한의 저 끝까지 돌리는 거야. 상당히 재미있어." 미르카는 샤프를 빙글 돌리면서 말했다.

5. 귀갓길

대화

도서실에서 나온 우리는 전철역까지 함께 걸었다.

"행렬은 수를 나열한 거예요. 그걸 연립방정식을 나타낼 때 쓰기도 하고 선형 변환을 나타낼 때 쓰기도 하죠. 대체 행렬의 '진정한 모습'은 뭘까요?"

"지금 테트라가 말한 모두가 행렬의 모습이야. 아니, 연립방정식이나 선형 변환을 행렬이라는 형태로 나타낸 거니까 따지고 보면 행렬의 형태인 셈이지만. 행렬로 표현할 수 있는 것들은 공통의 성질을 가져. 앞으로도 행렬로 표현할 수 있는 걸 많이 볼 수 있을 거야. 어떤 수학적 대상을 '행렬로 표현할 수 있다'는 걸 알아냈다면 행렬의 식을 무기로 쓸 수 있지."

"앗, 행렬도 무기군요!" 테트라가 말했다.

"무기를 갖고만 있으면 녹슬어 버리니까 무용지물이 되지 않도록 항상 갈고 닦아야 해. 기억하고 있는 것만으로는 안 된다는 말이야."

미르카는 이렇게 말을 하더니 나를 쳐다봤다.

"아, 고바야시 히데오?" 내가 대답했다.

　　기억하는 것만으로는 안 되는 것이겠지.
　　떠올려야만 하는 것이리라.

"문제를 만들고 그걸 푸는 거야. 수수께끼를 내고 그걸 푸는 거야. 대화를 통해 무기를 갈고 닦는 거야." 미르카가 시를 읊듯 말했다.

대화라……. 나는 생각에 잠겼다.

미르카의 말이 맞다. 문제와의 대화, 나 자신과의 대화, 그리고 미르카나 테트라와의 대화. 대화를 통해 내가 어느 정도 이해했는지 알아보고 내 능력을 점검한다. '예시는 이해를 돕는 시금석'이라는 우리의 슬로건도 대화다. 그것은 '이해했다는 것을 나타내는 예시를 만들 수 있는가?'라는 질문에 답하는 것이기 때문이다.

"대화……요?" 테트라가 말했다.

"책을 읽다가 그런 생각을 할 때가 있어요. 책을 쓴 사람과 대화한다는 생각이요. 대화를 쌓고 쌓아서 배우는 거겠죠, 분명히."

"고독에는 두 종류가 있어. 대화가 있는 고독과 대화가 없는 고독." 미르카가 말했다.

대화가 있는 고독? 대화가 없는 고독은 이해가 간다. 그런데 대화가 있는 고독이란 대체 뭘까? 나는 생각했다. 때때로 미르카가 눈을 감고 있을 때 그는 자신 또는 자신의 기억과 대화를 하는 것일까?

"대화가 있는 한, 고독도 쓸모없는 게 아니야." 미르카가 말했다.

"행렬을 보고 있으면…… 연립방정식, 점, 직선, 평면이 얽히고설켰다는 걸 알 수 있어요. 행렬에 대해 더 많이 생각하고 싶어졌어요. 예를 들어 행렬식 $ad-bc$에는 더 깊은 의미가 있을 것 같아요. 이제 얘기를 듣기만 하지 않고 직접 책을 읽고 공부할 거예요. 『선형로그』 책에도 그런 내용이 있었는데……."

테트라는 말을 하다 말고 내 얼굴을 빤히 바라봤다. 그러고는 얼굴을 붉히며 고개를 숙였다.

선형로그에 나타나는 여러 가지 소재……
벡터 공간, 행렬, 선형사상, 연립방정식,
더 나아가 직선이나 평면의 방정식은
모두 '선형성'의 무대 위에 있다.
_시가 코지(志賀浩二)

$$-\!\!\cdot\!\!\stackrel{\circ}{-} \times$$

선형 변환의 선형성

2×2 행렬에 따른 선형 변환의 선형성을 확인한다.

합의 선형 변환은 선형 변환의 합

2개의 벡터 $\begin{pmatrix} s \\ t \end{pmatrix}$와 $\begin{pmatrix} v \\ w \end{pmatrix}$의 합을 행렬 $\begin{pmatrix} a & b \\ c & d \end{pmatrix}$로 선형 변환한 결과는 2개의 벡터를 각각 선형 변환한 결과의 합과 같다.

$$\begin{pmatrix} a & b \\ c & d \end{pmatrix}\left(\begin{pmatrix} s \\ t \end{pmatrix}+\begin{pmatrix} v \\ w \end{pmatrix}\right)=\begin{pmatrix} a & b \\ c & d \end{pmatrix}\begin{pmatrix} s+v \\ t+w \end{pmatrix}$$

$$=\begin{pmatrix} a(s+v)+b(t+w) \\ c(s+v)+d(t+w) \end{pmatrix}$$

$$=\begin{pmatrix} (as+bt)+(av+bw) \\ (cs+dt)+(cv+dw) \end{pmatrix}$$

$$=\begin{pmatrix} a & b \\ c & d \end{pmatrix}\begin{pmatrix} s \\ t \end{pmatrix}+\begin{pmatrix} a & b \\ c & d \end{pmatrix}\begin{pmatrix} v \\ w \end{pmatrix}$$

따라서 다음 식이 성립한다.

$$\underbrace{\begin{pmatrix} a & b \\ c & d \end{pmatrix}\underbrace{\left(\begin{pmatrix} s \\ t \end{pmatrix}+\begin{pmatrix} v \\ w \end{pmatrix}\right)}_{\text{합}}}_{\text{선형 변환}}=\underbrace{\underbrace{\begin{pmatrix} a & b \\ c & d \end{pmatrix}\begin{pmatrix} s \\ t \end{pmatrix}}_{\text{선형 변환}}+\underbrace{\begin{pmatrix} a & b \\ c & d \end{pmatrix}\begin{pmatrix} v \\ w \end{pmatrix}}_{\text{선형 변환}}}_{\text{합}}$$

스칼라 배의 선형 변환은 선형 변환의 스칼라 배

벡터 $\begin{pmatrix} s \\ t \end{pmatrix}$를 K배한 벡터를 행렬 $\begin{pmatrix} a & b \\ c & d \end{pmatrix}$로 선형 변환한 결과는 벡터 $\begin{pmatrix} s \\ t \end{pmatrix}$를 선형 변환한 결과를 K배한 것과 같다.

$$
\begin{pmatrix} a & b \\ c & d \end{pmatrix}\left(\mathrm{K}\begin{pmatrix} s \\ t \end{pmatrix}\right) = \begin{pmatrix} a & b \\ c & d \end{pmatrix}\begin{pmatrix} \mathrm{K}s \\ \mathrm{K}t \end{pmatrix}
$$

$$
= \begin{pmatrix} a\mathrm{K}s+b\mathrm{K}t \\ c\mathrm{K}s+d\mathrm{K}t \end{pmatrix}
$$

$$
= \mathrm{K}\begin{pmatrix} as+bt \\ cs+dt \end{pmatrix}
$$

$$
= \mathrm{K}\begin{pmatrix} a & b \\ c & d \end{pmatrix}\begin{pmatrix} s \\ t \end{pmatrix}
$$

따라서 다음 식이 성립한다.

$$
\underbrace{\begin{pmatrix} a & b \\ c & d \end{pmatrix}\underbrace{\left(\mathrm{K}\begin{pmatrix} s \\ t \end{pmatrix}\right)}_{\text{스칼라 배}}}_{\text{선형 변환}} = \mathrm{K}\underbrace{\underbrace{\begin{pmatrix} a & b \\ c & d \end{pmatrix}\begin{pmatrix} s \\ t \end{pmatrix}}_{\text{선형 변환}}}_{\text{스칼라 배}}
$$

위의 식은 $n \times n$ 행렬에 따른 선형 변환에 대해서도 성립한다.

나 홀로 랜덤 워크

"로빈, 로빈, 로빈 크루소.
가여운 로빈 크루소!
너는 어디에 있느냐, 로빈 크루소?
너는 어디에 있느냐? 너는 어디에 있었느냐?"
_『로빈슨 크루소』

1. 집

비 내리는 토요일

비 오는 토요일 오후. 요즘은 계속 비가 내리고 있다. 기온은 높고 무덥다.

책상 앞에서 공부를 하고 있지만 집중이 안 된다. 등 뒤에서 안절부절못하고 있는 유리 때문이다.

"유리, 대체 왜 그래?"

내가 묻자 유리는 시큰둥하게 대답했다.

"아무것도 아니야."

이웃집에 사는 유리는 주말이면 내 방으로 놀러 온다. 중학교 3학년이 된 후에는 공부할 거리를 가져와서 숙제를 하거나 책을 읽는다. 오늘도 책과 노트를 챙겨 오긴 했지만 집중이 잘 안 되는 모양이다. 말을 걸어 봐도 아무것도 아니라는 대답뿐이다. 이윽고 유리는 한숨을 내쉬며 중얼거렸다.

"비 오는 날은 정말 최악이야."

티타임

"유리, 숙제는 잘 돼 가니?"

방문이 열리더니 물양갱 간식을 들고 엄마가 들어왔다.

"네, 오빠한테 잘 배우고 있어요." 유리는 밝은 목소리로 대답했다.

'나한테 배우고 있었다고?' 나는 튀어나오려던 말을 꿀꺽 삼켰다.

"물양갱이 맛있네요."

"전통 간식은 사시사철의 맛을 즐기는 매력이 있지."

"참, 현관에 놓인 수국이 참 예뻐요."

"그래? 고맙다."

유리, 오늘 꽤 싹싹한걸.

피아노 문제

간식을 먹고 생기를 얻었는지 유리는 책장에서 수학 퀴즈 책을 꺼내 뒤적거렸다.

"오빠, 이 퀴즈 알아?"

문제 8-1 피아노 문제

피아노 흰 건반의 음으로 멜로디를 만들되, 아래의 조건에 맞추어야 한다.

- '도'를 시작음으로 하고 '파'를 마침음으로 한다.
- 멜로디는 이웃한 12개의 음으로 구성한다.
- 시작음보다 낮은 음은 사용하지 않는다.

예를 들어 '도 → 레 → 도 → 레 → 미 → 레 → 도 → 레 → 미 → 파 → 솔 → 파'는 성공이다. 그러나 '도 → 레 → 미 → 도 → 레 → 미 → 미 → …'와 같은 멜로디는 실패다. '미 → 도'나 '미 → 미'는 이웃한 음이 아니기 때문이다.

조건을 만족하는 멜로디는 몇 가지가 있을까?

⋮

마침음 •

시작음 •

이하 음은
사용하지
않음
↓

12음

솔
파 파
미 미
레 레 레 레
도 도 도

"재미있을 것 같네." 내가 말했다.

"그치? 순열이나 조합의 수를 쓰는 건가?" 유리가 물었다.

"아마도. 그런데 문제를 제대로 이해했는지를 확인해야 해. 그러지 않으면 문제를 풀 수 없으니까."

"그건 당연하지. 문제를 이해하지 못한다는 건 답도 모르는 거니까."

"그래. 하지만 그 당연한 걸 하지 않는 사람도 많다고."

"이 피아노 문제는 어떻게 확인해야 해?"

"확인하는 방법은 늘 똑같아. '예시는 이해를 돕는 시금석'이니까."

나는 그래프 용지를 한 장 꺼냈다.

"이 피아노 문제에서는 주어진 조건을 만족하는 멜로디의 수를 구해야 해. 그러니까 멜로디를 구체적으로 만들면 돼. 구체적으로 만들어 보면 멜로디의 조건도 이해할 수 있고, 문제 풀이의 힌트도 얻을 수 있으니까. 같이 만들어 보자."

"응!"

유리는 안경을 쓰고 그래프 용지를 들여다봤다.

멜로디의 예시

"이 문제에는 이런 멜로디의 예시가 적혀 있었지?"

도 → 레 → 도 → 레 → 미 → 레 → 도 → 레 → 미 → 파 → 솔 → 파

"이걸 그래프로 그려 보자."

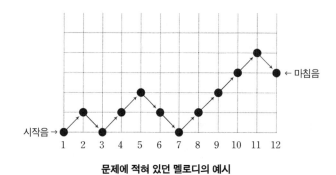

문제에 적혀 있던 멜로디의 예시

"지그재그네." 유리가 말했다.

"또 다른 방법은?"

"도'부터 순서대로 최대한 높은 음 '시'까지 올라갔다가 시 → 라 → 솔 → 파로 내려오면 돼."

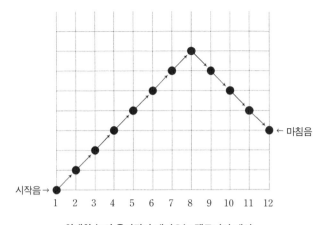

최대한 높이 올라갔다 내려오는 멜로디의 예시

　"좋아. '도'에서 시작해서 '파'에서 끝났어. 음은 12개 있고. 조건에 맞아. 그리고?" 내가 물었다.

　"반대로 최대한 내려왔다가…… 아, 안 되겠다. '도'보다 낮은 음은 쓰면 안 되니까. 그렇다면…… 이렇게 되겠네. '도 → 레 → 도 → 레 → 도 → 레 → ……' 이런 식으로 저공비행을 하다가 갑자기 올라가는 거지." 유리가 말했다.

저공비행을 하는 멜로디의 예시

　"좋은 아이디어야."

　"오빠, 지금 그래프를 그리면서 알았는데, 조건에 맞는 멜로디는 반드시 7번 올라가고 4번 내려와. 올라가는 화살표와 내려가는 화살표의 색을 다르게 표시하면 잘 보여!"

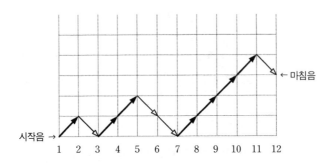

"엄청난 사실을 발견했구나."

"아, 알았다! 오빠, 간단해!"

유리가 말총머리를 찰랑거리며 외쳤다.

"올라가는 화살표 7개랑 내려가는 화살표 4개를 나열하는 조합의 수가 멜로디의 수야!"

"상당히 대담한 추리인데? 그런데 과연 그럴까?"

"아닌가? ……아, 틀렸다. 시작음인 '도'보다 낮은 음은 쓰면 안 되는 조건인데, 화살표를 나열하기만 하면 '도' 아래 음까지 포함되니까."

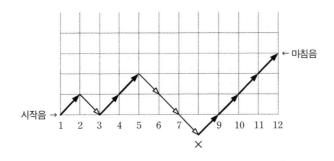

"맞아. '도' 아래로 뚫고 내려가는 음까지 세면 안 되지."

"오빠는 왜 이렇게 여유 있지? 답을 알고 있는 거야?"

"구체적인 답은 모르지만 해법은 2개 알아냈어."

"뭐? 해법이 2개나 있다고?"

해법 1: 끈기 게임

"먼저 피아노 문제를 테트라 방식으로 풀어 보자."

"테트라 언니?"

"끈기 있게 노트에 적어 가면서 푸는 방식인데, 테트라가 주로 이렇게 해. 왼쪽의 시작음부터 순서대로 '마침음에 이르기까지의 경우의 수'를 적어 보자."

나는 그래프 용지에 수를 채워 넣었다.

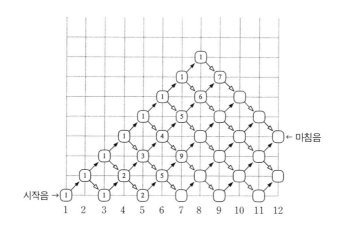

"이건 뭐야?" 유리가 의아한 듯 물었다.

"덧셈이야."

"알았다! 위에서 내려오는 거랑 아래에서 올라오는 걸 더하는 거구나! 잠깐, 이제 내가 해 볼게!"

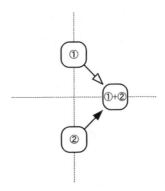

유리는 내 손에서 샤프를 채 가더니 재빠르게 수를 써 넣었다.

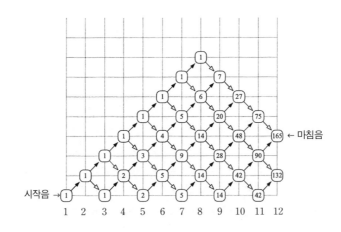

"좋아, 그러면 답은?" 내가 물었다.

"12번째 음에서 마침음이 되는 건…… 이거다! 165야! 그러니까 165가지의 멜로디가 있는 거야." 유리가 말했다.

풀이 8-1 피아노 문제

165가지의 멜로디를 만들 수 있다.

해법 2: 아이디어 게임

"피아노 문제를 푸는 또 다른 방법은……." 내가 말했다.

"이번에는 미르카의 방식인가?" 유리가 말했다.

"뭐, 그렇지…… 먼저 밑으로 최대한 내려가."

"그러면 시작음인 '도'보다 낮아지잖아."

"맞아. 하지만 얘기를 끝까지 들어 봐. 시작음을 P로 하고 마침음을 Q로 하자. P에서 Q로 가는 길에서 시작음보다 낮아지는 길은 R1, R2, R3, R4 중 한 점을 반드시 지나가."

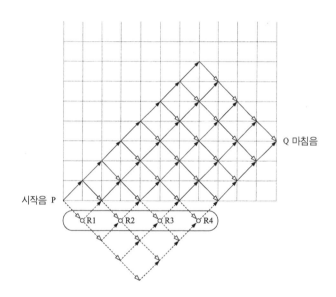

"그렇지. 그다음에는?" 유리는 그림을 뚫어져라 보면서 물었다.

"다음에는 R1, R2, R3, R4를 지나는 수평 거울을 놓는다고 치자. 그리고 마침음 Q를 거울에 비췄을 때 보이는 모습을 Q′으로 생각하자."

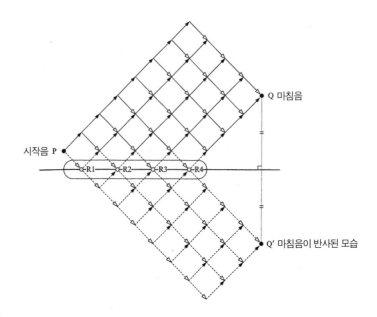

"잠깐, 이렇게 해서 뭘 알아내는 거야?"

"그게 뭘까? 생각해 봐."

유리의 밤색 머리가 금색으로 반짝 빛났다. 생각 모드에 들어간 유리. 나는 유리가 생각하는 동안 가만히 기다렸다. 중학교 3학년이 되더니 키도 크고 표정도 어른스러워진 것 같다.

"모르겠어. 뭘 알 수 있는지 말해 줘."

"지금 시작음 P에서 마침음 Q까지 가는 경우의 수를 구하고 있잖아."

"하지만 시작음 밑으로 내려가는 것까지 포함되어 있어서 너무 많다니까."

"그렇지. 그 부분이 얼마나 되는지를 구한 다음 빼는 거야."

"그게 어떻게 되지?"

"그림을 잘 봐. 시작음 밑으로 내려가면 P에서 Q로 가는 길에 R1, R2, R3, R4라는 네 점 중에 적어도 한 점을 지나야 해."

"그건 아까 말했잖아."

"그래서 거울이 필요한 거야. R1, R2, R3, R4를 지나 P에서 Q로 가는 길은 P에서 Q'으로 가는 길의 수와 같잖아!"

"응? 왜?"

"거울을 지나 P에서 Q로 가는 길을 잘 봐. 처음에 R1, R2, R3, R4 중에서 한 점과 만난 다음 위아래 방향을 뒤집는 거야. 그러니까 '오른쪽 위'로 가는 한 걸음을 '오른쪽 아래'로 가는 한 걸음으로 바꾸고, 반대로 '오른쪽 아래'로 가는 한 걸음을 '오른쪽 위'로 가는 한 걸음으로 바꿔. 마치 거울에 비추는 것처럼. 그러면 '시작음보다 내려가 P에서 Q로 가는 길'은 'P에서 Q′으로 가는 길'과 1대 1 대응을 하는 거지."

"오!"

"그러니까 'P에서 Q′으로 가는 길'의 수가 바로 넘치는 부분이야. 그걸 빼면 구하는 답을 얻을 수 있어."

나는 길의 수를 구하는 개략도를 그렸다.

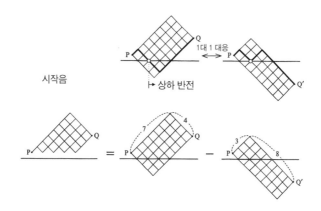

"그렇구나! 대단한 발상인데?"

"이 방법을 미르카한테 배웠어."

"아, 미르카 언니……."

"P에서 Q로 가는 길의 총 개수는 위쪽 화살표 7개와 아래쪽 화살표 4개를 나열하는 방법이야. 총 11개의 화살표 중에서 '어떤 걸 위쪽 화살표 7개로 할 것인가'의 조합이지. 학교에서는 $_{11}\mathrm{C}_7$이라고 썼는데, 지금은 $\binom{11}{7}$이라고 쓸게."

P에서 Q로 가는 길의 총 개수

= (7+4개의 화살표 가운데 7개를 위쪽 화살표로 하는 조합의 수)

$= _{7+4}C_7$

$= \begin{pmatrix} 7+4 \\ 7 \end{pmatrix}$

$= \begin{pmatrix} 11 \\ 7 \end{pmatrix}$

$= \begin{pmatrix} 11 \\ 4 \end{pmatrix}$ 11개 중에서 7개를 선택하는 것은 11개 중에서 4개를 선택하는 것과 같다

$= \dfrac{11 \cdot 10 \cdot \overset{3}{\cancel{9}} \cdot 8}{\cancel{4} \cdot \cancel{3} \cdot \cancel{2} \cdot 1}$

$= 11 \cdot 10 \cdot 3$

$= 330$

"따라서 P에서 Q로 가는 길의 총 개수는 330가지가 있어."

"그렇구나. 꽤 많은걸."

"다음으로 P에서 Q′으로 가는 길의 총 개수야. 이번에는 위쪽 화살표 3개와 아래쪽 화살표 8개를 나열하는 방법이니까……."

P에서 Q′으로 가는 길의 총 개수

= (3+8개의 화살표 가운데 3개를 위쪽 화살표로 하는 조합의 수)

$= \begin{pmatrix} 3+8 \\ 3 \end{pmatrix}$

$= \begin{pmatrix} 11 \\ 3 \end{pmatrix}$

$= \dfrac{11 \cdot \overset{5}{\cancel{10}} \cdot \overset{3}{\cancel{9}}}{\cancel{3} \cdot 2 \cdot 1}$

$= 11 \cdot 5 \cdot 3$

$= 165$

"따라서 P에서 Q′으로 가는 길의 총 개수는 165가지야."

"이제 빼기만 하면 돼?"

"그렇지."

P에서 Q로 가는 길 가운데 시작음보다 낮아지지 않는 길의 수

= (P에서 Q로 가는 길의 총 개수) − (P에서 Q′으로 가는 길의 총 개수)

$$= \binom{7+4}{4} - \binom{3+8}{3}$$

$$= 330 - 165$$

$$= 165$$

"따라서 피아노 문제의 정답은 165가지야. 테트라 방식으로 구한 값과 같지?" 내가 말했다.

"진짜다! 딱 맞네! 속이 시원하다!"

일반화

"유리야. 지금 구한 멜로디의 수를 일반화할 수도 있어."

"일반화라니?"

"쉽게 말해 멜로디의 음이 몇 개가 주어지더라도 계산할 수 있다는 말이야. 테트라 방식으로 끈기 있게 계산하기는 힘들겠지만 계산식을 만들어 내면 가능하지."

"미르카 언니 방식으로 생각하면 된다는 거지?"

"맞아. 아까는 7음 올라갔다 4음 내려오는 멜로디를 생각했지만, 이번에는 u음 올라갔다 d음 내려오는 멜로디로 생각해 보자. 이렇게 구체적인 수가 아니라 변수를 사용해서 일반적으로 생각하는 걸 '변수의 도입에 따른 일반화'라고 하지."

"아까랑 똑같이 생각한다면……."

시작음에서 마침음으로 가는 길 중에서 시작음보다 낮아지지 않는 길의 수

= (시작음에서 마침음으로 가는 길의 총 개수)

  − (시작음에서 마침음의 반사된 모습으로 가는 길의 총 개수)

$$= \binom{u+d}{d} - \binom{(d-1)+(u+1)}{d-1}$$

$$= \binom{u+d}{d} - \binom{u+d}{d-1}$$

$$= \frac{(u+d)!}{d!(u+d-d)!} - \frac{(u+d)!}{(d-1)!(u+d-(d-1))!}$$

$$= \frac{(u+d)!}{u!d!} - \frac{(u+d)!}{(u+1)!(d-1)!}$$

"오빠, 상당히 까다로운 식이 됐네. 이런 걸 어떻게 계산해?"

$$\frac{(u+d)!}{u!d!} - \frac{(u+d)!}{(u+1)!(d-1)!} = ?$$

"분수의 뺄셈이니까 분모를 맞춰서 '통분'하면 돼."

"통분이라⋯⋯ 하지만 복잡해 보여."

"예를 들어 $d!$ 와 $(d-1)!$ 에는 이런 관계가 있잖아."

$$d! = d \cdot (d-1) \cdot (d-2) \cdots\cdots 2 \cdot 1 = d \cdot (d-1)!$$

"그렇다면⋯⋯ 아, d 와 $(d-1)!$ 을 곱하면 $d!$ 이 돼!"

"마찬가지로 $u+1$ 과 $u!$ 을 곱하면 $(u+1)!$ 과 같고. 그러면 통분도 할 수 있잖아."

"문자식의 통분이구나."

$$\frac{(u+d)!}{u!d!} - \frac{(u+d)!}{(u+1)!(d-1)!}$$

$$= \frac{u+1}{u+1} \cdot \frac{(u+d)!}{u!d!} - \frac{d}{d} \cdot \frac{(u+d)!}{(u+1)!(d-1)!}$$

$$= \frac{(u+1)(u+d)!}{(u+1)u!d!} - \frac{d(u+d)!}{(u+1)!d(d-1)!}$$

$$= \frac{(u+1)(u+d)!}{(u+1)!d!} - \frac{d(u+d)!}{(u+1)!d!}$$

$$= \frac{(u+1) \cdot (u+d)! - d \cdot (u+d)!}{(u+1)!d!}$$

"이 다음에는 어떻게 해야 될까?" 내가 물었다.

"분자를 계산해야 되지? 알았다! $(u+d)!$으로 묶는 거야!"

$$\frac{(u+1) \cdot (u+d)! - d \cdot (u+d)!}{(u+1)!d!} = \frac{((u+1)-d)(u+d)!}{(u+1)!d!}$$

$$= \frac{(u-d+1)(u+d)!}{(u+1)!d!}$$

"음…… 유리야."

"왜? 일반화된 거 아니야?"

"위 식을 더 깔끔하게 만들 수 있을 거 같아."

"오! 수식 마니아의 직감인가?"

"농담하지 마. 지금 진지하다고……."

나는 식을 응시했다.

'복잡해 보이는 식이 나와도 겁먹지 마.'

얼마 전 내가 테트라에게 해 준 말을 떠올렸다.

"찾았냐옹?" 유리가 말했다.

"응, 분자와 분모에 계승이 있으니까 분자와 분모에 $u+d+1$을 곱하면 조합의 수로 나타낼 수 있지 않을까?"

$$\frac{(u-d+1)(u+d)!}{(u+1)!\,d!} = \frac{u+d+1}{u+d+1}\cdot\frac{(u-d+1)(u+d)!}{(u+1)!\,d!}$$

$$= \frac{(u-d+1)(u+d+1)(u+d)!}{(u+d+1)(u+1)!\,d!}$$

$$= \frac{(u-d+1)(u+d+1)!}{(u+d+1)(u+1)!\,d!}$$

$$= \frac{u-d+1}{u+d+1}\cdot\frac{(u+d+1)!}{(u+1)!\,d!}$$

$$= \frac{u-d+1}{u+d+1}\cdot\frac{(u+d+1)!}{(u+1)!\,(u+d+1-(u+1))!}$$

$$= \frac{u-d+1}{u+d+1}\cdot\binom{u+d+1}{u+1}$$

"와우! 그런데 아까보다 깔끔하게 된 거 맞아?" 유리가 말했다.

나는 다시 식을 살펴봤다.

$$\frac{u-d+1}{u+d+1}\cdot\binom{u+d+1}{u+1}$$

복잡한 식이 나오면 '공통 패턴'을 찾아야 한다. 공통 패턴은…… 이거다.

$$\begin{cases} a=u+1 \\ b=d \end{cases}$$

"여기서 이렇게 치환해 보자."

"치환하면 어떻게 되는데?"

$$\frac{u-d+1}{u+d+1}\cdot\binom{u+d+1}{u+1} = \frac{(u+1)-d}{(u+1)+d}\cdot\binom{(u+1)+d}{u+1}$$

$$= \frac{a-b}{a+b}\cdot\binom{a+b}{a}$$

"이 정도면 깔끔해졌지?"

$$\frac{a-b}{a+b}\cdot\begin{pmatrix} a+b \\ a \end{pmatrix}$$

"오! 깔끔하다! 오빠, 대단해!" 유리가 박수를 쳤다

"이제 유리도 수식을 즐길 수 있을 것 같은데?"

나는 그렇게 말하며 풀이 과정을 노트에 정리했다.

피아노 문제의 일반해

시작음보다 낮은 음을 쓰지 않고 이웃한 음을 $a+b$개 이어 가면서 시작음보다 $a-b-1$음만큼 높은 음으로 끝내는 멜로디의 수는 아래 식으로 나타낸다.

$$\frac{a-b}{a+b}\cdot\begin{pmatrix} a+b \\ a \end{pmatrix}$$

"$a-b-1$음만큼 높다?" 유리가 물었다.

"마침음은 시작음보다 $u-d$음만큼 높아져. 따라서 $u-d=(a-1)-b$ $=a-b-1$음만큼 높아지지. 음의 수는 $u+d+1$개니까 $u+d+1=(a-1)+b+1=a+b$개가 돼."

"그렇구나……."

"일반해를 구했으면 검산을 해 보자. 아까 풀었던 피아노 문제에 대입해 보면 $a-b-1=3, a+b=12$니까, $a=8, b=4$가 돼. 그러니까……."

$$\frac{a-b}{a+b}\cdot\begin{pmatrix} a+b \\ a \end{pmatrix}=\frac{8-4}{8+4}\cdot\begin{pmatrix} 8+4 \\ 8 \end{pmatrix}$$

$$=\frac{4}{12}\cdot\begin{pmatrix} 12 \\ 8 \end{pmatrix}$$

$$=\frac{4}{12}\cdot\begin{pmatrix} 12 \\ 4 \end{pmatrix}$$

$$= \frac{\overset{4}{\cancel{4}}}{\cancel{12}} \cdot \frac{\cancel{12} \cdot 11 \cdot \overset{5}{\cancel{10}} \cdot \overset{3}{\cancel{9}}}{4 \cdot 3 \cdot 2 \cdot 1}$$

$$= 11 \cdot 5 \cdot 3$$

$$= 165$$

"오예! 정확히 165가 나왔어!" 유리가 감탄하듯 말했다.

흔들리는 마음

"꽤 재미있지?" 나는 책상을 정리하면서 말했다.

"응, 재미있었어."

"기분이 좀 좋아졌어?"

"아, 잊고 있었는데…… 다시 생각났잖아! 너무해……."

유리는 한숨을 쉬더니 천천히 안경을 벗었다.

"오빠, 역시 그 편지는 실패했나 봐."

편지? 실패?

아……. 전학 간 남자애 얘기구나. 유리는 테트라의 조언을 받아 '그 녀석' 인가 하는 친구에게 편지를 썼던 모양이다.

"역시 보내지 말 걸 그랬나 봐."

유리는 손에 든 안경을 빙글빙글 돌리며 말했다.

"답장이 없다는 거지?"

"그게, 뭐…… 그렇긴 한데……." 유리는 일어나더니 책장 쪽으로 향했다. "그렇게 신경 쓰는 건 아니야."

많이 신경이 쓰인다는 말이군.

유리는 그 친구의 답장을 기다리고 있다. 답장이 오늘 올지, 내일 올지 알 수 없는 일이다. 아예 답장이 오지 않을지도 모른다.

나는 최대한 부드러운 말투로 말했다.

"이사한 지 얼마 안 돼서 바쁘겠지."

"그런가? 그렇겠지." 유리는 나를 돌아보며 생긋 웃었다.

"오빠, 고마워!"

2. 아침 등굣길

랜덤 워크

"선배, 안녕하세요!" 뒤에서 들려오는 씩씩한 목소리의 주인공은 역시 테트라다.

"테트라도 안녕?"

학교 가는 길. 오늘도 아침부터 비가 내리고 있다. 테트라는 밝은 오렌지색 우산을 쓰고 있었다.

"비가 와서 우중충한 날에도 테트라는 생기가 넘치는구나."

"넵! 이라고 말하고 싶지만, 사실 그렇지 못해요."

"기운이 없다고?"

"네, 하지만 오늘은 미르카 선배에게 거절할 생각이라 괜찮아요."

"무슨 말이야?"

"그보다 요즘 선배는 어떤 수학 문제를 생각하고 있어요?"

나는 주말에 유리랑 같이 풀어 본 피아노 문제에 대해 설명했다.

"그렇군요. 지그재그 길……. 그거 랜덤 워크(random walk) 같네요."

테트라는 물웅덩이를 피하면서 말했다.

"랜덤 워크? 아, 비슷하긴 하네."

랜덤 워크. 난보(亂步) 또는 취보(醉步)라고도 한다. 술에 취해 비틀비틀 걷는 것처럼 어떠한 점이 무작위로 이동하는 수리 모델을 말하는 용어다.

"얼마 전 물리 시간에 배웠어요. 랜덤 워크 현상, 그러니까 브라운 운동이죠. 수분을 머금은 식물의 꽃밥이 부풀어서 파열할 때 그 안에서 나온 자잘한 꽃가루들이 불규칙적으로 움직이는 동영상도 봤어요. 피아노 건반의 음이 오르내리는 것도 랜덤 워크랑 비슷한 거 같아요."

테트라의 연상이 신선하다.

"그러네. 동전 던지기를 해서 앞면이 나오면 1음 높게, 뒷면이 나오면 1음 낮게 피아노를 친다면…… 확실히 그건 1차원 랜덤 워크네."

"1차원이라고요?"

"평면 위는 앞뒤 좌우라는 두 방향으로 움직일 수 있으니까 2차원. 하지만 음의 높낮이만 존재하는 피아노 건반은 한 방향밖에 없으니까 1차원."

"아하." 테트라는 고개를 끄덕였다.

3. 낮에 교실에서

행렬 연습

오전 수업이 끝나고 점심시간이 되자 테트라가 도시락을 들고 우리 교실로 왔다. 테트라는 2학년이라서 3학년 교실에 들어오기가 부담스러울 텐데 머뭇거림이 없다.

"미르카 선배는요?"

"오늘은 쉬겠대."

"그렇군요……."

"미르카는 없지만 여기서 먹을까? 비가 와서 옥상은 불편할 거야." 테트라는 생글거리며 내 옆자리에 앉았다.

"그동안 행렬 공부를 했어요." 테트라는 도시락을 열면서 말했다. "선배, 감사합니다. 이제 행렬의 행과 열을 헷갈릴 일은 없어요. 식 패턴을 파악하는 실력도 늘었고요. '곱의 합'을 푸는 것도 재미있더라고요."

"그럼 **퀴즈**. 이건 계산할 수 있을까?" 나는 식을 노트에 적었다.

$$\begin{pmatrix} a & b \\ c & d \end{pmatrix}^2$$

"이건 식은 죽 먹기죠."

테트라는 바로 계산했다.

$$\begin{pmatrix} a & b \\ c & d \end{pmatrix}^2 = \begin{pmatrix} a & b \\ c & d \end{pmatrix}\begin{pmatrix} a & b \\ c & d \end{pmatrix}$$

$$= \begin{pmatrix} aa+bc & ab+bd \\ ca+dc & cb+dd \end{pmatrix}$$

$$= \begin{pmatrix} a^2+bc & (a+d)b \\ (a+d)c & cb+d^2 \end{pmatrix}$$

"맞아, 정답이야. 그런데 $a+d$를 포함한 식이 나왔네."

"네, 맞아요. $(a+d)b$와 $(a+d)c$죠."

"그럼 다음 **퀴즈**. 이건 어때?"

$$(a+d)\begin{pmatrix} a & b \\ c & d \end{pmatrix}$$

"안 속아요." 테트라가 말했다. "이건 수와 행렬의 곱셈이죠. 성분을 전부 $a+d$배 하면 돼요."

$$(a+d)\begin{pmatrix} a & b \\ c & d \end{pmatrix} = \begin{pmatrix} (a+d)a & (a+d)b \\ (a+d)c & (a+d)d \end{pmatrix}$$

"잘하는데? 함정 문제를 낼 의도는 없었어. 그럼 지금 구한 두 식을 자세히 살펴보자."

$$\begin{cases} \begin{pmatrix} a & b \\ c & d \end{pmatrix}^2 = \begin{pmatrix} a^2+bc & (a+d)b \\ (a+d)c & cb+d^2 \end{pmatrix} \\ (a+d)\begin{pmatrix} a & b \\ c & d \end{pmatrix} = \begin{pmatrix} (a+d)a & (a+d)b \\ (a+d)c & (a+d)d \end{pmatrix} \end{cases}$$

'자세히 살펴보자'고 했더니 노트에서 시선을 떼지 않는 테트라. 참 진실한 친구다.

"$(a+d)b$와 $(a+d)c$라는 성분은 공통이지만……."

"그걸 알았으면 된 거야. 다음 계산을 할 수 있겠어?"

$$\begin{pmatrix} a & b \\ c & d \end{pmatrix}^2 - (a+d)\begin{pmatrix} a & b \\ c & d \end{pmatrix}$$

"앗, 뺄셈을 하면 성분이 2개 지워지네요! 놀랄 정도는 아니지만."

$$\begin{pmatrix} a & b \\ c & d \end{pmatrix}^2 - (a+d)\begin{pmatrix} a & b \\ c & d \end{pmatrix}$$

$$= \begin{pmatrix} a^2+bc & (a+d)b \\ (a+d)c & cb+d^2 \end{pmatrix} - \begin{pmatrix} (a+d)a & (a+d)b \\ (a+d)c & (a+d)d \end{pmatrix}$$

$$= \begin{pmatrix} a^2+bc-(a+d)a & (a+d)b-(a+d)b \\ (a+d)c-(a+d)c & cb+d^2-(a+d)d \end{pmatrix}$$

$$= \begin{pmatrix} a^2+bc-a^2-da & 0 \\ 0 & cb+d^2-ad-d^2 \end{pmatrix}$$

$$= \begin{pmatrix} bc-da & 0 \\ 0 & cb-ad \end{pmatrix}$$

"응, 성분이 2개 지워졌어. 그리고?" 내가 물었다.

"$bc-da$와 $cb-ad$는 지워지지 않아요. 지워지지는 않지만……."

나는 테트라가 스스로 깨달을 때까지 기다렸다.

"지워지지 않지만……." 테트라는 고개를 갸웃하더니 나를 봤다.

"모르겠어? $bc-da$와 $cb-ad$를 잘 봐."

"아…… 같아요! $bc-da=cb-ad$니까요."

"그리고……." 나는 또 기다려 주었다.

테트라는 눈을 깜박이며 다시 나를 봤다.

"$bc-da$는 $-(ad-bc)$와 같잖아."

"$-(ad-bc)$는…… 앗, $ad-bc$는 행렬식!"

"맞아. 그러니까 $\begin{pmatrix} a & b \\ c & d \end{pmatrix}$의 행렬식을 $\begin{vmatrix} a & b \\ c & d \end{vmatrix}$라고 하면 다음 식이 성립해."

$$\begin{pmatrix} a & b \\ c & d \end{pmatrix}^2 - (a+d)\begin{pmatrix} a & b \\ c & d \end{pmatrix} = -\begin{vmatrix} a & b \\ c & d \end{vmatrix}\begin{pmatrix} 1 & 0 \\ 0 & 1 \end{pmatrix}$$

"아하……."

"전부 다 좌변으로 옮겨도 되지."

$$\begin{pmatrix} a & b \\ c & d \end{pmatrix}^2 - (a+d)\begin{pmatrix} a & b \\ c & d \end{pmatrix} + \begin{vmatrix} a & b \\ c & d \end{vmatrix}\begin{pmatrix} 1 & 0 \\ 0 & 1 \end{pmatrix} = \begin{pmatrix} 0 & 0 \\ 0 & 0 \end{pmatrix}$$

"깔끔한 식이 됐네요."

"$\begin{pmatrix} a & b \\ c & d \end{pmatrix}$를 A, $\begin{pmatrix} 1 & 0 \\ 0 & 1 \end{pmatrix}$을 E, $\begin{pmatrix} 0 & 0 \\ 0 & 0 \end{pmatrix}$을 O로 나타내면……."

$$A^2 - (a+d)A + (ad-bc)E = O$$

"항상 이 식이 성립해. **케일리 해밀턴의 정리**라고 하지. 모의고사 기출 문제를 보면 이 정리에 근거를 둔 문제가 자주 출제된 걸 알 수 있어."

"그렇군요. 그런데 $ad-bc$에는 행렬식이라는 이름이 있는데, $a+d$에는 이름이 없어요?"

"아, $a+d$의 이름…… 난 모르겠어."

미르카의 부재가 느껴졌다. 그 천재 소녀가 있었다면 $a+d$의 이름을 곧바로 알려줬을 텐데.

흔들리는 마음

우리는 행렬 문제를 푸느라 미뤄 둔 점심을 마저 먹었다. 나는 빵, 테트라는 도시락.

"참, 아침에 '거절하겠다'는 건 무슨 얘기야?"

"그게…… 저기." 테트라는 잠시 고민하다가 말을 꺼냈다. "사실은 미르카 선배에게 부탁을 받았어요. 학회 발표를 대신 맡아 달라고."

"학회라니?"

"올 여름에 나라비쿠라 도서관에서 소규모로 컴퓨터 과학 국제회의가 열린대요."

"그 회의에서 테트라가 논문을 발표한다는 거야?"

"아니요, 아니요! 말도 안 되죠. 그 학회에 중학생을 위한 프로그램이 마련되었는데, 거기서 발표를 해 달래요."

"아하, 무슨 발표인데?"

"미르카 선배는 이산수학 이야기를 발표할 생각이었나 봐요. 그런데 그날 다른 사정이 생겨서 저한테 부탁한 거예요. 전 발표 못 하겠다고 거절했는데……."

"미르카는 발표를 맡기고 싶은 거구나?" 내가 말했다.

"맞아요. 중학생을 위한 강의는 대학 교수님이 하신대요. 저는 선배 입장에서 중학생들에게 친근하게 이야기를 들려주는 거래요. 수학이나 정보 관련한 주제라면 무엇이든 괜찮대요."

"좋은 기회 아닐까? 흔치 않은 기회인데 발표에 도전해 보는 게 어때?"

"선배까지 그러지 마세요. 그런 자리에서 발표라니…… 생각만 해도 아찔해요. 스무 명 가까이 되는 사람들이 모인 자리에서 발표하는 거잖아요."

"몇 명이 있느냐는 신경 쓸 거 없어. 아, 최근에 공부하고 있는 알고리즘 얘기를 하면 어때? 워크 스루, 점근적 해석, 검색이나 정렬 같은 거."

"사실 미르카 선배도 똑같은 제안을 했어요!"

"그렇구나. 무라키 선생님께는 물어봤어?"

"무라키 선생님 제안도 마찬가지였어요."

"한번 해 봐. 전에 '메시지를 전하는 사람'이 되고 싶다고 했잖아."

"네?"

"사람들 앞에서 발표하는 것도 그런 기회가 아닐까?"

"아, 그러……네요. 그런 생각까지는 못 해 봤어요."

그때 오후 수업종이 울렸다.

"앗, 수업 시작이다."

"조언 감사합니다. 조금 더 생각해 볼게요."

테트라는 꾸벅 인사하고 교실을 나갔다.

4. 방과 후 도서실

떠돌이 문제

"선배!"

오후 수업이 끝나고 평소처럼 도서실로 갔더니 테트라가 나를 향해 손을 흔들었다.

"오늘은 계속 우리 둘만 공부하게 되네." 내가 웃으며 말했다.

"진짜 그러네요!" 테트라는 양손으로 볼을 감싸며 싱긋 웃었다.

"아, 선배. 그러고 보니 행렬 $\begin{pmatrix} a & b \\ c & d \end{pmatrix}$에 대한 $a+d$의 이름을 알았어요. **트레이스**(trace, 행렬에서 대각선 성분들의 합)라고 한대요. 무슨 뜻인지는 모르겠지만."

"찾아본 거야?"

"네! 항상 가르쳐 주기만을 바라는 테트라가 아니랍니닷!"

$$A^2 - \underbrace{(a+d)}_{\text{트레이스}} A + \underbrace{(ad-bc)}_{\text{행렬식}} E = O$$

"기특하네. 그건 무라키 선생님이 주신 카드야?"

나는 테트라 앞에 놓여 있던 카드를 가리켰다.

"네. 제가 행렬에 익숙해졌다고 했더니 바로 문제를 딱!"

떠돌이 문제

앨리스는 매년 A와 B라는 두 나라 사이를 떠돌고 있다.

0년째에 앨리스는 휘어지지 않은 동전을 한 번 던져서 앞면이 나오면 A나라, 뒷면이 나오면 B나라에서 한 해를 보내기로 한다.

그 후 앨리스는 매년 자신이 머물고 있는 나라에서 동전을 한 번 던져서 앞면이 나오면 같은 나라에 남고, 뒷면이 나오면 다른 나라로 가서 한 해를 보낸다.

- 0년째에 휘어지지 않은 동전을 던졌을 때 앞과 뒤가 나올 확률은 각각 $\frac{1}{2}$이다.
- A나라의 동전은 확률 $1-p$로 앞면이 나오고, 확률 p로 뒷면이 나온다.
- B나라의 동전은 확률 $1-q$로 앞면이 나오고, 확률 q로 뒷면이 나온다.
- $0 < p < 1$ 및 $0 < q < 1$이다.

앨리스가 n년째에 A나라에서 보내게 될 확률을 구하라.

"어디까지 생각했어?" 내가 물었다.

"아직 확실하진 않지만, 등비수열의 일반항을 쓰는 문제가 아닐까 싶어요. 초항이 c이고 공비가 r인 등비수열은 $c, cr, cr^2, cr^3, \cdots\cdots, cr^n$이에요."

"그래?"

"그리고 두 나라를 왔다 갔다 할 확률을 정리했어요."

$$A \xrightarrow{\ 1-p\ } A$$
$$A \xrightarrow{\ \ p\ \ } B$$
$$B \xrightarrow{\ 1-q\ } B$$
$$B \xrightarrow{\ \ q\ \ } A$$

"그런데 말야, 이렇게 정리해 보면 더 낫지 않을까."
내가 말했다.

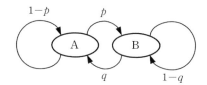

"아, 이동하는 모습이 잘 나타나 있네요. 그런데 여기부터 어떻게 해야 할까요? 동전을 n번 던지고 그중에 m번 앞면이 나왔다고 하면…… 이렇게 생각해도 조합의 수가 어마어마하게 많아질 것 같은데요."

"테트라, 예시는 만들었어?"

"아, 아니요."

"너무 앞서가지 말자."

"그러네요. 전 등비수열과 관계가 있다고 생각해서…… 뜬금없지만 일반항을 생각하고 있었어요. 구체적인 예시를 생각해야 했는데."

"그래, 맞아. '예시는 이해를 돕는 시금석'이니까. 갑자기 n년째 상황을 생각하기보다는 0년째, 1년째, 순차적으로 생각하는 게 좋을 것 같아. 이를 테면 0년째를 A에서 보낼 확률은 $\frac{1}{2}$이잖아. '0년째를 A에서 보내고 1년째에 A에 남을 확률'은 알 수 있을까?"

"한 걸음씩 천천히 생각하면 되는군요. 어디 보자, 0년째에 A에 있을 확률은 $\frac{1}{2}$이고, 1년째에는 확률 $1-p$로 A에 남으니까 확률은 $\frac{1}{2} \times (1-p)$겠네요."

"그럼 '0년째를 B에서 보내고 1년째에 A로 이동할 확률'은 얼마야?"

"그게, 그러니까 0년째에 B에 있을 확률은 $\frac{1}{2}$이고 1년째에는 확률 q로 A에 오니까 확률은 $\frac{1}{2} \times q$이네요."

"0년째를 A에서 보내고 1년째도 A에서 보내는 경우와 0년째를 B에서 보내고 1년째는 A에서 보내는 경우…… 이게 다야?"

"네?"

"1년째를 A에서 보내는 경우를 누락 없이, 중복 없이 확실히 한 거야?"

"그, 그렇죠."

"표정이 왜 그래?"

"선배가 '누락 없이, 중복 없이'라고 물어봐 준 게 고마워서요. 원래 그런 질문은 스스로 하는 거니까."

"그건 그렇지. 일반화를 쉽게 하기 위해 n년째에 A에서 보낼 확률을 a_n으로 두고 B에서 보낼 확률을 b_n이라고 두자. 그러면 $n=0$일 때는 다음과 같이 쓸 수 있어."

$$(0년째를\ A에서\ 보낼\ 확률)=a_0=\frac{1}{2}$$
$$(0년째를\ B에서\ 보낼\ 확률)=b_0=\frac{1}{2}$$

"그러면 이렇게 나타낼 수 있어."

$$(0년째를\ A에서\ 보내고\ 1년째도\ A에서\ 보낼\ 확률)=\frac{1}{2}\times(1-p)$$
$$=(1-p)a_0$$
$$(0년째를\ B에서\ 보내고\ 1년째는\ A에서\ 보낼\ 확률)=\frac{1}{2}\times q=qb_0$$

"$\frac{1}{2}$을 a_0 혹은 b_0으로 나타냈을 뿐이야. 이렇게 하면 a_1은 a_0과 b_0을 사용해서 쓸 수 있지. 결국 1년째를 A에서 보낼 확률은 $(1-p)a_0$과 qb_0의 합이야."

$$a_1=(1-p)a_0+qb_0 \qquad \text{1년째를 A에서 보낼 확률}$$

"네, b_1도 똑같이 적용하면…… 이렇게 돼요!"

$$b_1=(1-q)a_0+pa_0 \qquad \text{1년째를 B에서 보낼 확률}$$

"응, 맞긴 한데, a_0을 먼저 쓰는 게 좋아."

$$b_1=pa_0+(1-q)a_0$$

"왜요?"

"a_1과 b_1을 나열해서 쓰면 알 거야."

$$\begin{cases} a_1 = (1-p)a_0 + qb_0 \\ b_1 = pa_0 + (1-q)a_0 \end{cases}$$

"아니, 잘 모르겠는데요. 왜 그럴까요?"

"딱 봐도 '행렬로 나타낼 수 있는 모양'이잖아!"

$$\begin{pmatrix} a_1 \\ b_1 \end{pmatrix} = \begin{pmatrix} 1-p & q \\ p & 1-q \end{pmatrix} \begin{pmatrix} a_0 \\ b_0 \end{pmatrix}$$

"앗! '곱하고 곱하고 더하기', 그러니까 '곱의 합'이군요!"

$$\underbrace{\overbrace{(1-p) \cdot a_0}^{곱하고} + \overbrace{q \cdot b_0}^{곱하고}}_{더하기} \qquad \underbrace{\overbrace{p \cdot a_0}^{곱하고} + \overbrace{(1-q) \cdot b_0}^{곱하고}}_{더하기}$$

"쉿, 너무 큰 소리로 말하면 안 돼."

"네, 죄송해요."

"다음 단계로 넘어가자. 지금은 0년째와 1년째의 관계를 생각했어. n년째와 $n+1$년째의 관계도 똑같이 생각할 수 있겠지?"

"네, 그러네요. 왠지 아쉬우니까 제가 써 볼게요!"

$$\begin{pmatrix} a_{n+1} \\ b_{n+1} \end{pmatrix} = \begin{pmatrix} 1-p & q \\ p & 1-q \end{pmatrix} \begin{pmatrix} a_n \\ b_n \end{pmatrix}$$

A^2의 의미

창밖에는 계속 비가 내리고 있었다. 조용한 도서실에서 우리의 수학 이야기는 이어졌다.

"$\begin{pmatrix} a_n \\ b_n \end{pmatrix}$이라는 벡터는 n년째에 A와 B라는 각 나라에 있을 확률을 나타내. 말하자면 n년째의 **확률 벡터**인 거지, 테트라."

"확률 벡터……."

"떠돌이 문제의 행렬 $\begin{pmatrix} 1-p & q \\ p & 1-q \end{pmatrix}$와 n년째의 확률 벡터 $\begin{pmatrix} a_n \\ b_n \end{pmatrix}$의 곱은 $n+1$년째의 확률 벡터가 돼."

$$\begin{pmatrix} 1-p & q \\ p & 1-q \end{pmatrix}\begin{pmatrix} a_n \\ b_n \end{pmatrix}=\begin{pmatrix} a_{n+1} \\ b_{n+1} \end{pmatrix}$$

"네."

"그럼 다음 식은 무엇을 나타내는 것 같아?"

$$\begin{pmatrix} 1-p & q \\ p & 1-q \end{pmatrix}^2\begin{pmatrix} a_n \\ b_n \end{pmatrix}=?$$

"행렬의 제곱인가요? 음, 뭘까요?"

"실제로 계산해 보자."

$$\begin{aligned}
\begin{pmatrix} 1-p & q \\ p & 1-q \end{pmatrix}^2\begin{pmatrix} a_n \\ b_n \end{pmatrix} &= \begin{pmatrix} 1-p & q \\ p & 1-q \end{pmatrix}\underline{\begin{pmatrix} 1-p & q \\ p & 1-q \end{pmatrix}\begin{pmatrix} a_n \\ b_n \end{pmatrix}} \\
&= \begin{pmatrix} 1-p & q \\ p & 1-q \end{pmatrix}\underline{\begin{pmatrix} a_{n+1} \\ b_{n+1} \end{pmatrix}} \\
&= \begin{pmatrix} a_{n+2} \\ b_{n+2} \end{pmatrix}
\end{aligned}$$

"아하, 제곱한 행렬로 2년 뒤의 확률 벡터를 알 수 있군요!"

행렬의 n제곱으로

"그럼 한 번 더 무라키 선생님의 카드를 읽어 보자. 우리가 구하고 싶은 건

'n년째의 확률 벡터', 그러니까 $\binom{a_n}{b_n}$이야. 우리는 '행렬의 n제곱 구하기'에 집중하면 돼. 행렬 $\begin{pmatrix} 1-p & q \\ p & 1-q \end{pmatrix}$에 벡터 $\binom{a_0}{b_0}$를 곱하면 'n년째의 확률 벡터'가 나오니까."

"행렬의 n제곱이요? 꽤나 일반적인 얘기네요."

카드를 만지작거리며 테트라는 생각에 잠겼다.

그리고…… 나는 고민했다. 행렬의 n제곱이라면 지금이 '그 방법'을 설명할 때다. 하지만 끈기 있게 행렬을 계산해서 수학적 귀납법으로 증명하는 쪽이 테트라가 이해하기에 더 좋은 방법일지도 모르겠다. 어떻게 할까.

나는 눈을 감고 이런 생각을 하면서 무의식적으로 손가락을 빙글빙글 돌렸다. 이건 미르카가 골똘히 생각에 잠겼을 때 하는 습관인데…… 혹시 미르카는 '전달할 방법'을 고민할 때 그런 행동을 했던 것일까?

"선배! 뒷면에 뭐가 적혀 있어요." 테트라가 말했다.

카드 뒷면에는 두 개의 식이 적혀 있었다.

$$\begin{pmatrix} \alpha & 0 \\ 0 & \beta \end{pmatrix}^n = \begin{pmatrix} \alpha^n & 0 \\ 0 & \beta^n \end{pmatrix} \qquad (PDP^{-1})^n = PD^nP^{-1}$$

이건 무라키 선생님이 테트라에게 준 힌트다. 선생님은 꿰뚫어 보셨던 걸까? 좋아, 이걸로 방법을 결정했다! 행렬의 대각화로 가자.

1차 준비: 대각 행렬

"이제부터 **행렬의 대각화**라는 기법을 사용해서 행렬의 n제곱을 구할게."

"네." 테트라가 고개를 끄덕였다.

"일단 '준비 단계'로 **대각 행렬**의 성질부터 배워 보자."

◆◆◆

대각 행렬이란 다음과 같은 형태의 행렬을 말해.

$$\begin{pmatrix} \alpha & 0 \\ 0 & \beta \end{pmatrix}$$

왼쪽 위부터 오른쪽 아래로 향하는 대각선 이외의 성분이 0인 행렬이야. α, β는 실수야.

대각 행렬에는 'n제곱을 간단히 계산할 수 있다'라는 성질이 있어.

예를 들어 제곱을 계산해 보자.

$$\begin{aligned} \begin{pmatrix} \alpha & 0 \\ 0 & \beta \end{pmatrix}^2 &= \begin{pmatrix} \alpha & 0 \\ 0 & \beta \end{pmatrix} \begin{pmatrix} \alpha & 0 \\ 0 & \beta \end{pmatrix} \\ &= \begin{pmatrix} \alpha \cdot \alpha + 0 \cdot 0 & \alpha \cdot 0 + 0 \cdot \beta \\ 0 \cdot \alpha + \beta \cdot 0 & 0 \cdot 0 + \beta \cdot \beta \end{pmatrix} \\ &= \begin{pmatrix} \alpha^2 & 0 \\ 0 & \beta^2 \end{pmatrix} \end{aligned}$$

즉 다음 식이 성립해.

$$\begin{pmatrix} \alpha & 0 \\ 0 & \beta \end{pmatrix}^2 = \begin{pmatrix} \alpha^2 & 0 \\ 0 & \beta^2 \end{pmatrix}$$

똑같이 하면 대각 행렬의 n제곱을 얻을 수 있어. 증명은 수학적 귀납법을 쓰면 되고.

$$\begin{pmatrix} \alpha & 0 \\ 0 & \beta \end{pmatrix}^n = \begin{pmatrix} \alpha^n & 0 \\ 0 & \beta^n \end{pmatrix}$$

대각 행렬의 n제곱은 '성분을 n제곱하면 된다'는 거지.

이게 행렬의 대각화를 위한 첫 번째 준비 단계야.

2차 준비: 행렬과 역행렬의 샌드위치

행렬의 대각화를 위한 두 번째 준비 단계는 **행렬과 역행렬의 샌드위치**야.

어떤 행렬 P가 역행렬 P−1을 가진다고 하자. 그리고 P와 P^{-1}을 써서 어떤 행렬 D를 끼고 샌드위치를 만들어. 3개의 행렬 P와 D와 P^{-1}을 곱한다는 거야. 이걸로 만들어지는 행렬이 정말 재미있어.

$$PDP^{-1}$$

왜냐하면 샌드위치 상태가 된 행렬 PDP^{-1}을 n제곱하면, D^{n}을 P와 P^{-1}로 샌드위치처럼 덮은 행렬과 같아지거든.

예를 들어 샌드위치의 제곱으로 확인해 보자.

'샌드위치의 제곱'이 '제곱의 샌드위치'와 같아질 거야.

$$
\begin{aligned}
(샌드위치의\ 2제곱) &= (PDP^{-1})^2 \\
&= (PDP^{-1})(PDP^{-1}) \\
&= PDP^{-1}PDP^{-1} \\
&= PD(P^{-1}P)DP^{-1} \\
&= PDEDP^{-1} \qquad \text{E는 단위행렬} \begin{pmatrix} 1 & 0 \\ 0 & 1 \end{pmatrix} \\
&= PDDP^{-1} \\
&= PD^2P^{-1} \\
&= (2제곱의\ 샌드위치)
\end{aligned}
$$

마찬가지로 n제곱도 다음 식이 성립해.

$$(PDP^{-1})^n = PD^nP^{-1}$$

이것도 증명은 수학적 귀납법을 쓰면 돼.

중간에 끼는 P^{-1}P 부분이 단위행렬 E가 되어 사라지는 거지.

'샌드위치의 n제곱'은 'n제곱의 샌드위치'와 같아.

이게 행렬의 대각화를 위한 두 번째 준비 단계야.

고윳값으로

여기까지 준비가 끝났어. 무라키 선생님의 힌트에도 있었던 것처럼…….

▷ 대각 행렬의 n제곱은 대각 성분의 n제곱
$$\begin{pmatrix} \alpha & 0 \\ 0 & \beta \end{pmatrix}^n = \begin{pmatrix} \alpha^n & 0 \\ 0 & \beta^n \end{pmatrix}$$

▷ 행렬과 역행렬로 만드는 샌드위치의 n제곱은 n제곱의 샌드위치
$$(\mathrm{PDP}^{-1})^n = \mathrm{PD}^n\mathrm{P}^{-1}$$

이런 준비를 마친 다음, 떠돌이 문제에서 나왔던 행렬의 n제곱을 구하자. 지금 행렬에 A라는 이름을 붙일게.

$$A = \begin{pmatrix} 1-p & q \\ p & 1-q \end{pmatrix}$$

방침은 'A$=\mathrm{PDP}^{-1}$'을 만족하는 대각 행렬 D와 행렬 P를 구한다'라는 거야. 문제 형태로 나타내 보자.

문제 8-3 행렬의 대각화

행렬 $A = \begin{pmatrix} 1-p & q \\ p & 1-q \end{pmatrix}$ 가 주어졌을 때, A$=\mathrm{PDP}^{-1}$을 만족하는

대각 행렬 $D = \begin{pmatrix} \alpha & 0 \\ 0 & \beta \end{pmatrix}$와 행렬 $P = \begin{pmatrix} a & b \\ c & d \end{pmatrix}$를 구하라.

왜 이런 방침이어야 하냐면…….

$$A^n = (\mathrm{PDP}^{-1})^n = \mathrm{PD}^n\mathrm{P}^{-1}$$

그 이유는 행렬 A의 n제곱을 대각 행렬 D의 n제곱으로 얻을 수 있으니까. 검토는 $A = PDP^{-1}$이라는 식에서 시작할게.

$$A = PDP^{-1}$$
$$AP = PD \qquad \text{오른쪽부터 P를 곱함}$$

$AP = PD$를 성분으로 생각하자.

$$\begin{pmatrix} 1-p & q \\ p & 1-q \end{pmatrix} \begin{pmatrix} a & b \\ c & d \end{pmatrix} = \begin{pmatrix} a & b \\ c & d \end{pmatrix} \begin{pmatrix} \alpha & 0 \\ 0 & \beta \end{pmatrix}$$

$$= \begin{pmatrix} \alpha a & \beta b \\ \alpha c & \beta d \end{pmatrix}$$

$$= \alpha \begin{pmatrix} a & 0 \\ c & 0 \end{pmatrix} + \beta \begin{pmatrix} 0 & b \\ 0 & d \end{pmatrix}$$

여기서 $\begin{pmatrix} a & 0 \\ c & 0 \end{pmatrix}$의 첫째 줄에 나오는 $\begin{smallmatrix} a \\ c \end{smallmatrix}$에 주목하면, 아래 식이 성립한다는 걸 알 수 있어.

$$\begin{pmatrix} 1-p & q \\ p & 1-q \end{pmatrix} \begin{pmatrix} a \\ c \end{pmatrix} = \alpha \begin{pmatrix} a \\ c \end{pmatrix}$$

이렇게 써도 되지.

$$\begin{pmatrix} 1-p & q \\ p & 1-q \end{pmatrix} \begin{pmatrix} a \\ c \end{pmatrix} = \begin{pmatrix} \alpha & 0 \\ 0 & \alpha \end{pmatrix} \begin{pmatrix} a \\ c \end{pmatrix}$$

좌변으로 이항해서 정리해 보자.

$$\begin{pmatrix} 1-p & q \\ p & 1-q \end{pmatrix}\begin{pmatrix} a \\ c \end{pmatrix} - \begin{pmatrix} \alpha & 0 \\ 0 & \alpha \end{pmatrix}\begin{pmatrix} a \\ c \end{pmatrix} = \begin{pmatrix} 0 \\ 0 \end{pmatrix}$$

여기에서 다음 식을 얻을 수 있어.

$$\begin{pmatrix} 1-p-\alpha & q \\ p & 1-q-\alpha \end{pmatrix}\begin{pmatrix} a \\ c \end{pmatrix} = \begin{pmatrix} 0 \\ 0 \end{pmatrix}$$

그럼 여기서 나타난 행렬 $\begin{pmatrix} 1-p-\alpha & q \\ p & 1-q-\alpha \end{pmatrix}$는 역행렬을 가질까?

◆ ◆ ◆

"잠깐만요. '역행렬을 가질까'라는 질문은 어디에서 온 거예요?"

"행렬을 다룰 때는 '역행렬을 가지는가'를 항상 의식해야 해."

"그런가요? 그래서 이 행렬은 역행렬을…….."

"행렬 $\begin{pmatrix} 1-p-\alpha & q \\ p & 1-q-\alpha \end{pmatrix}$는 역행렬을 가지지 않아."

"그건 왜 그럴까요?"

"만약 $\begin{pmatrix} a \\ c \end{pmatrix} = \begin{pmatrix} 0 \\ 0 \end{pmatrix}$이었다면 어떻게 될까 생각해 보자. P의 행렬식은 다음과 같이 0과 같아져."

$$|P| = \begin{vmatrix} a & b \\ c & d \end{vmatrix} = \begin{vmatrix} 0 & b \\ 0 & d \end{vmatrix} = 0 \cdot d - b \cdot 0 = 0$$

"그러면 P의 역행렬은 존재하지 않게 돼. 따라서 $\begin{pmatrix} a \\ c \end{pmatrix} \neq \begin{pmatrix} 0 \\ 0 \end{pmatrix}$이지. 즉 a 혹은 c 중에 적어도 하나는 0이 아니야."

"그렇군요. 듣고 보니 정의랑 똑같네요."

"그럼 다시 돌아가자. 아래 식을 보고 뭘 말할 수 있을까?"

$$\begin{pmatrix} 1-p-\alpha & q \\ p & 1-q-\alpha \end{pmatrix}\begin{pmatrix} a \\ c \end{pmatrix} = \begin{pmatrix} 0 \\ 0 \end{pmatrix}, \begin{pmatrix} a \\ c \end{pmatrix} \neq \begin{pmatrix} 0 \\ 0 \end{pmatrix}$$

"죄송해요! 이것도 잘 모르겠어요."

"아까 말했던 것처럼 '역행렬을 가질까'라고 물을게. 그러면 행렬 $\begin{pmatrix} 1-p-\alpha & q \\ p & 1-q-\alpha \end{pmatrix}$는 역행렬을 가지지 않는다는 걸 알 수 있어."

"죄송하지만…… 그건 또 왜 그렇죠?"

"아까랑 똑같아. 만약 $\begin{pmatrix} 1-p-\alpha & q \\ p & 1-q-\alpha \end{pmatrix}$가 역행렬을 가졌다면 어떻게 될지 생각해 봐."

$$\begin{pmatrix} 1-p-\alpha & q \\ p & 1-q-\alpha \end{pmatrix}\begin{pmatrix} a \\ c \end{pmatrix}=\begin{pmatrix} 0 \\ 0 \end{pmatrix}$$

"성립된 위 식의 양변, 왼쪽부터 역행렬 $\begin{pmatrix} 1-p-\alpha & q \\ p & 1-q-\alpha \end{pmatrix}^{-1}$을 곱하자. 그러면 $\begin{pmatrix} a \\ c \end{pmatrix}=\begin{pmatrix} 0 \\ 0 \end{pmatrix}$이 성립하거든."

"아, 방금 것과 모순되는 건가요."

"맞아. 아까 얘기하면서 나왔던 $\begin{pmatrix} a \\ c \end{pmatrix}\neq\begin{pmatrix} 0 \\ 0 \end{pmatrix}$이랑 모순되지."

"아, 그렇군요." 테트라가 얼굴을 찌푸리더니 말했다. "그런데 저는 선배처럼 빠른 속도로 논리를 세우기 어려울 것 같아요. 작은 간접 증명법을 착착 쌓아서……."

"응. 지금은 빠른 속도로 설명했지만, 그렇다고 해서 겁먹을 거 없어. 난 그동안 수많은 '행렬의 대각화'를 연습했거든. 반복하다 보면 속도가 빨라지게 마련이야."

"그, 그렇군요. 그럼 저도 연습할게요!"

"이런 연습은 암기랑 달라. 식 변형을 하나하나 외우는 게 아니라 논리의 흐름을 기억하는 거니까."

"네, 스토리를 외우는 거군요."

"그럼 이어서 해 볼까?"

◆◆◆

행렬 $\begin{pmatrix} 1-p-\alpha & q \\ p & 1-q-\alpha \end{pmatrix}$의 행렬식은 0과 같아.

$$\begin{vmatrix} 1-p-\alpha & q \\ p & 1-q-\alpha \end{vmatrix}=0$$

행렬식의 정의를 사용해서 계산하면 다음 단계로 갈 수 있어.

$$\begin{vmatrix} 1-p-\alpha & q \\ p & 1-q-\alpha \end{vmatrix}=(1-p-\alpha)(1-q-\alpha)-pq$$
$$=1-q-\alpha-p+pq+p\alpha-\alpha+q\alpha+\alpha^2-pq$$

α로 정리해.

$$=\alpha^2-(1-p+1-q)\alpha+(1-p-q)$$

지금 α로 정리한 건 'α를 구한다'라는 스토리를 의식했기 때문이야. 행렬식이 0과 같다는 사실 때문에 α는 다음 식을 만족해.

$$\alpha^2-(1-p+1-q)\alpha+(1-p-q)=0$$

그러니까 이건 $x=\alpha$가 아래의 이차방정식을 만족한다는 뜻이야.

$$x^2-(1-p+1-q)x+(1-p-q)=0$$

이 방정식을 행렬 $\begin{pmatrix} 1-p & q \\ p & 1-q \end{pmatrix}$의 **고유방정식**이라고 해. 그런데 재미있게도 $A=\begin{pmatrix} 1-p & q \\ p & 1-q \end{pmatrix}$의 고유방정식은 케일리 해밀턴 정리에 나온 식과 모양이 똑같아.

$$A^2-(1-p+1-q)A+(1-p-q)E=O$$

$$x^2-\underbrace{(1-p+1-q)}_{\text{트레이스}}x+\underbrace{(1-p-q)}_{\text{행렬식}}=0$$

케일리 해밀턴의 정리
행렬 $A=\begin{pmatrix}1-p & q \\ p & 1-q\end{pmatrix}$의
고유방정식

A로 만든 고유방정식이 두 개의 해를 가질 때, 그것들은 대각 행렬 D를 만드는 α와 β가 돼.

$$x^2-(1-p+1-q)x+(1-p-q)=0$$

이런 식으로 인수분해할 수 있어.

$$(x-1)(x-(1-p-q))=0$$

이 식을 풀면 다음과 같은 해가 나와.

$$x=1,\ 1-p-q$$

이 두 개의 값을 행렬 $\begin{pmatrix}1-p & q \\ p & 1-q\end{pmatrix}$의 **고윳값**이라고 해.

$\alpha=1, \beta=1-p-q$로 놓으면 구하는 대각 행렬은 이렇게 돼.

$$D=\begin{pmatrix}\alpha & 0 \\ 0 & \beta\end{pmatrix}=\begin{pmatrix}1 & 0 \\ 0 & 1-p-q\end{pmatrix}$$

α와 β를 반대로 해서 $D=\begin{pmatrix}1-p-q & 0 \\ 0 & 1\end{pmatrix}$로 해도 되지만, 둘 중 하나를 선택하지 않으면 진행이 되지 않아.

고유 벡터로
"여기까지 해서 대각 행렬 D를 얻었어. 이제 행렬 P를 구하면 되겠다. 그

러려면 **고유 벡터**라는 것을 구해야 하지." 내가 말했다.

"고유방정식, 고윳값, 고유 벡터……. 지금은 흐름을 따라가기만 하고, 나중에 용어를 확실히 찾아볼게요." 테트라는 열심히 받아 적으며 말했다.

"논리의 흐름은 어렵지 않아. 길을 잃지 않도록."

◆◆◆

p, q는 주어졌어. α, β도 이미 구했어. 이제 a, b, c, d만 구하면 돼. p, q는 이미 알고 있고, a, b, c, d는 아직 모르지.

$$\begin{cases} \begin{pmatrix} 1-p-\alpha & q \\ p & 1-q-\alpha \end{pmatrix} \begin{pmatrix} a \\ c \end{pmatrix} = \begin{pmatrix} 0 \\ 0 \end{pmatrix} \\ \begin{pmatrix} 1-p-\beta & q \\ p & 1-q-\beta \end{pmatrix} \begin{pmatrix} b \\ d \end{pmatrix} = \begin{pmatrix} 0 \\ 0 \end{pmatrix} \end{cases}$$

여기서 $\alpha = 1, \beta = 1-p-q$를 대입하면 다음 식을 얻을 수 있어.

$$\begin{cases} \begin{pmatrix} -p & q \\ p & -q \end{pmatrix} \begin{pmatrix} a \\ c \end{pmatrix} = \begin{pmatrix} 0 \\ 0 \end{pmatrix} \\ \begin{pmatrix} p & q \\ p & p \end{pmatrix} \begin{pmatrix} b \\ d \end{pmatrix} = \begin{pmatrix} 0 \\ 0 \end{pmatrix} \end{cases}$$

이걸 계산해서 정리하면 다음 연립방정식이 나와.

$$\begin{cases} pa - qc = 0 \\ b + d = 0 \end{cases}$$

식은 2개지만 구하고 싶은 변수는 a, b, c, d로 4개 있어. 따라서 a, b, c, d의 값이 이 연립방정식에서 완전히 정해지는 건 아니야.

사실 정하지 않아도 돼. $A = PDP^{-1}$을 만족하는 행렬 P와 D를 한 쌍 구하면 되니까. 예를 들면 이런 거.

$$a=q,\ b=-1,\ c=p,\ d=1$$

이 식은 위의 연립방정식을 만족하니까 행렬 P를 구성할 수 있어.

$$P=\begin{pmatrix} a & b \\ c & d \end{pmatrix}=\begin{pmatrix} q & -1 \\ p & 1 \end{pmatrix}$$

$P=\begin{pmatrix} a & b \\ c & d \end{pmatrix}$에 대해 역행렬 $P^{-1}=\dfrac{1}{ad-bc}\begin{pmatrix} d & -b \\ -c & a \end{pmatrix}$이니까,
$a=q, b=-1, c=p, d=1$일 때 P^{-1}은 이렇게 돼.

$$
\begin{aligned}
P^{-1} &= \frac{1}{ad-bc}\begin{pmatrix} d & -b \\ -c & a \end{pmatrix} \\
&= \frac{1}{q\cdot 1-(-1)\cdot p}\begin{pmatrix} 1 & -(-1) \\ -p & q \end{pmatrix} \\
&= \frac{1}{p+q}\begin{pmatrix} 1 & 1 \\ -p & q \end{pmatrix}
\end{aligned}
$$

풀이 8-3 행렬의 대각화

행렬 $A=\begin{pmatrix} 1-p & q \\ p & 1-q \end{pmatrix}$에 대하여 아래 식은,

$$D=\begin{pmatrix} 1 & 0 \\ 0 & 1-p-q \end{pmatrix}$$

$$P=\begin{pmatrix} q & -1 \\ p & 1 \end{pmatrix}$$

$$P^{-1}=\frac{1}{p+q}\begin{pmatrix} 1 & 1 \\ -p & q \end{pmatrix}$$

$A=PDP^{-1}$을 만족한다.

A^{n}을 구하자

그럼 드디어 A^{n}을 구하자. 지금까지의 성과를 조합하기만 하면 끝이야. 그 성과라는 건 바로 이거야.

$$\begin{cases} \mathrm{D} \;=\begin{pmatrix} 1 & 0 \\ 0 & 1-p-q \end{pmatrix} \\[2mm] \mathrm{P} \;=\begin{pmatrix} q & -1 \\ p & 1 \end{pmatrix} \\[2mm] \mathrm{P}^{-1}=\dfrac{1}{p+q}\begin{pmatrix} 1 & 1 \\ -p & q \end{pmatrix} \end{cases}$$

따라서,

$$\begin{aligned}
\mathrm{A}^n&=(\mathrm{PDP}^{-1})^n \\
&=\mathrm{PD}^n\mathrm{P}^{-1} \\
&=\begin{pmatrix} q & -1 \\ p & 1 \end{pmatrix}\begin{pmatrix} 1 & 0 \\ 0 & 1-p-q \end{pmatrix}^n\cdot\frac{1}{p+q}\begin{pmatrix} 1 & 1 \\ -p & q \end{pmatrix} \\
&=\begin{pmatrix} q & -1 \\ p & 1 \end{pmatrix}\begin{pmatrix} 1^n & 0 \\ 0 & (1-p-q)^n \end{pmatrix}\cdot\frac{1}{p+q}\begin{pmatrix} 1 & 1 \\ -p & q \end{pmatrix} \\
&=\begin{pmatrix} q & -(1-p-q)^n \\ p & (1-p-q)^n \end{pmatrix}\cdot\frac{1}{p+q}\begin{pmatrix} 1 & 1 \\ -p & q \end{pmatrix} \\
&=\frac{1}{p+q}\begin{pmatrix} q+p(1-p-q)^n & q-q(1-p-q)^n \\ p-p(1-p-q)^n & p+q(1-p-q)^n \end{pmatrix}
\end{aligned}$$

이걸 사용해서 n년째의 확률 벡터를 계산해.

$$\begin{aligned}
\mathrm{A}^n\begin{pmatrix} a_0 \\ b_0 \end{pmatrix}&=\mathrm{A}^n\begin{pmatrix} \dfrac{1}{2} \\[1mm] \dfrac{1}{2} \end{pmatrix} \\[2mm]
&=\frac{1}{p+q}\begin{pmatrix} q+p(1-p-q)^n & q-q(1-p-q)^n \\ p-p(1-p-q)^n & p+q(1-p-q)^n \end{pmatrix}\begin{pmatrix} \dfrac{1}{2} \\[1mm] \dfrac{1}{2} \end{pmatrix}
\end{aligned}$$

$$= \frac{1}{2(p+q)} \begin{pmatrix} q+p(1-p-q)^n+q-q(1-p-q)^n \\ p-p(1-p-q)^n+p+q(1-p-q)^n \end{pmatrix}$$

$$= \frac{1}{2(p+q)} \begin{pmatrix} 2q+(p-q)(1-p-q)^n \\ 2p-(p-q)(1-p-q)^n \end{pmatrix}$$

따라서 이렇게 돼.

$$\begin{cases} a_n = \dfrac{1}{2(p+q)}(2q+(p-q)(1-p-q)^n) = \dfrac{q}{p+q} + \dfrac{p-q}{2(p+q)}(1-p-q)^n \\ b_n = \dfrac{1}{2(p+q)}(2p-(p-q)(1-p-q)^n) = \dfrac{p}{p+q} - \dfrac{p-q}{2(p+q)}(1-p-q)^n \end{cases}$$

구하는 확률은 이 a_n이야.

[풀이 8-2] 떠돌이 문제

앨리스가 n년째를 A나라에서 보낼 확률은 다음과 같다.

$$\frac{q}{p+q} + \frac{p-q}{2(p+q)}(1-p-q)^n$$

"휴, 하나하나 세부적인 건 이해한 것 같은데요……."

"행렬 대각화의 '여행 지도'를 그려 볼까? 문자가 많이 나왔으니까 뭘 근 거로 해서 뭘 구하고 있는지 파악해 보자."

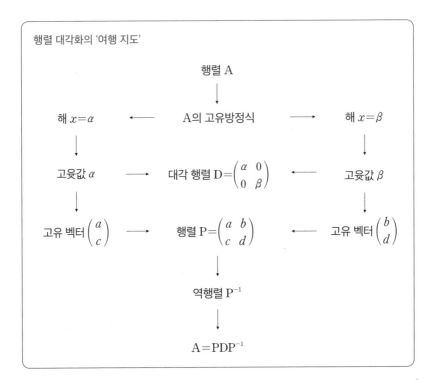

행렬 대각화의 '여행 지도'

행렬 A

해 $x = \alpha$ ← A의 고유방정식 → 해 $x = \beta$

고윳값 α → 대각 행렬 $D = \begin{pmatrix} \alpha & 0 \\ 0 & \beta \end{pmatrix}$ ← 고윳값 β

고유 벡터 $\begin{pmatrix} a \\ c \end{pmatrix}$ → 행렬 $P = \begin{pmatrix} a & b \\ c & d \end{pmatrix}$ ← 고유 벡터 $\begin{pmatrix} b \\ d \end{pmatrix}$

역행렬 P^{-1}

$A = PDP^{-1}$

"아, 이런 여행 지도였군요. '행렬의 대각화'라는 건 행렬의 n제곱을 구할 때 언제든 쓸 수 있는 건가요?"

"아마 고유방정식이 중근을 가질 때는 다른 방법을 찾아야 할 거야."

"그런가요? 그런데 새삼스럽지만 '어떤 확률로 나라를 이동한다'는 내용만으로도 결과가 상당히 복잡해지네요."

"그러네. 단순한 설정 같은데 말이야. 생각해 보면 앨리스의 이동은 1년 전에 살던 나라를 기반으로 하고 있어. 그 이전에 어느 나라에 있었다는 '기억'은 전혀 의미가 없어. 이런 문제는 사회 현상을 단순화한 모델일 거야. 사회 현상뿐만 아니라 과학 실험에서도…… 앗! 이것도 랜덤 워크 아닌가?"

"네?"

"그렇잖아. 어떤 확률로 두 나라를 오간다……. 그러니까 두 가지 상태를 왔다 갔다 하는 거야. 이 문제는 랜덤 워크의 일종이야!"

5. 집

약속은 의지의 표현

깊은 밤, 나의 방. 공부를 하려 해도 집중이 잘 되지 않는다.

낮에 테트라와 수학 이야기를 나눌 때 나는 계속 미르카를 의식하고 있었다.

나는 떠돌이 문제를 행렬의 대각화라는 형태로 풀었다. 좀 더 시간을 들여 생각하면 그 해답에서 발전된 결과를 얻을 수 있을 것이다. 예를 들어 A와 B라는 두 나라의 경우가 아니라 A, B, C라는 세 가지 경우를 생각할 수도 있다. 혹은 $n \to \infty$의 극한을 취한다. 그런 발전을 통해 새로운 문제와 새로운 발견을 얻을 것이다.

하지만 오늘 대화에 미르카도 있었다면……. 미르카의 지식과 발상이라면 같은 문제에서 완전히 새로운 세계를 보여 주지 않았을까? 나의 해답도 미르카의 손을 거치면 더 잘 들여다볼 수 있지 않을까? 미르카의 부재가 그 존재의 가치를 부각시킨다.

그런 생각을 하면서 물을 마시러 주방으로 향했다.

그때 마침 전화가 울렸다.

"약속이 두렵니?"

수화기 너머 들려온 말.

"어…… 미르카?" 나는 놀랐다. "이렇게 늦은 밤에 웬일이야?"

"여기는 이른 아침이야."

"뭐?"

"US에 있어. 서해안에 일주일 동안."

"뭐? US라니…… 미국?" 나는 얼빠진 말을 하고 말았다.

"넌…… 약속하기 싫은 거지."

"무슨 얘기야?"

"약속하는 게 두렵니?"

"대체 무슨 소린지 모르겠는데."

"약속하는 게 두려운 거지?"

"이거 국제 전화야?"

"뭐가 두렵니?"

"약속은 깨질지도 모르니까…… 근데 통화요금 많이 나오는 거 아니야?"

"약속은 의지의 표현이야." 미르카는 개의치 않고 말을 이었다.

"의지?"

"자신의 길을 어떻게 걸어갈지에 대한 의지. 넌 약속이 깨질지도 모르니까 아무런 약속도 하지 않겠다는 거야? 어떤 길을 선택할지, 어떤 길을 만들지, 그런 의지를 표현할 생각이 없어? '이 사람은 약속을 깨지 않았습니다. 왜냐하면 약속을 하지 않았기 때문입니다.' 그런 인생을 살아갈 생각이냐고."

"……." 나는 뭐라 답할 말을 찾을 수 없었다.

"0인 인생은 평화롭긴 하겠지."

"……."

"약속은 의지의 표현이야. 넌…… 어떤 길을 걸을래?"

"……."

"약속을 지키지 않는 사람은 나쁜 사람이지. 물론 약속을 지킬 수 없는 사고가 있을 수는 있어. 하지만 약속을 하지 않는 건 겁쟁이야."

전화는 내 대답을 기다리지 않고 끊어졌다.

비 내리는 밤

미르카의 전화 때문에 내 머릿속은 뒤죽박죽이 되어 버렸다. 늘 그렇듯 미르카의 전화를 변덕스러운 감정 탓으로 돌릴 수도 있다. 하지만 변덕으로 치부할 수 없는 질문이 있었다.

'넌…… 어떤 길을 걸을래?'

이건 나 자신과 마주해야 하는 질문이다.

그건 그렇고, 군이 국제전화로…….

잠깐! 시차를 헤아려 보니 미국은 지금 새벽 2시다. 새벽도 아닌 한밤중에 전화를 걸다니. 혹시 미르카도 불안한 걸까?

유리는 '그 녀석'의 답장을 기다리고…….

테트라는 학회 발표를 고민 중이고…….

미르카도, 그리고 나도.

우리는 모두 다가올 미래 때문에 마음이 흔들리고 있다.

그렇다. 미르카도 가끔은 자신의 마음을 지켜야만 하는 상황에 빠진다. 강가에서 옆에 앉아 줄 존재나 한밤중에 전화를 걸 상대가 필요한 것이다. 수수께끼를 푸는 것도 중요하지만 마음을 지키는 것도 중요하다.

나는 창문을 열었다.

열어 놓은 창문으로 축축하고 비릿한 비 냄새가 흘러 들었다.

밖은 어둡다. 우리의 미래는…… 아직 보이지 않는다.

일반적으로 어떤 문제를 푸는 방법이란
해 그 자체보다 훨씬 더 중요하다.
_도널드 커누스

강하게, 바르게, 아름답게

조력자가 없다는 사실이 훨씬 더 큰 문제였다.
숲에서 거대한 나무를 골라 끙끙대며 씨름 끝에 베어서 쓰러뜨리고
도구를 이용해 바깥쪽은 적당히 배 모양으로 다듬고
안쪽은 태우고 깎고 열심히 파내어 배 한 척을 완성했다 해도……
결국 나무를 발견한 곳에서 꼼짝도 못한 채 배를 띄울 수 없다면,
그런 배가 대체 무슨 쓸모가 있단 말인가.
_『로빈슨 크루소』

1. 집

비 내리는 토요일

토요일 오후, 역시 비가 내리고 있다. 장마철이라지만 지긋지긋하다.

나는 여전히 내 방에서 공부를 하고 있다.

"오빠! 비 오는 날은 정말 최고야."

한껏 들뜬 목소리로 유리가 찾아왔다.

며칠 전에는 정반대로 말하지 않았나?

"오빠, 이 문제 맞혀 봐."

유리는 신나는 표정으로 노트를 펼쳤다.

문제 9-1 강바아착 문제

아래 조건을 모두 만족할 수 있는가?

P1. 강하거나 바르거나 아름답다.

P2. 착하거나 바르거나 아름답지 않다.

P3. 강하지 않거나 착하거나 아름답다.

P4. 강하지 않거나 착하지 않거나 바르다.

P5. 착하지 않거나 바르지 않거나 아름답다.

P6. 강하지 않거나 바르지 않거나 아름답지 않다.

P7. 강하거나 착하지 않거나 아름답지 않다.

P8. 강하거나 착하거나 바르지 않다.

"유리야, 이게 뭐야?"

"보는 그대로지. 논리 퀴즈닷!"

"흠흠."

나는 문제를 읽었다.

P1. 강하거나 바르거나 아름답다.

"P1의 조건을 만족하려면 '강하다' 또는 '바르다' 또는 '아름답다' 중에 하나를 가져야 한다는 뜻인가?"

"맞아, 맞아. 예를 들어 나는 '아름답다'를 가졌으니까 조건 P1을 만족하는 거지."

"셋 중에 하나라도 맞으면 조건 P1은 만족하는 거네. 이 문제는 P1부터 P8까지 모든 조건을 한 사람이 만족할 수 있는가를 물어보는 거구나."

"어때? 풀 수 있겠어?"

"그런데 강하다, 바르다, 아름답다는 건 주관적인 거잖아. 논리 퀴즈라고 볼 수 없을 거 같은데?"

"그렇긴 하지만, 그건 그러니까……." 유리는 손에 든 봉투에서 종이를 살짝 꺼내 읽어 본 후 말했다.

"아, 각각의 의미가 적절히 정의되어 있다는 전제를 깔고 생각하자고."

"논리식으로 쓰고 싶어지네. 조건 P1은 ∨(또는)이라는 연산을 써서 이런 논리식으로 나타낼 수 있어. 형용사가 명제라는 게 기분은 안 좋지만."

강하다 ∨ 바르다 ∨ 아름답다

"나는 조건 P6을 만족시킬 수가 없어." 유리가 말했다.

"조건 P6이 뭐였지?"

P6. 강하지 않거나 바르지 않거나 아름답지 않다.

"나는 강하고 바르고 아름다우니까!"

"아하, 조건 P6에는 '강하지 않다'는 부정도 있구나. 논리 기호로 하면 ┐(부정)이 붙겠지."

$$┐강하다 \lor ┐바르다 \lor ┐아름답다$$

우선 '강하다'를 가지고 있다고 가정해 보자. 그러면 조건 P1은 만족한다. '강하다'가 들어 있는 조건 P7과 P8도 만족한다. ……그런가? '강하다'를 가졌다고 가정한다면 오히려 '강하지 않다'라고 적힌 조건을 알아봐야 하는구나.

조건 P3을 생각해 보자.

P3. 강하지 않거나 착하거나 아름답다.

'강하다'를 가졌다면, 조건 P3을 만족하기 위해 '착하다' 또는 '아름답다' 중 하나를 가져야 한다. 만약 '착하다'를 가졌다면, 조건 P3을 만족한다. 그다음에…… 조건 P2도 만족한다.

그런데 조건 P4가 문제다.

P4. 강하지 않거나 착하지 않거나 바르다.

'강하다'와 '착하다' 둘 중에서 조건 P4를 만족하려면 반드시 '바르다'가 필요하다.

다음 조건 P5를 보자.

P5. 착하지 않거나 바르지 않거나 아름답다.

따라서 '착하다'와 '바르다'를 가졌다면…… '아름답다'가 필요하다.

이렇게 해서 '강하다', '착하다', '바르다', '아름답다'가 모두 모이면 많은 조건을 만족한다는 사실을 알았다. 조건 P1부터 P5까지, 그리고 조건 P7과 P8이 만족한다.

그럼 마지막으로 남은 조건 P6은?

P6. 강하지 않거나 바르지 않거나 아름답지 않다.

오옷! '강하다', '착하다', '바르다', '아름답다'로는 조건 P6을 만족시킬 수 없다. 이건 안 되겠다. 모든 조건을 만족하기란 불가능한 것 아닐까?

완전히 다른 방법을 시험해 보자. 먼저 '강하지 않다'부터 시작해 보자.

- '강하지 않다'라고 가정하면,
  조건 P1에서 '바르다' 또는 '아름답다'가 필요.
- '바르다'라고 가정하면, 조건 P8에서 '착하다'가 필요.
- 조건 P7에서 '아름답지 않다'가 필요.

좋아. '강하지 않다', '바르다', '착하다', '아름답지 않다'로 확인해 보자.

- 조건 P1은 '바르다'니까 OK.
- 조건 P2, P8은 '착하다'니까 OK.
- 조건 P3, P4, P6은 '강하지 않다'니까 OK.
- 조건 P7은 '아름답지 않다'니까 OK.
- 나머지 마지막 조건 P5는…… 윽, 안 되겠다!

P5. 착하지 않거나 바르지 않거나 아름답다.

"유리야, 8개의 조건을 모두 만족하는 건 안 되겠어."

"그럼 증명해 봐. 오빠가 '증명될 때까지는 가설일 뿐'이라고 말했으니까."

오늘 유리는 왠지 모르게 강하고 아름답다.

"증명이라……. 그럼 강하고 바르고 아름답다는 3개의 형용사가 들어맞는지 아닌지를 생각해서 조건 P1부터 P8까지 다 만족하는 조합을 찾으면 되겠지?"

"3개가 아니라 4개야. 강하다, 바르다, 아름답다, 착하다."

"아, 맞다. 표를 만들어 생각해 보자."

	강	바	아	착	P1	P2	P3	P4	P5	P6	P7	P8
(1)	×	×	×	×	×	○	○	○	○	○	○	○
(2)	×	×	×	○	×	○	○	○	○	○	○	○
(3)	×	×	○	×	○	×	○	○	○	○	○	○
(4)	×	×	○	○	○	○	○	○	○	○	×	○
(5)	×	○	×	×	○	○	○	○	○	○	○	×
(6)	×	○	×	○	○	○	○	○	×	○	○	○
(7)	×	○	○	×	○	○	○	○	○	○	○	×
(8)	×	○	○	○	○	○	○	○	○	○	×	○
(9)	○	×	×	×	○	○	×	○	○	○	○	○
(10)	○	×	×	○	○	○	○	×	○	○	○	○
(11)	○	×	○	×	○	×	○	○	○	○	○	○
(12)	○	×	○	○	○	○	○	×	○	○	○	○
(13)	○	○	×	×	○	○	×	○	○	○	○	○
(14)	○	○	×	○	○	○	○	○	×	○	○	○
(15)	○	○	○	×	○	○	○	○	○	×	○	○
(16)	○	○	○	○	○	○	○	○	○	×	○	○

유리는 뿔테 안경을 쓰고 표를 봤다.

"이 ○×는 뭐야?"

"각 조건에 들어맞으면 ○, 들어맞지 않으면 ×로 표시한 거야. 다 해서

(1)~(16)으로 16가지 **할당** 방법이 있어. 그렇게 ○×를 나눈 다음에 조건 P1~P8을 만족하는지 각각 보는 거야. 그리고 조건을 만족하면 ○, 만족하지 않으면 ×라고 썼어."

나는 표를 가리켰다.

"흠흠."

"그랬더니 (1)~(16)에 어떤 걸 넣어도 조건 P1~P8에 만족하지 않는 게 있다는 결과가 나왔어. 그러니까 P1~P8 중 어딘가에서 적어도 한 개는 ×가 나왔다는 거야. 16가지를 전부 다 살펴본 거니까 이 8개의 조건을 다 만족하기란 불가능하다고 할 수 있어. 이걸로 증명 끝."

"시간이 너무 많이 걸린 거 아니냐옹."

유리가 고개를 끄덕였다.

[풀이 9-1] 강바아착 문제

　　조건 P1~P8을 전부 다 만족할 수는 없다.

"유리야, 이 문제 잘 만들어졌다." 나는 표를 다시 보며 말했다. "잘 연구해서 만들었나 봐. 여기, 어떤 할당에 대해서도 ×가 되는 조건이 반드시 하나씩 있어. 게다가 어느 조건을 골라도 그 조건을 ×로 만드는 할당이 있어. 말하자면 이 8개의 조건 중에서 어느 하나라도 빠지면 나머지 7개의 조건을 만족하는 할당이 존재한다는 거야."

"유리도 알고 있었지! 이런 문제를 만들 수 있는 사람은 엄청 똑똑하겠지?"

"그렇지. 재미있는 문제야. 혹시 이 문제, 네가 만들었어?"

"음, 그건 아니지만……."

유리는 우물쭈물하면서 봉투에서 꺼낸 종이를 흘끔거렸다.

"그것도 퀴즈야?"

내가 들여다보려고 하자 유리는 황급히 종이를 감췄다.

"보면 안 돼, 오빠! 매너 없는 짓이야!"

그제야 뭔가 느껴졌다.

"그거 혹시 전학 간 남자애가 보낸 답장이야?"

유리와 수학 퀴즈를 주고받던 '그 녀석'일 것이다.

"응……. 정말 알 수가 없어. 편지 한 통 쓰는데 뭐 그리 뜸을 들이냐고. 게다가 논리 퀴즈 같은 것까지 보냈단 말이지, 개도 참."

유리는 뺨이 살짝 발그레해지더니 말이 많아졌다.

"유리, 잘됐다."

"고마워."

2. 도서실

논리 퀴즈

"그것 참 잘됐네요!"

수업이 끝난 후 도서실에서 만난 테트라에게 유리 이야기를 들려줬더니 무척 기뻐했다.

"편지를 써 보라는 조언을 하다니, 테트라다웠어."

상대에게 마음을 전하고 싶다면 편지를 써 보라고 유리에게 조언한 사람이 바로 테트라였다.

"진심이 담긴 말이 전달되는 건 기쁜 일이니까요."

"유리 친구가 보낸 답장에는 논리 퀴즈도 담겨 있었어."

"그래요? 유리 남자 친구 재미있네요."

"남자 친구……는 아닌 것 같지만."

"맞을 걸요! 왜냐하면……."

"아, 미르카가 오네."

긴 머리를 날리며 우아하게 걸어오는 미르카, 그 옆에 빨강머리의 리사가 나란히 걸어오고 있다. 둘은 사이가 좋은 건지 나쁜 건지…….

충족 가능성 문제

나는 유리의 편지 속에 담긴 '강하다 · 바르다 · 아름답다 · 착하다'의 논리 퀴즈, 이른바 '강바아착' 문제를 소개했다.

"충족 가능성 문제." 눈을 반짝이며 듣고 있던 미르카가 말했다.

"그런 걸 충족 가능성 문제라고 부르는구나."

나는 강바아착 문제가 모든 경우를 다 집어넣고 생각해 보는 간단한 조합 문제라고 생각했다. 그래서 이 문제에 관심을 보이는 미르카의 태도가 의아스러웠다.

"영어로는 Satisfiability Problem이야, 테트라."

테트라가 질문하려고 손을 들자 미르카가 먼저 영어명을 알려 주었다.

"유명한 문제였구나." 내가 말했다.

"이 논리 퀴즈의 배경에는 더 일반적인 충족 가능성 문제가 있는데, 모든 컴퓨터 과학을 통틀어서 가장 유명한 미해결 문제로 이어져."

"그게 뭐죠? 그…… '모든 컴퓨터 과학을 통틀어서 가장 유명한 미해결 문제'라는 거!" 테트라의 목소리가 높아졌다.

"논리식이 주어졌다고 하자. 변수에 어떤 진리값을 할당하면 논리식 전체를 참으로 만들 수 있을까? 어쩌면 그건 불가능할지도 몰라. 주어진 논리식을 참으로 만드는 변수의 할당이 존재할까? 이 문제의 답이 되는 효율적인 알고리즘을 찾는 건 컴퓨터 과학 전체에서 가장 유명한 미해결 문제야." 미르카가 말했다.

몇 초 동안 침묵이 흘렀다.

"그, 그렇지만……." 테트라가 말했다.

"그런 문제는……." 내가 말했다.

"……." 리사는 말이 없었다.

"맞아. 간단히 생각할 수 있지." 미르카가 손을 들어 우리를 진정시켰다.

"'변수에 진리값을 할당한다'라고 해도…… 변수는 유한하니까 모든 진리값의 조합도 유한이야. 논리식을 참으로 만들 수 있는지 알아낼 수 있잖아." 내가 말했다.

"테트라는?" 미르카가 씩씩한 소녀를 가리켰다.

"저도…… 같은 생각을 했어요. 모든 조합을 컴퓨터가 끈기 있게 시험해 보면 알 수 있을 것 같은데……."

"흠, 리사는?" 미르카가 컴퓨터 소녀에게 물었다.

"비효율적." 리사는 간결하게 대답했다.

"맞아. 모든 진리값의 조합을 샅샅이 알아보면 논리식을 만족하는 할당이 존재하는지는 확실히 확인할 수 있고, 존재한다면 할당 그 자체도 얻을 수 있어. 하지만 그런 알고리즘의 오더는 엄청나게 커지게 돼. 그러니까 이 문제를 풀기 위해 샅샅이 파헤치는 것 자체가 비효율적이라는 거야. 그래서 비효율적인 알고리즘을 찾아내는 문제는 미해결인 셈이지."

"효율적이란 건 뭐야?" 내가 물었다.

"실행 스텝 수가 문제의 크기인 n의 정수 제곱 안으로 끝나는 것. 예를 들어 변수의 개수를 n이라고 했을 때 기껏해야 n^k 스텝으로 답이 나오는 정수 K가 존재하는 것."

"음, 감이 안 잡히네."

"정식화해서 얘기해 보자." 미르카는 나에게 손가락 신호를 보냈다.

예, 예, 노트와 샤프 대령입니다.

3-SAT

"충족 가능성 문제는 'Satisfiability Problem'의 머리글자를 따서 'SAT'라고 해. SAT는 요컨대 '논리식을 충족할 수 있는가'라는 문제야. 이해하려면 먼저 용어를 설명해야겠지?"

◆◆◆

논리식을 조립하는 요소는 **참**과 **거짓** 중에 하나의 값을 가지는 **변수**야.

$$x_1 \quad x_2 \quad x_3 \quad \text{(변수의 예, 3개)}$$

변수 앞에는 ¬(not)을 붙일 수 있어. ¬은 참과 거짓을 뒤바꿀 수 있는 부정 연산자야. x_1이 거짓일 때 $\neg x_1$은 참이 되고, x_1이 참일 때 $\neg x_1$은 거짓이 돼.

x_1	$\neg x_1$
거짓	참
참	거짓

부정 연산자 $\neg$의 진리표

'변수' 또는 '$\neg$변수'를 **논리구**(literal)라고 해.

$$x_1 \qquad \neg x_2 \qquad \neg x_3 \qquad \text{(논리구의 예, 3개)}$$

논리구를 나열해서 $\vee$으로 묶은 걸 **절**(clause)이라고 해.

$$x_1 \vee \neg x_2 \vee \neg x_3 \qquad \text{(절의 예, 1개)}$$

절 안에 참인 논리구가 하나라도 있으면 절 전체도 참이 돼. 모든 논리구가 거짓일 때만 절 전체도 거짓이 되지.

L_1	L_2	L_3	$L_1 \vee L_2 \vee L_3$
거짓	거짓	거짓	거짓
거짓	거짓	참	참
거짓	참	거짓	참
거짓	참	참	참
참	거짓	거짓	참
참	거짓	참	참
참	참	거짓	참
참	참	참	참

절의 진리표 (L_1, L_2, L_3은 논리구)

절을 사용하면 상당히 복잡한 부분까지 표현할 수 있어. 어떤 사람에 대해 변수 x_1이 '강하다', 변수 x_2가 '바르다', 변수 x_3이 '아름답다'를 나타낸다고 하자. 절 $x_1 \vee \neg x_2 \vee \neg x_3$은 이런 뜻이야.

'강하다' 또는 '바르지 않다' 또는 '아름답지 않다'

강바아착 문제의 조건 P1~P8은 8개의 절과 같아.

괄호로 묶은 절을 나열해서 $\wedge$(그리고)로 연결한 것을 **논리식**이라고 해. 이 논리식은 '논리곱 표준형(Conjunctive Normal Form)'이라 하는데, 영어 머리글자를 따서 **CNF**라고 하지.

$$(x_1 \vee \neg x_2) \wedge (\neg x_1 \vee x_2 \vee x_3 \vee \neg x_4) \qquad \text{(논리식 CNF의 예)}$$

논리식 중에 거짓인 절이 하나라도 들어 있으면 그 CNF는 거짓이 돼. 모든 절이 참일 때만 CNF는 참이 되지.

C_1	C_2	$(C_1) \wedge (C_2)$
거짓	거짓	거짓
거짓	참	거짓
참	거짓	거짓
참	참	참

CNF의 진리표(C_1, C_2는 절)

모든 절이 3개의 논리구로 이루어진 CNF는 3-CNF로 표기해.

$$(x_1 \vee \neg x_2 \vee \neg x_3) \wedge (x_2 \vee x_3 \vee \neg x_4) \qquad \text{(논리식 3-CNF의 예)}$$

변수 x_1, x_2, x_3이 지금까지 했던 것과 의미가 같고 변수 x_4가 '착하다'라는 뜻이라면, $(x_1 \lor \neg x_2 \lor \neg x_3) \land (x_2 \lor x_3 \lor \neg x_4)$라는 3-CNF는 〈강하다' 또는 '바르지 않다' 또는 '아름답지 않다'〉 그리고 〈'바르다' 또는 '아름답다' 또는 '착하지 않다'〉라는 뜻이 돼.

용어를 정리하자.

논리식(3-CNF)

이 논리식의 절은 2개야. 둘 다 3개의 논리구로 이루어져 있지. 따라서 이 논리식은 3-CNF야. 그리고 3-CNF를 충족하는 할당의 존재를 알아보는 문제를 **3-SAT**라고 해.

충족하다

지금까지 변수, 논리구, 절, 논리식(CNF, 3-CNF)에 대해 얘기했어. 변수 또는 ¬변수가 논리구이고, 논리구를 ∨로 묶은 게 절이고, 절을 ∧로 묶은 게 CNF이고, 모든 절이 3개의 논리구로 되어 있는 CNF가 3-CNF야.

$$(x_1 \lor \neg x_2 \lor \neg x_3) \land (x_2 \lor x_3 \lor \neg x_4) \quad \text{(3-CNF의 예)}$$

변수의 참과 거짓을 정하는 대응을 **할당**이라고 해. 예를 들어 다음은 지금 보여준 3−CNF에 나오는 4개의 변수 x_1, x_2, x_3, x_4에 대한 할당의 예시야.

$$(x_1, x_2, x_3, x_4) = (\text{참, 참, 거짓, 거짓}) \quad \text{(할당의 예)}$$

이 할당에 따라 위에 제시한 3-CNF는 참이 돼. 일반적으로 할당 a가 논리식 f를 참으로 만들 때, 할당 a는 논리식 f를 **충족한다**라고 말해. 변수, 논리구, 절 모두에 대해 똑같이 '충족한다'라고 하는 거지. 변수 x_1을 충족한다, 논리구 $\neg x_3$을 충족한다, 절 $x_1 \vee \neg x_2 \vee \neg x_3$을 충족한다…… 이런 식으로.
따라서 강바아착 문제는 '주어진 8개의 절(조건 P1~P8)로 이루어진 3-CNF
를 충족하는 할당이 존재하는가'라는 문제라고 할 수 있어.

할당 연습

"그러니까…… 논리구, 절, 그리고 음…… 할당."

테트라는 내용을 중얼거리면서 노트에 적었다.

"그럼 이제 **퀴즈**를 풀어서 이해했는지 확인해 보자." 미르카가 말했다.

"다음 3-CNF를 충족하는 할당을 구하시오."

$$(x_1 \vee \neg x_2 \vee \neg x_3) \wedge (\neg x_1 \vee x_2 \vee x_4)$$

"그러니까 할당이라는 건 변수의 참과 거짓을 결정하는 거죠? 그렇다
면…… 이건 어때요?"

$$(x_1, x_2, x_3, x_4) = (참, 참, 참, 참)$$

"x_1과 x_2가 참이라면 x_3과 x_4는 참이든 거짓이든 상관없어. 그밖에도 이
3-CNF를 충족하는 할당은 아주 많아." 내가 말했다.

"아…… 그렇군요." 테트라도 고개를 끄덕였다. "미르카 선배, 3-CNF를
충족하는 할당은 바로 찾을 수 있겠어요."

"3-CNF가 짧으니까. 이제 임의의 3-CNF가 주어졌을 때 그것을 충족
하는 할당이 존재하는지 알아보는 알고리즘에 대해 생각할 거야." 미르카가
말했다.

"컴퓨터가 풀 수 있게 하는 거군요."

"충족 가능성 문제를 푸는 단순한 알고리즘은 모든 할당을 순서대로 시험
하는 완전 탐색, 그러니까 하나부터 열까지 다 시도해 보는 방법이야."

"완전 탐색(brute force)이라…… 힘으로 밀어붙인다는 건가요?"

"문제는 효율이야. 완전 탐색의 알고리즘에서는 최악의 경우 몇 가지 할당을 알아볼 필요가 있을까?"

"하나의 변수가 얻는 값은 참과 거짓으로 2가지가 있지. 변수가 모두 n개 있다면 할당의 총 가짓수는 2^n이야." 내가 대답했다.

"변수가 4개 있으면 $2^4 = 16$가지 할당이 있다는 뜻이군요."

"할당의 총 가짓수가 2^n이라는 건…… 실행 스텝 수가 적어도 2^n이라는 지수함수의 오더가 되고 말아." 미르카가 말했다.

"변수가 고작 34개라 해도 100억 가지 이상이 되겠는걸." 내가 말했다.

"171억 7986만 9184." 리사가 말했다.

NP 완전 문제

"3-SAT는 문제의 어려움에 관한 예상과 관계가 있어. P≠NP 예상이야."

"문제의 어려움?"

"크기가 n인 문제가 있어. 다항 시간(어떠한 문제를 계산하는 데 걸리는 시간)에서 올바른 해를 발견할 수 있을 때, 그 문제는 P 문제라고 해. 'P'는 다항 시간(Polynomial time)의 머리글자. 다항 시간이란 계산 시간이 최대 n의 정수제곱 이하…… 그러니까 $O(n^k)$라는 뜻이야. P 문제는 '효율적으로 풀리는 문제'라고도 할 수 있지."

"P 문제……."

"P 문제를 **NP 문제**라고 할 때도 있어. 이건 해의 후보가 주어졌을 때, 그게 확실히 맞는 해인지 효율적으로 판정할 수 있는 문제를 말해. 효율적으로 맞는 해를 발견할 수 있는가와는 상관없어."

"NP란 'Not Polynomial time'이라는 뜻이군요."

"아니야. 흔히 그렇게 알고 있는데, 'NP'는 'Non-deterministic Polynomial time'의 약자야. 비결정적 다항 시간이라는 뜻이지. 제대로 설명하려면 튜링 기계라는 가상 컴퓨터에 대한 설명이 필요해."

"하!"

"모든 P 문제가 NP 문제라는 사실은 이미 증명됐어. 하지만 그 반대 질문인 '모든 NP 문제는 P 문제인가'에 대해서 인류는 아직 대답하지 못했어. 모든 NP 문제가 P 문제라면, P＝NP가 돼. 만약 NP 문제 중에 P 문제가 아닌 것이 있다면 P≠NP가 되지."

"그렇구나." 내가 말했다.

"P≠NP 예상이란 P 문제의 집합은 NP 문제의 집합과 일치하지 않는다는 예상이야. 효율적으로 해를 판정할 수 있다고 해서 효율적으로 해를 발견할 수 있다는 건 아니라는 예상을 말하는 거야. 대부분의 컴퓨터 과학자는 이 예상을 옳다고 믿고 있지만 아직 증명은 되지 않았지." 미르카가 말했다.

"증명이 될 때까지는 예상일 뿐이다……." 나는 중얼거렸다.

"NP 문제 중에는 **NP 완전 문제**라는 게 있어. NP 완전 문제란 NP 문제 중에서 가장 어려운 문제라고 할 수 있어. NP 완전 문제 중에 하나라도 P 문제가 있다는 사실이 증명된다면 모든 NP 문제가 P 문제라는 사실, 그러니까 P＝NP라는 사실이 증명되는 거니까. NP 완전 문제는 P≠NP 예상에 도전하는 열쇠야. 그리고 우리가 얘기해 온 충족 가능성 문제(SAT)란 역사상 최초로 NP 완전 문제라는 사실이 판명되었어. 스티븐 쿡은 이 업적으로 1982년에 튜링상을 받았지."

"……."

"예를 들어 할당 후보가 주어지면 충족성은 효율적으로 판정할 수 있어. 하지만 올바른 할당을 효율적으로 발견하는 SAT의 알고리즘은 아직 찾지 못했어. SAT의 효율적인 알고리즘은 애초에 존재하지 않는가, 아니면 존재하지만 찾지 못한 것인가. 둘 다 증명하지 못했지. 대부분의 컴퓨터 과학자들은 애초에 존재하지 않는다고 믿고 있어. 하지만 아직 증명은 못했어." 미르카가 말했다.

"증명이 될 때까지는 예상일 뿐이다." 테트라가 중얼거렸다.

"P≠NP 예상은 아직 증명되지 않았어. 그래서 SAT의 효율적인 알고리즘이 존재할 가능성이 아예 없는 건 아니야. 만약 SAT의 효율적인 알고리즘을 찾는다면 컴퓨터 과학 분야의 혁명적인 사건이 되겠지. 현재 아주 많은 NP 문제가 존재해. NP 완전 문제인 SAT의 효율적인 알고리즘을 찾으면 온갖 NP 문제들은 효율적으로 풀리는 셈이야. SAT란 그런 중대한 의미를 가진 문제이고, 그래서 SAT에 관한 다양한 연구가 진행되고 있지.”

“우와…….” 나도 모르게 입에서 감탄이 새어 나왔다.

단순한 조합 문제인 줄 알았는데 그렇게 어마어마한 배경을 지니고 있다니, 놀라울 뿐이다.

“얼마 전 미국으로 가는 비행기 안에서 3-SAT를 푸는 알고리즘에 관한 논문을 읽었어.” 미르카가 말했다.

“P≠NP 예상이 해결된 건가요?”

“아니, SAT가 효율적으로 풀린 건 아니야. 그 논문에서는 오더를 내리기 위해 확률적인 수법을 썼지.”

“알고리즘에…… 확률이요?”

“응. 무작위 알고리즘의 한 종류를 썼더라고.”

“무작위 알고리즘?” 테트라가 되물었다.

그때 미즈타니 선생님이 등장했다.

“퇴실 시간입니다.”

3. 귀갓길

서약과 약속

전철역으로 향하는 좁은 길목이 나타나자 테트라, 나, 미르카, 리사 순으로 빠져나갔다.

“얼마 전 친척 결혼식에 다녀왔어요.” 테트라가 걸으면서 말했다.

“새하얀 웨딩드레스를 입은 신부가 너무 아름다웠어요.”

나는 뒤돌아보며 이야기하는 테트라가 넘어질까 걱정스러웠다.

“눈물이 나오더라고요. ‘여러분도 각자 자신의 아내를 자신과 똑같이 사랑하십시오. 아내 역시 자신의 남편을 공경하십시오’라는 성서의 구절, 그리고 ‘아플 때나 건강할 때나’라는 결혼 서약.”

"병들었거나 건강할 때나……라는 거지?"

"네. 그러니까 '언제나'라는 뜻이에요."

혼인 서약이라…… 신과 여러 사람 앞에서 약속을 한다. 약속…….

'약속은 의지의 표현이야.'

미르카는 한밤중에 나에게 전화를 걸어 이렇게 말했다.

무거운 말이다. 나의 의지는…… 어디에 있는 걸까?

"왜?" 미르카가 말했다.

"아무것도 아니야." 나는 대답했다.

학회

큰길 횡단보도 앞에서 미르카가 테트라에게 물었다.

"학회는 어떻게 할 거야?"

"역시 어려울 것 같은데요……." 테트라가 말을 끝맺지 못하고 우물쭈물했다.

"학회?" 리사가 물었다.

"응. 나라비쿠라 도서관에서 열리는 회의. 리사도 참여해?" 미르카가 물었다.

"사무국 보조로."

"테트라, 이런 기회는 쉽게 얻을 수·없어. 발표하면 좋을 거야. 나도 중학교 때 문화제에서 발표한 적이 있는데, 꽤 공부가 됐거든." 테트라를 응원하기 위해 내가 말했다. "고등학생이 중학생을 위해 발표하는 프로그램이랬지? 테트라의 발표 덕분에 알고리즘 세계에 입문할 중학생도 있을 텐데."

한숨을 내쉬는 테트라.

"아…… 그렇겠네요."

잠시 후 테트라는 진지한 표정으로 말했다.

"저…… 발표할게요. 한 명이라도 제 이야기를 들어 줄 사람이 있을 거예요. 그 사람을 위해 제 생각을 잘 정리해서 발표할게요!"

"그런데 유리도 학회에 참여하고 싶어 할까?" 내가 말했다.

"오, 유리한테 딱 맞겠는데요!" 테트라가 손뼉을 치며 반겼다.

"유리?" 리사가 물었다.

"내 이종사촌이야. 수학을 좋아하는 중학교 3학년."

리사는 가방에서 뭔가를 꺼내 나에게 내밀었다.

"팸플릿."

나라비쿠라 도서관의 로고가 찍힌 팸플릿 안에 발표될 내용이 담겨 있었다.

"어? 중학생을 위한 프로그램에 미르카 이름이 적혀 있는데."

"내가 취소한다는 사실을 좀 늦게 알려 줘서 그래." 미르카가 말했다.

"민폐." 리사가 말했다.

그렇군. 갑자기 명단이 바뀌면 사무국을 돕고 있는 리사 입장에선 난처하겠구나.

"그날 미국에 있을 테니까 참가할 수가 없어."

4. 도서실

3-SAT를 푸는 무작위 알고리즘

이튿날 수업을 마친 후 도서실. 리사는 노트북을 마주하고 있고 미르카는 리사 뒤에서 무어라 말하고 있다.

"그리고?" 리사가 미르카에게 물었다.

"'아마도 충족 불가능이다'를 '출력'하고 끝."

"됐다." 리사가 말했다.

"무슨 알고리즘이야?" 나는 화면을 들여다봤다.

"충족 가능성 문제를 푸는 무작위 알고리즘." 미르카는 말하면서 의자에 앉았다.

충족 가능성 문제 '3-SAT'를 푸는 '무작위 알고리즘'(입력과 출력)

입력

- 논리식 (3-CNF) f
- 변수의 개수 n
- 라운드 수 R

출력

R 라운드 중에서

논리식 f를 충족하는 할당을 찾았을 경우, '충족 가능하다'라고 출력

논리식 f를 충족하는 할당을 찾지 못했을 경우, '아마 충족 불가능하다'라고 출력

충족 가능성 문제 '3-SAT'를 푸는 무작위 알고리즘(절차)

```
W1:   procedure RANDOM-WALK-3-SAT(f, n, R)
W2:       r ← 1
W3:       while r ≤ R do
W4:           a ← ⟨n 변수의 할당을 무작위로 뽑는다⟩
W5:           k ← 1
W6:           while k ≤ 3n do
W7:               if ⟨할당 a는 논리식 f를 충족한다⟩ then
W8:                   return ⟨충족 가능하다⟩
W9:               end-if
W10:              c ← ⟨할당 a로 충족하지 않는 절을 f에서 얻는다⟩
W11:              x ← ⟨절 c에서 변수를 무작위로 뽑는다⟩
W12:              a ← ⟨할당 a의 변수 x가 반전된 할당을 얻는다⟩
W13:              k ← k+1
W14:          end-while
W15:          r ← r+1
W16:      end-while
W17:      return ⟨아마도 충족 불가능하다⟩
W18:  end-procedure
```

"어, 어려워 보이네요……."

어느새 씩씩한 테트라가 옆에 와 있었다.

"RANDOM-WALK-3-SAT는 재미있는 알고리즘이야."

충족 가능성 문제를 푸는 무작위 알고리즘에 관한 미르카의 '강의'가 시작되었다.

랜덤 워크

RANDOM-WALK-3-SAT는 n 변수의 무작위 할당부터 시작해서 할당을 변화해 가는 재미있는 알고리즘이야. 그런 랜덤 워크를 반복하면서 현재의 할당이 논리식 f를 충족하는지 단계마다 알아보는 거야.

랜덤 워크를 어디부터 시작하는지(W4), 그리고 할당을 어떤 식으로 변화시키는지(W11) 알아보기 위해 두 부분에서 무작위수(난수)를 사용하여, 즉 **무작위 선택**을 해.

이 알고리즘은 이중 루프로 이루어져 있어.

- $3n$ 걸음 랜덤 워크를 하는 것이 안쪽 루프

  (W5의 변수 k의 초기화와 W6부터 W14까지의 while 문)

- 그 랜덤 워크를 R 라운드 반복하는 것이 바깥쪽 루프

  (W2의 변수 r의 초기화와 W3부터 W16까지의 while 문)

W4에서 n 변수의 무작위 할당을 만들어서 a에 대입해. 이게 랜덤 워크의 시작 지점이야.

W7에서 현재의 할당 a가 논리식 f를 충족하는지 알아봐.

W11에서 랜덤 워크의 다음 걸음을 정해.

W12에서 변수 a에 새로운 할당을 대입해.

여기까지 RANDOM-WALK-3-SAT의 큰 흐름이야. 어때?

◆◆◆

"이해 안 되는 부분이 많아요. 먼저 여기서 말하는 랜덤 워크가 뭐예요?"

테트라가 난처한 표정으로 말했다.

"지금 애가 그림을 그리고 있어."

미르카가 나를 가리키며 대답했다.

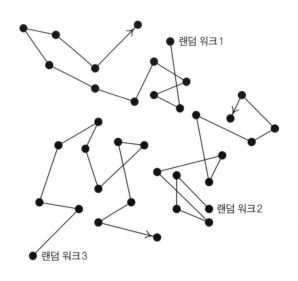

"이 그림은……?" 테트라가 말했다.

"지금 미르카의 설명을 듣고 그린 건 3라운드까지의 랜덤 워크. 한참 가다가 랜덤 워크를 한 번 끊어. 그리고 또 새로운 장소에서 다시 랜덤 워크를 시작하는…… 거지?" 내가 미르카를 쳐다보며 말했다.

"잘하고 있어." 미르카가 대답했다.

"감이 잡히긴 했는데……." 테트라가 말했다. "이 랜덤 워크를 하는 '장소'는 어디예요? 논리식의 충족성을 알아보고 있는 거죠? 이 그림에 나오는 검은 점은…… 어디에 있는 건가요?"

"그 질문은 애가 대답해 줄 거야." 미르카가 또 나를 가리켰다.

"검은 점은 '할당'이라고 생각하면 돼. 쓰이는 변수가 참인지 거짓인지 정한 할당 1세트가 검은 점 하나에 대응하는 거지. 변수가 n 종류 있으니까 모든 할당은 2^n개가 있어. 이건 2^n개의 원소를 가지는 집합의 원소 위를 돌아다니는 랜덤 워크야."

"알겠어요. 그런데 왜 랜덤 워크를 하는 거예요? 이건 주어진 논리식을 충족할 때까지 무작위로 할당을 찾자는 알고리즘 아닌가요?"

"그렇지 않아." 미르카가 말했다. "할당 전체에서 무작위로 뽑는 건 W4뿐이야. 중요한 건 W10 쪽에 있지. 여기서 논리식 중에 충족하지 않은 절을 얻거든."

미르카는 잠시 말을 멈췄다. '충족하지 않은 절'이라는 말을 테트라가 이해할 때까지 기다려 주는 모양이다.

"충족하지 않는 절…… 네, 그러네요. 논리식은 (절1)∧(절2)∧……∧(절$_{123}$)처럼 ∧로 엮여 있으니까 전체 논리식이 충족하지 않는다면 적어도 충족하지 않는 절이 하나는 존재할 테니까요."

"충족하지 않는 절을 c로 놓자." 미르카는 일어나더니 우리를 둘러보고는 말했다. "테트라, 절 c의 특징은 뭐지?"

"절은…… 정의를 생각해야 하는데…… 죄송합니다."

"사과할 필요는 없어." 미르카가 말했다.

"네…… 절은 논리구를 ∨로 묶은 거예요."

"논리구는 몇 개?" 미르카가 빠르게 되물었다.

"아, 그게…… 논리구의 수…… 말인가요?"

"3개." 리사가 불쑥 대답하는 바람에 우리는 깜짝 놀랐다.

"3개라고? ……앗!" 테트라가 소리를 질렀다. "확실히 논리구는 3개예요. 주어진 논리식이 3-CNF잖아요!"

"그래, 논리구는 3개. 그래서 절 c는 반드시 이런 형태야."

$$논리구_1 \lor 논리구_2 \lor 논리구_3$$

"앗! 할당 a는 절 c를 충족하지 않으니까…… 논리구$_1$과 논리구$_2$와 논리구$_3$은 모두 거짓이에요!"

"할당 a 때문에 3개의 논리구는 모두 거짓." 미르카가 말했다. "말하자면 절 c의 변수 중에서 적어도 1개의 진리값은 틀렸어."

"그렇구나!" 내가 말했다.

"틀렸다니, 무슨 뜻이에요?" 테트라가 물었다.

"예를 들자면……." 나는 미르카의 얼굴을 힐끗 보고 말을 이었다.

"절 c가 $x_1 \lor \lnot x_2 \lor \lnot x_3$이라고 하자. 할당 a가 절 c를 충족하지 않는다는 건, 할당 a에서 x_1은 거짓이고 x_2와 x_3은 참이라는 거잖아. 그러니까 c를 충족하려면 x_1, x_2, x_3 중에서 적어도 변수 1개의 참과 거짓을 반전할 필요가 있다는 뜻이야."

"그, 그렇군요…… 그런데 c를 충족하려면 x_1, x_2, x_3 중에 하나를 반전하면 끝나잖아요. 왜 적어도 1개인 건가요?"

"응, 확실히 변수 1개를 반전하면 c는 충족해." 내가 말했다. "그런데 반전을 하면 다른 절이 충족하지 않게 될 수 있어. 그러면 안 되지. 논리식을 충족하려면 모든 절을 충족해야 하니까 변수를 몇 개 반전해야 하는지 쉽게 알 수 없어. 반전해야 하는 변수 몇 개가 있을지도 몰라."

"저기…… 그러니까……."

"어느 변수를 반전해야 하는지 판단하는 건 어렵지. 예를 들어 논리식이 이런 형태라고 생각해 봐."

$$\underbrace{(x_1 \lor x_2 \lor x_3)}_{\text{절}_1} \land \cdots \land \underbrace{(\lnot x_1 \lor x_2 \lor x_3)}_{\text{절}_{123}}$$

"이때 다음 식은 절$_1$을 충족하지 않아."

$$(x_1, x_2, x_3) = (\text{거짓}, \text{거짓}, \text{거짓})$$

"그럼 x_1을 반전하면?"

$$(x_1, x_2, x_3) = (\underline{\text{참}}, \text{거짓}, \text{거짓})$$

"이 할당은 확실히 절$_1$을 충족해. 그런 반면 지금까지 계속 충족하고 있던 절$_{123}$이 충족하지 않는 상태가 됐어!"

"저쪽을 세웠더니 이쪽이 쓰러지게 되는군요."

정량적 평가를 향해

"랜덤 워크를 한다는 게 무슨 뜻인지 어느 정도 알게 됐어요. 그리고 대화하는 동안 3-CNF, 절, 논리구라는 용어에도 익숙해진 것 같아요. 그러면 RANDOM-WALK-3-SAT라는 무작위 알고리즘은 완전 탐색의 알고리즘보다 빨라지는 건가요?" 테트라가 물었다.

"그 질문에 대답하려면 '전제 조건을 명확히 한 정량적 평가'가 필요해. 테트라가 좋아하는 거지." 미르카가 말했다. "실제로 우리는 방금 정량적 평가의 단서를 얻었어."

"그게 무슨 말이에요?"

"좀 전에 말한 대로야. 충족하지 않은 절 c에 등장하는 최대 3개의 변수 중에서 최소한 1개는 진리값이 틀렸어."

"네, 그랬어요. 반전이 필요했죠."

"바꿔 말하면, 절 c의 변수 3개 가운데 무작위로 1개를 선택했을 때 그것이 반전해야 할 변수일 확률은 적어도 $\frac{1}{3}$이 돼."

"오, 확실히 그러네!" 내가 소리를 높였다.

"이건 우리가 얻은 정량적인 단서야. 충족하지 않는 절 가운데 하나에서 변수를 무작위로 선택하고, 그 값을 반전하는 거야. 그렇게 처리하면 '논리식 전체를 충족하는 할당'에 한 걸음 다가갈 확률은 적어도 $\frac{1}{3}$이 돼."

"알았어요. 그런데도 아직 모르겠어요." 테트라가 난처한 표정으로 말했다. "미르카 선배는 지금 '한 걸음 다가간다'고 했는데, 우리는 무작위로 선택한 변수가 실제로 맞는 할당으로 다가가는 한 걸음인지 아닌지 몰라요. 우리가 맞는 할당인지를 안다면 문제는 이미 풀렸겠죠. 랜덤 워크를 아무리 계속해도 맞는 할당에 다가가고 있는지, 오히려 멀어지고 있는지 알 방법이 없어요!"

테트라의 문제 제기에 내 마음이 어수선해졌다.

뭔가 깨달아야 할 것이 있다. 그런데 그게 뭔지 모르겠다. 대체 뭘까?

미르카는 조용히 말을 이었다.

"물론 맞는 할당에 다가가는 걸음인지, 멀어지는 걸음인지 우리는 몰라. 하지만 아는 게 있어."

- 한 번의 무작위 선택과 반전으로 다가갈 확률은 적어도 $\frac{1}{3}$이다.
- 한 번의 무작위 선택과 반전으로 멀어질 확률은 많아야 $\frac{2}{3}$이다.

"이건 우리가 아는 사실이야. ……왜 그래?" 미르카가 나를 향해 물었다. 그러자 테트라도 리사도 나를 돌아봤다.

내가 머리를 세차게 흔들고 있었기 때문이다.

"다가갈 확률, 멀어질 확률……. 알았어!" 내가 말했다.

"네가 하려는 말은……."

"미르카, 잠깐! 여기에는 랜덤 워크가 하나 더…… 1차원 랜덤 워크가 숨어 있어!" 나는 그렇게 말하면서 벌떡 일어섰다.

그러자 미르카는 마치 내가 무슨 말을 할지 알고 있었다는 듯 조용히 대답했다.

"맞아. 허밍 거리 위의 랜덤 워크."

또 하나의 랜덤 워크

"우리는 맞는 할당에 다가가고 있는지 멀어지고 있는지를 알고 싶어. 그렇다면 그 개념에 형태를 주자. 할당의 집합 안에 '거리'를 넣는 거야." 미르카는 담담한 말투로 말했다.

"거리를 넣는다……." 테트라가 말했다.

"두 할당 a와 b를 비교할게. 예를 들어 a에서는 변수 x_1이 참이고 b는 거짓이야. 이건 값의 <u>불일치</u>이지. 그리고 a도 b도 변수 x_2는 모두 거짓이야. 이건 값의 <u>일치</u>야. 알겠니, 테트라?"

"두 할당을 비교하는 거죠. 이해했어요."

"불일치가 된 변수가 많을 때 두 할당은 멀다고 보고, 적을 때는 가깝다고 보는 거야. 이건 자연스러운 발상이야. 가깝다, 멀다를 정량적으로 다루기 위해서 두 할당의 **거리**를 '값이 불일치한 변수의 개수'로 정의하는 거지. 이런 거리를 **허밍 거리**라고 불러."

"허밍 거리……." 테트라는 필기를 했다.

"이를 테면 다음 두 할당 a와 b에서는 3개의 변수가 불일치해. 따라서 a와 b의 거리는 3이야."

할당 a $(x_1, x_2, x_3, x_4) = (\underline{참}, 참, \underline{거짓}, \underline{거짓})$
할당 b $(x_1, x_2, x_3, x_4) = (\underline{거짓}, 참, \underline{참}, \underline{참})$

"3개의 변수 x_1, x_3, x_4의 값이 불일치하군요."

"주어진 논리식을 충족하는 할당이 존재한다고 가정하고, 그 할당을 a^*라고 할게. 복수로 존재하는 경우에는 그중 하나를 a^*라고 하고."

"a^*는 맞는 할당…… 중 하나라는 거군요."

"여기서 **퀴즈**. a와 a^*의 거리가 0일 때는 언제인가?"

"거리가 0일 때는…… 할당 a와 a^*가 같을 때예요."

"좋아. 그리고 그때 할당 a는 논리식을 충족해."

"네, 그렇죠."

"그럼 다음 **퀴즈**. a와 a^*의 거리가 1일 때는 언제인가?"

"할당 a에서 변수 x_1이 틀렸을 때예요."

"아니야."

"아, 할당 a에서 변수가 딱 한 개 틀렸을 때예요. 틀린 건 변수 x_1이 아닐 수도 있고요."

"그렇지. 틀린 변수를 반전하면 논리식은 충족할 수 있어."

"네, 이해했어요."

"그럼 다음 **퀴즈**. 반전을 한 번 하면 거리는 얼마나 변화하는가?"

"반전은 변수 하나의 참과 거짓을 바꾸는 거죠. 그때까지 값이 일치했던 변수가 불일치가 되거나, 불일치했던 변수가 일치가 되거나 둘 중 하나예요. 따라서 거리는 1만큼 늘어나거나 1만큼 줄어들죠."

"그렇지. 반전을 할 때마다 할당은 변화해. a^*에 한 걸음 멀어지거나 한 걸음 다가가거나 둘 중 하나야."

라운드에 주목

"미르카 선배, 거리라는 개념은 알겠는데, 나머지는……?"

"무작위 알고리즘 RANDOM-WALK-3-SAT을 정량적으로 해석해서 완전 탐색의 2^n보다 수고가 덜 드는 것을 나타내야 해."

"예를 들어 $n \log n$의 오더가 된다는 걸 나타내는 건가요?"

"테트라, 그건 말도 안 돼. n^k의 오더일지라도 너무 많은 걸 바라는 거야. 여기서는 2^n의 밑, 그러니까 2^n의 2 부분이 작아지도록 해야 해."

"그, 그런가요……."

테트라가 메모를 하면서 말했다.

"그런데 무작위 알고리즘을 정량적으로 해석한다는 건 어떻게 하는 하죠?"

"라운드에 주목하자. $3n$ 걸음 앞으로 가는 랜덤 워크가 1라운드야."

"네. 안쪽 while 문이죠."

$\vdots$

```
W5:     k ← 1
W6:     while k ≤ 3n do
W7:         if 〈할당 a는 논리식 f를 충족한다〉 then
W8:             return 〈충족 가능하다〉
W9:         end-if
W10:        c ← 〈할당 a로 충족하지 않는 절을 f에서 얻는다〉
W11:        x ← 〈절 c에서 변수를 무작위로 선택한다〉
W12:        a ← 〈할당 a의 변수 x가 반전된 할당을 얻는다〉
```

W13: $k \leftarrow k+1$

W14:   end-while

3n 걸음 랜덤 워크(1라운드)

"1라운드는 최대 $3n$ 걸음. 그 사이에 맞는 할당 a^*에 도달할 확률은 최소한 얼마인가? 1라운드가 '충족 가능하다'로 출력되어 끝날 확률, 그러니까 '라운드 성공 확률'을 평가하고 싶은 거야. 그 확률을 아래부터 평가…… 테트라, 뭐지?"

돌아보니 테트라가 손을 들고 있었다.

"미르카 선배, 지금 얘기가 엉뚱하게 흐르고 있는 것 같아요. 지금 실행 스텝 수를 평가하고 싶은데 왜 확률을 평가하는 건가요?"

"흠, 그럼 그걸 먼저 얘기하자. 바깥쪽 루프는 이렇게 되어 있어."

$\vdots$

W2: $r \leftarrow 1$

W3:   while $r \leq R$ do

W4: $a \leftarrow$ ⟨n 변수의 할당을 무작위로 선택한다⟩

$\vdots$

       3n 걸음 랜덤 워크(1라운드)

$\vdots$

W15: $r \leftarrow r+1$

W16:   end-while

$\vdots$

"네, 그러네요."

"충족하는 할당을 찾았으면 이 알고리즘은 거기서 끝이 나니까 라운드의 성공 확률이 높을수록 바깥쪽 루프 횟수는 줄어들어. 따라서 라운드 성공 확률을 평가하는 건 실행 스텝 수를 평가하는 걸로 이어지지."

"그렇군요. 이해했어요. 그런데 미르카 선배. 좀 다른 얘기인데요. 알고리즘은 맞는 출력을 해야 하는데, RANDOM-WALK-3-SAT는 '아마 충족 불가능하다'라고 출력하네요."

"무작위 알고리즘이 맞는지에는 확률이 얽혀 있어." 미르카가 대답했다. "RANDOM-WALK-3-SAT가 '충족 가능하다'를 출력했을 때는 실제로 충족 가능해. 하지만 '아마 충족 불가능하다'를 출력했을 때는 충족 가능한 경우도 있어. 충족 가능한 할당을 놓칠 가능성이 있거든. 여기서 확률의 평가가 중요해지지."

"놓칠 확률을 평가하는군요."

"그래. RANDOM-WALK-3-SAT처럼 두 출력 가운데 한쪽은 100% 맞고 다른 한쪽은 어떤 확률로 맞는 무작위 알고리즘을 한쪽이 틀린 몬테카를로 알고리즘이라고 해. RANDOM-WALK-3-SAT에서 충족 불가능한 경우에 맞는 답을 출력할 확률을 올리고 싶다면, 라운드 수 R을 늘리면 돼. 하지만 그 대신 실행 스텝 수도 늘어나니까 R을 어느 정도 크기로 해야 할지 판단이 필요하지."

"'라운드 성공 확률'을 아래부터 평가한다고 했지?" 내가 물었다.

"1보다 큰 어떤 정수 M을 사용해서 라운드 성공 확률이 '적어도 $\frac{1}{M^n}$' 이라는 형태로 아래부터 평가할 수 있다고 하자. 그러면 라운드 수 R을 $R = K \cdot M^n$으로 놓는 거야. 즉 '라운드 성공 확률'의 역수를 K배한 수야. K는 n에 의존하지 않는 정수로 골라."

"그러면 어떻게 되나요?"

"RANDOM-WALK-3-SAT가 충족 가능한 할당을 '놓칠 확률'을 위부터 평가할 수 있어. '놓칠 확률'은 '라운드 실패 확률'을 R제곱 한 것과 똑같고, '라운드 실패 확률'은 '많아야 $1 - \frac{1}{M^n}$'이라고 평가할 수 있으니까······."

$$\langle \text{놓칠 확률} \rangle = \langle \text{라운드 실패 확률} \rangle^R$$
$$\leq \left(1 - \frac{1}{M^n}\right)^R$$

$$= \left(1 - \frac{1}{M^n}\right)^{K \cdot M^n}$$
$$= e^{-\frac{1}{M^n} \cdot K \cdot M^n}$$
$$= e^{-K}$$
$$= \frac{1}{e^K}$$

"이렇게 위에서부터 평가할 수 있어. 정수 K는 임의로 고를 수 있으니까 상한 $\frac{1}{e^K}$를 써서 '놓칠 확률'을 '많아야 $\frac{1}{e^K}$' 이하로 줄일 수 있어."

$$(\text{놓칠 확률}) \leqq \frac{1}{e^K}$$

"여기까지 오면 지수적 폭발이 우리 편이 되지. K를 조금 크게 하면 $\frac{1}{e^K}$은 아주 작아져. 그러니까 '놓칠 확률'을 아주 작게 만들 수 있다는 거야. 그리고 그때 라운드 수 R의 지수함수 부분은 정수 K가 어떻든 M^n이라는 오더가 돼."

"그런가……. 그럼 '라운드 성공 확률'을 '적어도 $\frac{1}{M^n}$'로 평가하면 돼. '1라운드 사이에 충족하는 할당은 적어도 이 확률로 찾는다'라고 말할 수 있으면 되지."

"죄, 죄송해요. 중간에 잠깐 나온 이 식은 왜 성립하는 거죠?"

$$\left(1 - \frac{1}{M^n}\right)^{K \cdot M^n} \leqq e^{-\frac{1}{M^n} \cdot K \cdot M^n}$$

"$y = e^x$의 그래프를 상상하면 알 수 있어." 미르카가 말했다.

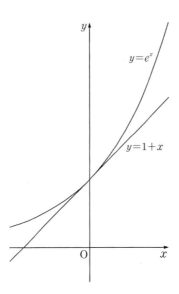

"임의의 실수 x에 대해 $1+x \leq e^x$가 성립해. 나머지는 $x=-\dfrac{1}{M^n}$로 두면 돼."

$$1-\frac{1}{M^n} \leq e^{-\frac{1}{M^n}}$$

"양변을 $K \cdot M^n$ 제곱해. 양변은 양수니까 부등호 방향은 바뀌지 않아."

$$\left(1-\frac{1}{M^n}\right)^{K \cdot M^n} \leq e^{-\frac{1}{M^n} \cdot K \cdot M^n}$$

"이건 아까 한 번 했지."

그때 미즈타니 선생님이 나타났다.

"퇴실 시간입니다."

도서실에서의 즐거운 시간은 이렇게 마무리되었다.

5. 집

행운 평가

깊은 밤, 나는 방에서 공부를 하고 있다. 미르카, 테트라와 함께 수학을 하는 시간도 즐겁지만 이렇게 혼자 공부하는 시간도 내겐 중요하다.

나는 미르카가 설명한 무작위 알고리즘에 대해 나 자신과 대화해 보기로 했다.

$$\vdots$$

W5: $k \leftarrow 1$

W6: while $k \leq 3n$ do

W7:   if 〈할당 a는 논리식 f를 충족한다〉 then

W8:   return 〈충족 가능하다〉

W9:   end-if

W10: $c \leftarrow$ 〈할당 a로 충족하지 않는 절을 f에서 얻는다〉

W11: $x \leftarrow$ 〈절 c에서 변수를 무작위로 뽑는다〉

W12: $a \leftarrow$ 〈할당 a의 변수 x가 반전된 할당을 얻는다〉

W13: $k \leftarrow k+1$

W14: end-while

$3n$ 걸음 랜덤 워크(1라운드)

자문: 뭘 알고 싶어?

자답: 라운드 성공 확률. 그러니까 $3n$ 걸음 랜덤 워크 사이에 '충족 가능하다'가 출력될 확률을 아래에서부터 평가하고 싶어.

자문: 지금 뭘 알고 있어?

자답: 충족하지 않은 절 c에서 무작위로 선택한 변수 하나를 반전했을 때, 맞는 할당 a^*에 다가갈 확률은 적어도 $\frac{1}{3}$이라는 것.

흠…… 바로 알 것 같다. 이건 동전 던지기다.

- 앞면이 나올 확률은 적어도 $\dfrac{1}{3}$
- 뒷면이 나올 확률은 많아야 $\dfrac{2}{3}$

이런 동전 던지기를 반복한다. 앞면이 나오면 목적지로 한 걸음 다가가고, 뒷면이 나오면 목적지에서 한 걸음 물러난다. 랜덤 워크.

하지만 처음 나온 할당 a와 맞는 할당 a^*의 거리(불일치인 변수의 개수)는 전혀 알 수 없다. 라운드를 시작할 때의 할당 a는 무작위로 정해지기 때문에.

하지만 확률은 알 수 있다!

라운드를 시작할 때 a^*에서부터 거리가 m이 될 확률을 $p(m)$으로 나타내 보자.

$$p(m) = \langle \text{무작위로 선택한 할당 } a\text{와 } a^*\text{의 거리가 } m\text{일 확률} \rangle$$

이렇게 된다. $p(m)$을 구할 수 있을까?

그렇다. $p(m)$은 간단히 구할 수 있다.

변수는 n개 있다. 할당을 무작위로 선택한다는 것은 변수 n개의 참과 거짓을 무작위로 결정한다는 것. '모든 경우의 수'는 2^n가지. 'n개 중에서 m개가 일치하는 경우의 수'는 n개에서 m개를 골라낸 조합의 수 $\dbinom{n}{m}$과 같다. 그 조합은 모두 비슷하게 확실한 듯하니 확률은 이렇다.

$$p(m) = \frac{\langle n\text{개 가운데 } m\text{개가 일치하는 경우의 수} \rangle}{\langle \text{모든 경우의 수} \rangle} = \frac{\dbinom{n}{m}}{2^n} = \frac{1}{2^n}\dbinom{n}{m}$$

좋아, 애초에 라운드 성공 확률을 아래부터…… 작은 쪽부터 평가하고 싶었다. 최소한의 성공 확률을 구하고 싶다. 그럼 가장 운이 좋은 경우의 확률을 구해 보도록 하자.

처음 거리를 m으로 뒀을 때 가장 운이 좋은 건 어떤 경우일까? 그건 간단하다. 반전하는 변수를 무작위로 선택할 때, 일치하지 않는 변수가 매번 나오는 경우가 가장 운이 좋다.

첫 할당에 불일치하는 변수가 m개 있다. 거리가 m이라는 것이다. 그 후에 연속해서 m번, a^*에 다가가면 거리는 0이 되고 맞는 할당이 나온다. 골인 지점까지 직진하는 랜덤 워크가 가장 운이 좋은 경우다. 이걸 계산으로 가지고 올 수 있다.

가장 운이 좋을 확률…… 그러니까 '연속해서 m번 거리가 줄어들 확률'을 $q(m)$이라고 하자. 한 번 거리가 줄어들 확률은 적어도 $\frac{1}{3}$이니까 이런 식이 성립한다.

$$q(m) \geq \left(\frac{1}{3}\right)^m$$

여기까지 알아낸 사실은 이러하다.

$$p(m) = \quad (\text{첫 거리가 } m \text{이 될 확률}) \quad = \frac{1}{2^n}\binom{n}{m}$$
$$q(m) = (\text{연속해서 } m \text{번 거리가 줄어들 확률}) \geq \left(\frac{1}{3}\right)^m$$

m은 어떻게 다뤄야 할까? 조금 더 구체적으로 생각해 보자.

m은 0일지도 모른다. 이때 할당 a는 논리식 f를 충족한다. m은 1일지도 모른다. 이때 일치하지 않는 변수가 1개 있을 것이다. m은 2일지도, 3일지도…… n일지도 모른다. m이 취하는 값은 0, 1, 2, ……n 중 하나다. 이렇게 하면 누락이 없고 중복도 없다.

아! 알았다. m이 0, 1, 2, 3,……n이 되는 $n+1$가지이고, 라운드를 시작하는 상태는 전부 다 했다. 게다가 이 상태가 되는 사건은 모두 배반이다. 즉 m의 값마다 라운드 성공 확률을 계산하고, 그 확률을 모두 더하면 된다. 전부 더하면 m의 값에 상관없이 가장 운이 좋은 경우의 '라운드 성공 확률'을 구할 수 있다.

    m의 값이 결정되어 있는 라운드의 성공 확률은 '첫 거리가 m이 될 확률'
과 '가장 운이 좋은 반전이 이어져 m번 반복할 확률'의 곱이 된다.

    즉 가장 운이 좋은 경우의 라운드 성공 확률은,

$$p(m)q(m)$$

이 식에 $m = 0, 1, 2, 3, \cdots\cdots, n$을 넣어 더하면 된다.

〈라운드 성공 확률〉$\geqq$〈가장 운이 좋은 경우의 라운드 성공 확률〉

$$= \underbrace{p(0)q(0)}_{m=0인\ 경우} + \underbrace{p(1)q(1)}_{m=1인\ 경우} + \underbrace{p(2)q(2)}_{m=2인\ 경우} + \underbrace{p(3)q(3)}_{m=3인\ 경우} + \cdots + \underbrace{p(n)q(n)}_{m=n인\ 경우}$$

$$= \sum_{m=0}^{n} p(m)q(m)$$

$$\geqq \sum_{m=0}^{n} \frac{1}{2^n}\binom{n}{m}\left(\frac{1}{3}\right)^m \qquad p(m) = \frac{1}{2^n}\binom{n}{m}과\ q(m) \geqq \left(\frac{1}{3}\right)^m 에서$$

좋아, 여기까지는 아래부터 평가가 제대로 이루어져 있어!

$$〈라운드\ 성공\ 확률〉 \geqq \sum_{m=0}^{n} \frac{1}{2^n}\binom{n}{m}\left(\frac{1}{3}\right)^m$$

나머지는 이 부등식의 우변을 간단한 식으로 표현할 수 있는가.

문제 9-2 합을 간단하게
    다음 합을 간단히 하라.

$$\sum_{m=0}^{n} \frac{1}{2^n}\binom{n}{m}\left(\frac{1}{3}\right)^m$$

합을 간단하게

논리 이야기는 즐겁다. 랜덤 워크 이야기도 즐겁다. 하지만 나는 수식 이

야기가 가장 즐겁다. 수식으로 나타낼 수 있으면 내가 봐야 할 상대가 명확해
진다. 지금 상대는 이런 식이다.

$$\sum_{m=0}^{n} \frac{1}{2^n} \binom{n}{m} \left(\frac{1}{3}\right)^m$$

이 식을 더 간단하게 만들 수 있을까?

먼저 기계적으로 계산해 본다. $\frac{1}{2^n}$ 에 변수 m은 나오지 않으니 $\sum$ 밖으로
꺼낼 수 있다.

$$\sum_{m=0}^{n} \frac{1}{2^n} \binom{n}{m} \left(\frac{1}{3}\right)^m = \frac{1}{2^n} \sum_{m=0}^{n} \binom{n}{m} \left(\frac{1}{3}\right)^m$$

$\binom{n}{m}$과 $\left(\frac{1}{3}\right)^m$의 곱. 그리고 m을 변화시킨 합. 즉 '곱의 합'이다.

'곱의 합을 생각하는 건 정말 재미있어요.'

테트라는 곧이곧대로 배우고 곧이곧대로 이야기한다. 내가 가르쳐 준 내
용을 명확히 배우는 후배다.

'하지만 변수가 많은 건 어려워요.'

테트라는 변수가 많은 식이 어렵다고 했다. 이항정리라든가……. 이항정리?

$$(x+y)^n = \sum_{m=0}^{n} \binom{n}{m} x^{n-m} y^m \qquad \text{(이항정리)}$$

이거다! 이항정리에서 $x=1, y=\frac{1}{3}$로 하면 나의 식도 간단하게 만들 수
있다!

$$\begin{aligned}
\frac{1}{2^n} \sum_{m=0}^{n} \binom{n}{m} \left(\frac{1}{3}\right)^m &= \frac{1}{2^n} \sum_{m=0}^{n} \binom{n}{m} \cdot 1^{n-m} \cdot \left(\frac{1}{3}\right)^m \\
&= \frac{1}{2^n} \left(1 + \frac{1}{3}\right)^n \qquad \text{(이항정리)} \\
&= \left(\frac{1}{2}\right)^n \left(\frac{4}{3}\right)^n
\end{aligned}$$

$$=\left(\frac{1}{2}\cdot\frac{4}{3}\right)^n$$

$$=\left(\frac{2}{3}\right)^n$$

됐다! 보기 좋게 간단해졌어.

풀이 9-2 합을 간단하게

$$\sum_{m=0}^{n}\frac{1}{2^n}\binom{n}{m}\left(\frac{1}{3}\right)^m=\left(\frac{2}{3}\right)^n$$

응, 이걸로 '라운드 성공 확률'은 변수의 개수를 n개라고 했을 때, 다음과 같이 평가할 수 있다는 사실을 알았다.

$$\langle\text{라운드 성공 확률}\rangle\geqq\left(\frac{2}{3}\right)^n$$

횟수 평가

좋아!

라운드 성공 확률이 '적어도 $\left(\frac{2}{3}\right)^n$'이라는 형태가 됐다. 미르카가 말했던 '적어도 $\frac{1}{M^n}$'이라는 형태에 적용해 보면 M은 $\frac{2}{3}$의 역수, 그러니까 $\frac{3}{2}$가 된다. 따라서 라운드 수 $R=K\cdot M^n$의 지수 부분은 이렇게 된다.

$$M^n=\left(\frac{3}{2}\right)^n=1.5^n$$

완전 탐색의 경우, 반복 횟수 2^n의 밑은 2였다.

나는 무작위 알고리즘 RANDOM-WALK-3-SAT에서 라운드 수의 지수 부분을 1.5^n으로 평가했다.

2에서 1.5로.

확실히 작아졌다!

6. 도서실

독립과 배반

이튿날 오후, 도서실에 모인 멤버들에게 나는 어젯밤의 성과를 들려줬다.

"2^n에서 1.5^n이 됐군요!" 테트라가 박수를 치며 말했다.

"응. 지수의 밑을 2에서 1.5로 줄이는 데 성공했어." 나는 살짝 들뜬 마음으로 대답했다. 무엇보다 미르카가 말한 논문을 참조하지 않고 풀었다는 게 기뻤다.

"이항정리를 발견했더니 금방 풀렸어."

"확실히 재미있군." 미르카가 말했다.

"물론 완전 탐색에서 알아본 것과 달리 1.5^n의 오더에서 맞는 할당을 확실히 찾을 수 있다는 보장은 없어. 하지만 2^n이라는 지수적 오더와 맞닥뜨렸을 때, 밑을 최소한으로 만드는 도전은 중요해. 무작위 알고리즘은 귀중한 무기 중 하나야."

"동전 던지기…… 좋은 아이디어야." 내가 말했다.

"$3n$ 걸음 랜덤 워크도, R 라운드도 동전 던지기를 반복하는 경우로 생각하면 이해가 잘 되거든."

"동전 던지기는 매번 던지는 게 다 독립되어 있고." 미르카가 말했다.

"독립이라고요?" 테트라가 물었다.

"두 사건 A, B가 **독립**되었다는 건, A와 B가 서로 영향을 주지 않는다는 뜻이야. 사건 'A 그리고 B'가 일어날 확률이 $Pr(A)$와 $Pr(B)$의 곱과 같다는 뜻."

$$Pr(A \cap B) = Pr(A) \times Pr(B) \qquad \text{사건 A, B는 독립}$$

"독립……이군요." 테트라는 메모를 하면서 말했다. "독립은 배반과는 다르죠?"

"달라. 두 사건 A, B가 **배반**이라는 건, 사건 'A 또는 B'가 일어날 확률이 $Pr(A)$와 $Pr(B)$의 합과 같다는 뜻." 미르카가 말했다.

$$Pr(A \cup B) = Pr(A) + Pr(B) \qquad \text{사건 A, B는 배반}$$

정밀 평가

"그럼 논문에 나온 평가를 얘기해 볼까?"

"예? 1.5^n이 아니에요?" 테트라가 물었다.

"더 정밀하게 평가했거든." 미르카가 대답했다.

"정밀하게? ……앗, 그럼 스털링의 근사를 쓴 건가?"

"스털링의 근사도 써. 하지만 랜덤 워크를 해석할 때는 우리가 잘 아는 무기…… 피아노 문제에서 썼던 일반해*를 먼저 쓸 거야."

피아노 문제의 일반해

시작음보다 낮은 음을 쓰지 않고 인접한 음을 $a+b$개로 이어 가며 시작음보다 $a-b-1$음만큼 높은 음으로 끝나는 멜로디의 수를 아래 식으로 나타낸다.

$$\frac{a-b}{a+b} \cdot \binom{a+b}{a}$$

◆◆◆

RANDOM-WALK-3-SAT를 정밀하게 평가할게.

랜덤 워크의 시작이 되는 할당이 맞는 할당 중 하나인 a^*에서 m걸음 떨어져 있다고 해. 거기서 랜덤 워크를 시작해서 거리가 0이 되면 논리식을 충족하게 돼.

어젯밤에 너는 'm걸음 떨어진 곳에서 m걸음 앞으로 가면 거리는 0이 된다'는 가장 운이 좋은 경우만 생각해서 라운드 성공 확률을 평가했어.

하지만 대부분은 거리가 0이 될 때까지 그 사이를 왔다 갔다 하지. 그 경로의 수를 고려하면 a^*에 이르는 경로는 늘어나고 라운드 성공 확률은 올라가고 라운드 수의 오더는 내려가.

---

* 확률론에서는 '투표 정리'라고 부른다.

이렇게 생각하는 거야. 거리가 m에서 0이 될 때까지 그 사이에 i걸음 a^*에서 **멀어진다**고 말이야. i걸음 멀어지는 만큼 다시 되돌리려면 또 다른 데서 i걸음 가까이 다가가야 해. 애초에 m에서 0으로 가기 위해 필요한 m걸음이랑 맞추면, 출발 지점에서 총 $m+2i$걸음을 가야 a^*에 도달하게 돼.

멀어지는 걸음 수 i가 m을 넘는 경로는 무시하자. 즉 i가 m을 넘는 경우는 a^*에 도달하지 않는다고 간주하는 거야.

걸음을 옮기는 것에 대해 'a^*와의 거리가 어떻게 변화하는가'를 나타내는 그래프, 그리고 피아노 문제에서 '멜로디가 어떻게 변화하는가'를 나타내는 그래프를 나열해 보면, 랜덤 워크 중 하나의 경로와 피아노 문제 중 하나의 멜로디가 1대 1로 대응한다는 사실을 알 수 있어. 정확히 좌우 반전된 그래프가 되거든.

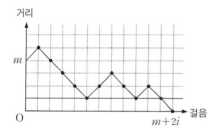 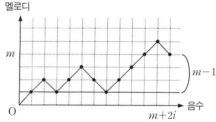

피아노 문제의 일반해에서는 시작음보다 $a-b-1$음만큼 높은 음에서 끝나고, 음수가 $a+b$개가 되는 멜로디의 수는 아래 식으로 나타낼 수 있어.

$$\frac{a-b}{a+b}\binom{a+b}{a}$$

이걸 랜덤 워크에 적용해서 이런 연립방정식을 얻어.

$$\begin{cases} a-b-1= m-1 & \text{마침음은 시작음보다 얼마나 높은가?} \\ a+b = m+2i & \text{음수는 총 얼마인가?} \end{cases}$$

이걸 풀면 $(a, b) = (m+i, i)$로, 랜덤 워크의 경로 수를 얻을 수 있어.

$$\frac{a-b}{a+b}\binom{a+b}{a} = \frac{a-b}{a+b}\binom{a+b}{b} \qquad \binom{a+b}{a} = \binom{a+b}{b} \text{니까}$$
$$= \frac{m}{m+2i}\binom{m+2i}{i}$$

이게 '거리 m에서 시작해서 a^*에 도달할 때까지 그 사이 어딘가에서 i걸음 멀어지는 경로의 수'야.

그럼 라운드 성공 확률을 계산해 보자.

'거리 m에서 i걸음 멀어져서 a^*에 도달할 확률'을 $\mathrm{P}(m, i)$로 나타내고, 아래에서부터 평가하자. 앞면이 나오면 멀어지고 뒷면이 나오면 다가가는 동전 던지기를 $m+2i$번 반복해서, 그중 i번 앞면이 나오는 경우를 생각해. 앞면이 나올 확률은 많아야 $\frac{2}{3}$이고, 뒷면이 나올 확률은 적어도 $\frac{1}{3}$이니까······.

$$\mathrm{P}(m, i) \geq \underbrace{\frac{m}{m+2i}\binom{m+2i}{i}}_{\text{경로 수}} \overbrace{\left(\frac{2}{3}\right)^i}^{\text{멀어지는 정도}} \underbrace{\left(\frac{1}{3}\right)^{m+i}}_{\text{가까워지는 정도}}$$

이렇게 평가할 수 있어. 이 평가에서 멀어지는 걸음수 i가 m보다 커지는 경로는 무시했어.

$\mathrm{P}(m, i)$를 밑에서부터 평가했으니까 멀어지는 걸음수와 상관없이 '거리 m에서 a^*에 도달할 확률'을 $\mathrm{Q}(m)$으로 나타내고 밑에서부터 평가하자. 이건 i가 얻을 수 있는 $0 \leq i \leq m$의 범위인데, $\mathrm{P}(m, i)$의 합을 구하면 돼.

$$\mathrm{Q}(m) = \sum_{i=0}^{m} \mathrm{P}(m, i)$$
$$\geq \sum_{i=0}^{m} \underbrace{\frac{m}{m+2i}\binom{m+2i}{i}}_{\alpha} \underbrace{\left(\frac{2}{3}\right)^i}_{\beta} \underbrace{\left(\frac{1}{3}\right)^{m+i}}_{\gamma}$$

i의 최댓값은 m이라는 사실을 사용하면 α, β, γ를 밑에서부터 평가할 수 있어.

$$\begin{cases} \alpha: \dfrac{m}{m+2i} \geqq \dfrac{m}{m+2m} = \dfrac{1}{3} \\[2ex] \beta: \left(\dfrac{2}{3}\right)^i \geqq \left(\dfrac{2}{3}\right)^m \\[2ex] \gamma: \left(\dfrac{1}{3}\right)^{m+i} \geqq \left(\dfrac{1}{3}\right)^{m+m} = \left(\dfrac{1}{3}\right)^{2m} \end{cases}$$

이걸 사용해서 $Q(m)$을 평가하는 거지.

$$Q(m) \geqq \sum_{i=0}^{m} \underbrace{\frac{m}{m+2i}}_{\alpha} \binom{m+2i}{i} \underbrace{\left(\frac{2}{3}\right)^i}_{\beta} \underbrace{\left(\frac{1}{3}\right)^{m+i}}_{\gamma}$$

$$\geqq \sum_{i=0}^{m} \frac{1}{3} \binom{m+2i}{i} \left(\frac{2}{3}\right)^m \left(\frac{1}{3}\right)^{2m} \qquad \text{i의 최댓값이 m이라는 사실을 사용}$$

$$= \frac{1}{3} \left(\frac{2}{3}\right)^m \left(\frac{1}{3}\right)^{2m} \sum_{i=0}^{m} \binom{m+2i}{i} \qquad \text{i가 없는 식을 $\sum$ 밖으로 뺀다}$$

$$= \frac{1}{3} \left(\frac{2}{27}\right)^m \sum_{i=0}^{m} \binom{m+2i}{i}$$

합 중에서 하나의 항만 꺼내면 부등식을 만들 수 있어.

$$\sum_{i=0}^{m} \binom{m+2i}{i} \geqq \binom{m+2m}{m} = \binom{3m}{m}$$

이걸 이용해서 $Q(m)$ 평가를 더 진행해.

$$Q(m) \geqq \frac{1}{3} \left(\frac{2}{27}\right)^m \underbrace{\sum_{i=0}^{m} \binom{m+2i}{i}}_{}$$

$$\geqq \underbrace{\frac{1}{3}}_{\text{수}} \underbrace{\left(\frac{2}{27}\right)^m}_{\text{거듭제곱의 꼴}} \binom{3m}{m}$$

$\dbinom{3m}{m}$을 거듭제곱의 꼴로 평가하자.

비장의 무기, 스털링의 근사가 등장하지.

스털링의 근사

'강의'를 하면서 미르카는 내 노트에 식을 쭉쭉 적어 나갔다.

◆ ◆ ◆

스털링의 근사는 $n!$의 평가에서 자주 쓰이고 있어.

스털링의 근사

n이 매우 클 때, $n!$은 $\sqrt{2\pi n}\left(\dfrac{n}{e}\right)^n$으로 근사를 할 수 있어. 이걸 이렇게 나타내.

$$n! \sim \sqrt{2\pi n}\left(\frac{n}{e}\right)^n$$

이 식은 $n \longrightarrow \infty$에서 양변의 비의 극한값이 1과 같다는 걸 나타내.
그러니까 이런 뜻이지.

$$\lim_{n \to \infty} \frac{n!}{\sqrt{2\pi n}\left(\dfrac{n}{e}\right)^n} = 1$$

여기서는 스털링의 근사와 관련된 아래 부등식을 써.

$$n! \leqq \sqrt{2\pi n}\left(\frac{n}{e}\right)^n e^{\frac{1}{12n}} {}^* \qquad \text{위에서부터 평가 (U)}$$

$$n! \geqq \sqrt{2\pi n}\left(\frac{n}{e}\right)^n \qquad \text{아래서부터 평가 (L)}$$

그럼 부등식 (U)와 (L)을 사용해서 $\dbinom{3m}{m}$을 아래서부터 평가하자. 정의

---

* 스털링의 근사는 더 정확하게는 $n! \approx \sqrt{2\pi n}\left(\dfrac{n}{2}\right)^n\left(1+\dfrac{1}{12n}\right)$이다. $1+\dfrac{1}{12n} \leqq e^{\frac{1}{12n}}$임을 이용하면 이 식이 성립한다.

를 참고하면 $\binom{3m}{m}$은 계승을 사용해서 쓸 수 있어.

$$\binom{3m}{m} = \frac{(3m)!}{(1m)!\,(2m)!}$$

규칙성을 보기 위해 m을 $1m$으로 썼어. $\binom{3m}{m}$을 아래서부터 평가하는 거니까 분모는 크게 분자는 작게 평가할게. 그러니까 $(1m)!$과 $(2m)!$은 위에서부터 한 평가 (U)를 쓰고, $(3m)!$은 아래서부터 한 평가 (L)을 써.

$$(1m)! \leqq \sqrt{2\pi \cdot 1m}\left(\frac{1m}{e}\right)^{1m} e^{\frac{1}{12 \cdot 1m}} \qquad (U)에서$$

$$(2m)! \leqq \sqrt{2\pi \cdot 2m}\left(\frac{2m}{e}\right)^{2m} e^{\frac{1}{12 \cdot 2m}} \qquad (U)에서$$

$$(3m)! \leqq \sqrt{2\pi \cdot 3m}\left(\frac{3m}{e}\right)^{3m} \qquad (L)에서$$

▶ $\dfrac{(3m)!}{(1m)!\,(2m)!}$의 분모를 평가한다.

$$(1m)!\,(2m)! \leqq \sqrt{2\pi \cdot 1m}\left(\frac{1m}{e}\right)^{1m} e^{\frac{1}{12 \cdot 1m}} \cdot \sqrt{2\pi \cdot 2m}\left(\frac{2m}{e}\right)^{2m} e^{\frac{1}{12 \cdot 2m}}$$
$$= 2\pi \cdot \sqrt{2} \cdot m \cdot 4^m \cdot m^{3m} \cdot e^{-3m} \cdot e^{\frac{1}{12m} + \frac{1}{24m}}$$

▶ $\dfrac{(3m)!}{(1m)!\,(2m)!}$의 분자를 평가한다.

$$(3m)! \geqq \sqrt{2\pi \cdot 3m}\left(\frac{3m}{e}\right)^{3m}$$
$$= \sqrt{2\pi} \cdot \sqrt{3} \cdot \sqrt{m} \cdot 27^m \cdot m^{3m} \cdot e^{-3m}$$

이렇게 $\binom{3m}{m}$을 평가할 수 있어.

$$\binom{3m}{m} = \frac{(3m)!}{(1m)!(2m)!}$$

$$\geq \frac{\sqrt{2\pi} \cdot \sqrt{3} \cdot \sqrt{m} \cdot 27^m \cdot m^{3m} \cdot e^{-3m}}{2\pi \cdot \sqrt{2} \cdot m \cdot 4^m \cdot m^{3m} \cdot e^{-3m} \cdot e^{\frac{1}{12m}+\frac{1}{24m}}}$$

$$= \frac{\sqrt{3} \cdot 27^m}{\sqrt{2\pi} \cdot \sqrt{2} \cdot \sqrt{m} \cdot 4^m \cdot e^{\frac{1}{8m}}}$$

$$= \frac{\sqrt{3}}{2\sqrt{\pi}} \cdot e^{-\frac{1}{8m}} \cdot \frac{1}{\sqrt{m}} \cdot \left(\frac{27}{4}\right)^m$$

$m = 1, 2, 3, \cdots\cdots, n$일 때 $e^{-\frac{1}{8m}} \geq e^{-\frac{1}{8}}$을 써.

$$\geq \underbrace{\frac{\sqrt{3}}{2\sqrt{\pi}} \cdot e^{-\frac{1}{8}}}_{\text{수}} \cdot \frac{1}{\sqrt{m}} \cdot \underbrace{\left(\frac{27}{4}\right)^m}_{\text{거듭제곱의 꼴}}$$

수 부분은 C로 정리해.

$$C = \frac{\sqrt{3}}{2\sqrt{\pi}} \cdot e^{-\frac{1}{8}}$$

$\binom{3m}{m}$을 평가하자.

$$\binom{3m}{m} \geq \frac{C}{\sqrt{m}} \left(\frac{27}{4}\right)^m$$

Q(m) 평가로 돌아갈게.

$$Q(m) \geq \frac{1}{3}\left(\frac{2}{27}\right)^m \cdot \binom{3m}{m}$$

$$\geq \frac{1}{3}\left(\frac{2}{27}\right)^m \cdot \frac{C}{\sqrt{m}}\left(\frac{27}{4}\right)^m$$

$$= \frac{C}{3} \frac{1}{\sqrt{m}} \left(\frac{2}{27} \cdot \frac{27}{4}\right)^m$$

$$= \frac{C}{3} \frac{1}{\sqrt{m}} \left(\frac{1}{2} \right)^m$$

$C' = \dfrac{C}{3}$로 할게.

$$= \frac{C'}{\sqrt{m}} \left(\frac{1}{2} \right)^m$$

이렇게 라운드 성공 확률을 아래서부터 평가할 수 있어.

라운드 성공 확률

$$= \sum_{m=0}^{n} (\text{첫 거리가 } m \text{이 될 확률}) \cdot Q(m)$$

$$= \sum_{m=0}^{n} \frac{1}{2^n} \binom{n}{m} \cdot Q(m)$$

$$\geqq \sum_{m=0}^{n} \frac{1}{2^n} \binom{n}{m} \cdot \frac{C'}{\sqrt{m}} \left(\frac{1}{2} \right)^m$$

$$\geqq \frac{C'}{\sqrt{n}} \frac{1}{2^n} \sum_{m=0}^{n} \binom{n}{m} \left(\frac{1}{2} \right)^m \qquad \frac{1}{\sqrt{m}} \geqq \frac{1}{\sqrt{n}} \text{에서}$$

$$= \frac{C'}{\sqrt{n}} \frac{1}{2^n} \sum_{m=0}^{n} \binom{n}{m} 1^{n-m} \left(\frac{1}{2} \right)^m \qquad \text{이항정리를 쓸 준비}$$

$$= \frac{C'}{\sqrt{n}} \frac{1}{2^n} \left(1 + \frac{1}{2} \right)^n \qquad \text{이항정리를 사용}$$

$$= \frac{C'}{\sqrt{n}} \left(\frac{1}{2} \cdot \frac{3}{2} \right)^n$$

$$= \frac{C'}{\sqrt{n}} \left(\frac{3}{4} \right)^n$$

라운드 성공 확률은 다음과 같이 아래서부터 평가했어.

$$\langle \text{라운드 성공 확률} \rangle \geqq \frac{C'}{\sqrt{n}} \left(\frac{3}{4} \right)^n$$

우변의 역수를 취하면,

$$\frac{\sqrt{n}}{C'}\left(\frac{4}{3}\right)^n$$

이렇게 되니까 라운드 수의 지수 부분은 이렇게 평가할 수 있어.

$$\langle 라운드\ 수의\ 지수\ 부분\rangle \leqq \left(\frac{4}{3}\right)^n = (1.333\cdots)^n < 1.334^n$$

결국 라운드 수의 지수함수 부분은 많아 봤자 1.334^n이라는 평가가 내려졌어. 네가 평가한 1.5^n보다 상당히 작게 평가해 냈지.

이걸로 한 건 해결!

"논문을 따라 해 보는 것도 재밌네. 스털링의 근사라……." 내가 말했다.

'라운드 수의 지수 부분'의 밑을 평가하는 '여행 지도'

랜덤 워크의 시작이

올바른 할당 a*에서 m걸음 떨어져 있다고 가정.

피아노 문제를 사용해서 경로 수를 구하고

동전 던지기로 간주해서 확률을 평가.

'거리 m에서 i걸음 멀어져 a*에 도달할 확률' $\mathrm{P}(m, i)$를 평가.

멀어지는 정도

$$\mathrm{P}(m, i) \geqq \underbrace{\frac{m}{m+2i}\binom{m+2i}{i}}_{\text{경로 수}} \overbrace{\left(\frac{2}{3}\right)^{i}} \underbrace{\left(\frac{1}{3}\right)^{m+i}}_{\text{가까워지는 정도}}$$

'거리 m에서 a*에 도달할 확률' $\mathrm{Q}(m)$을 평가

$$\mathrm{Q}(m) = \sum_{i=0}^{m} \mathrm{P}(m, i) \geqq \frac{1}{3}\left(\frac{2}{27}\right)^{m} \underbrace{\binom{3m}{m}}$$

스털링의 근사로 $\binom{3m}{m}$을 평가

$$\binom{3m}{m} = \frac{(3m)!}{(1m)!(2m)!} \geqq \frac{\mathrm{C}}{\sqrt{m}}\left(\frac{27}{4}\right)^{m}$$

이항정리로 '라운드 성공 확률'을 평가

$$(\text{라운드 성공 확률}) = \sum_{m=0}^{n} \frac{1}{2^{n}}\binom{n}{m} \cdot \mathrm{Q}(m) \geqq \frac{\mathrm{C}'}{\sqrt{n}}\left(\frac{3}{4}\right)^{n}$$

역수를 취해서 '라운드 수의 지수 부분'을 평가

$$\langle \text{라운드 수의 지수 부분} \rangle \leqq \left(\frac{4}{3}\right)^{n} < 1.334^{n}$$

"저는 아직 무기가 부족하군요. 단순히 식 변형으로 끝나는 게 아니라 각 인자의 크기를 평가하고, 스털링의 근사로 조합의 수를 평가하고, 아래서부터 평가, 위에서부터 평가, 라운드 성공 확률 평가, 실패 확률 평가, 무작위 알고리즘이 놓칠 확률 평가…… 수나 식에 대한 광범위한 지식과 감각, 그리고 체력이 필요하다는 걸 깨달았어요." 테트라가 말했다.

"이제 곧 미즈타니 선생님이 등장할 시간이야." 내가 말했다.

"저기, 우리 오늘은 새로운 도전을 해 볼까요? 그러니까 말예요……." 테트라가 장난기 가득한 표정을 짓더니 작은 목소리로 설명했다.

이윽고 사서실에서 미즈타니 선생님이 나타났다. 늘 같은 통로를 걸어와 도서실 한복판에 선 미즈타니 선생님이 시간을 알리려는 순간, "퇴실 시간입니다!" 우리가 먼저 합창하듯 외쳤다. 리사마저 작은 소리로 참여했다.

그러나 미즈타니 선생님은 한 치의 흔들림도 없이 입을 열었다.

"퇴실 시간입니다."

7. 귀갓길

올림픽

우리는 평소처럼 전철역으로 가는 좁은 길을 걸었다. 매일 반복되는 일상. 우리의 걸음은 랜덤 워크일까? 걷다 보면 특별한 곳으로 다다르게 될까?

"그런데 왜 안쪽 루프는 $3n$번이었어요?" 테트라는 이렇게 묻더니 또 다시 물었다. "$3n$이라는 특별한 값이 나온 이유는 뭐죠?"

"평가할 때 'i걸음 멀어진다'라는 경우를 검토했는데, 그때의 걸음 수는 $m+2i$였어. i의 최댓값이 m이고, m의 최댓값은 n이니까 i걸음 멀어져도 1라운드 안에 a^*까지 도달하기 위해서는 적어도 $m+2i \leq n+2n = 3n$번의 루프가 필요해."

"앗, 그래서 그랬군요! 안쪽 루프에 대해 하나 더 궁금한 점이 있어요. 우리는 바깥쪽 루프 횟수의 평가만 신경 썼어요. 그런데 말로 쓴 부분도 시간이

들지 않나요? 예를 들어 'n 변수의 할당을 무작위로 선택한다'는 절차 같은 거요."

"시간이 들지. 하지만 그건 모든 다항식의 오더에서 쓰는 절차야. 적어도 모든 다항식의 오더 절차로 생각하고 있어. 그러니까 'n 변수의 할당을 무작위로 선택한다'는 n개의 변수에 대입하니까 O(n)이 되고, '할당 a는 논리식 f를 충족하는가'를 알아보는 절차는 절의 개수 오더가 돼. 같은 절의 반복을 용납하지 않는다고 하면, 절의 개수는 변수의 개수의 다항식 배인 오더 이하로 줄일 수 있어. 그러니까 문제는 없어."

"그렇군요. 왠지 올림픽 같아요." 테트라가 말했다.

"뭐가?" 내가 물었다.

"3-SAT요. 오더를 낮추는 경쟁을 하는 거잖아요. 올림픽에서 육상 선수들이 100m 달리기의 시간을 단축하기 위해 세계 기록에 도전하는 것과 비슷하지 않아요?"

"페르마의 마지막 정리 때도 누가 최초로 증명하는지 경쟁이 있었지."

"아, 그러네요."

"누군가 오더가 작은 알고리즘을 생각하고 해석하고 논문을 발표하면 다른 연구자가 그 논문을 읽고 개선해서 논문을 발표하지. 그렇게 인류의 지식은 발전했어. 나는 1999년 우베 쇠닝(Uwe Schöning)이 발표한 「K-SAT와 제약 충족 문제를 위한 확률적 알고리즘(A Probabilistic Algorithm for k-SAT and Constraint Satisfaction Problems)」이라는 논문을 읽었어. 이 논문이 나온 때 1.334^n이 3-SAT의 세계 기록이었어."

"영어로 쓴 논문이겠죠."

"당연하지. 영어로 쓰지 않으면 세계에 알려질 수 없거든." 미르카가 말했다.

"전할 가치가 있는 걸 올바르게 전달하는 것, 그게 논문의 본질이군요." 테트라가 말했다.

8. 집

논리

"충족 가능성 문제라고?" 유리가 말했다.

다시 돌아온 주말, 늘 똑같은 내 방, 여느 때와 다름없는 유리와의 대화…….

아니다, 오늘 유리는 평소와 다른 분위기다.

"유리, 그 리본은 뭐야?"

"어? 알아봤네?"

"리본 예쁘네. 잘 어울려."

"고마워." 유리는 기분이 좋은지 싱글벙글 웃는다.

"어려운 문제를 탐구하는 게 재미있어. 문제를 풀기만 하는 게 아니라 문제 풀이의 알고리즘을 만드는 문제, 그러니까 문제에 대한 문제 같은 거 말야."

"정량적으로 평가하는 부분이 중요해. 부등식이 꽤 역할을 하지."

"흠, 논리 이야기가 부등식 이야기로 바뀌는구나."

"수학은 전부 다 이어져 있으니까."

"컴퓨터 분야도 재미있어 보여."

"맞아. 우리가 도서실에서 얘기할 때 리사가 도와주거든."

"리사가 누구야?" 유리가 의아한 표정을 지었다.

"컴퓨터를 잘 다루는 빨강머리 고등학생……."

유리는 잠시 생각했다.

"피보나치 사인을 나누는 사이야?"

"응. 2진법 피보나치 사인이긴 하지만. 리사는 나라비쿠라 박사님의 딸이야. 참, 이번에 나라비쿠라 도서관에서 학회가 있거든."

나는 리사가 준 팸플릿을 유리에게 보여주면서 컴퓨터 과학에 관한 소규모 국제회의 중에 중학생을 위한 프로그램이 있다는 걸 알려 주었다.

"아, 미르카 언니가 강사를 맡은 거야?"

"아니, 테트라가 대신 발표하기로 했어."

"아쉽…… 어? 중학생을 위한 프로그램? 맞다!"

"왜 그래?"

"아냐, 아무것도. 테트라 언니가 발표한다니…… 단상에 오르면 쓰러질 것 같은데."

"그럴 일은 없을 거야……. 아마도."

모든 컴퓨터 과학에서 가장 유명한 미해결 문제는
주어진 불(Boole) 함수가 충족 가능한지 충족 불가능한지를 판단하는
효율적인 방법을 찾는 것이다. ……
이 문제를 처음 들었을 때,
다음과 같이 반문하고 싶어질지도 모른다.
"뭐라고? 컴퓨터 과학자가 그렇게 단순한 걸 어떻게 해야 할지
모르다니, 진심으로 하는 소리야?"
_도널드 커누스

무작위 알고리즘

도와줄 사람과 도구가 있으면 적은 수고로 끝낼 수 있는 일도
홀로, 그것도 맨손으로 하려고 하면
방대한 노력과 지나치게 많은 시간이 걸리고 만다.
_『로빈슨 크루소』

1. 패밀리 레스토랑

비

"죄송해요." 테트라가 말했다.

"괜찮아." 내가 말했다.

리사는 대답이 없다.

이곳은 전철역 근처 패밀리 레스토랑. 밖에는 비가 내리고 있다. 저녁에서 밤으로 넘어가는 시간이다. 나는 테트라와 리사랑 저녁을 먹으러 왔다. 저녁을 먹게 된 이유는 테트라의 고민 때문이다. 그렇다. 2주 후에 나라비쿠라 도서관에서 열릴 학회 발표 준비 때문이다. 테트라는 중학생을 위한 발표 주제로 알고리즘을 골랐다. 그동안 발표할 내용을 성실히 정리한 것까지는 좋은데 분량이 너무 많았다. 노트 한 권을 다 채울 기세다.

"그렇게 많은 내용을 어떻게 다 전달하려고 그래?" 꽤 지친 나는 스파게티를 오물거리며 볼멘소리를 했다.

"그래도 어떻게든 넣고 싶어요. 차곡차곡 쌓아서 설명할 생각이거든요." 테트라가 포크로 오므라이스를 쿡쿡 찌르며 말했다.

"발표 시간이 턱없이 부족할 텐데?"

"시간을 늘릴 수 있을까?" 테트라가 옆에 앉은 리사를 향해 말했다.

"안 돼." 리사는 아이스티를 마시며 대답했다.

리사는 사무국 일을 돕고 있으니 행사 일정을 잘 알고 있겠지.

"제대로 설명하지 못하면 듣는 사람들이 혼란스러울 거야."

"아무리 설명해도 사람들이 이해하지 못하면 끝이지."

"그러니까 원고를 확실히 준비해서……."

"자기만족." 리사가 말했다.

"쳇, 아니거든." 발끈한 테트라. 평소에는 볼 수 없는 표정이다.

"난 그저 발표할 내용을 미리 적어서……."

"시간 낭비." 리사가 나를 힐끗 보며 말했다. "수험생의 시간."

수험생이란 나를 말하는 거겠지.

"아…… 선배, 시간을 빼앗아서 죄송해요." 테트라의 목소리가 기어 들어갔다. "그래도 완벽하게 준비하고 싶어서."

"현실적인 이야기를 하자." 나는 두 후배를 중재하듯 말했다.

"실제로 발표 시간도 부족하고 준비할 시간도 없잖아. 그러니까 정렬의 예시는 두 가지 정도로 추리자."

"……네." 테트라는 마지못해 대답했다.

"예를 들어 거품 정렬이랑, 그리고 또 하나 대표적인 정렬을……."

"**퀵 정렬.**" 리사가 말했다.

"그거! 무라키 선생님이 주신 카드에도 있었어요!"

테트라는 가방을 열어 카드를 꺼내려 했다.

"미안하지만…… 내가 지금은 완전히 녹초 상태야. 이 자리에서 보기 시작하면 길게 생각해야 하니까 나머지는 내일, 아니 내일모레 수업 마치고 하자." 내가 말했다.

"정말 죄송해요." 테트라가 말했다.

리사는 말없이 자신의 빨강머리를 만지작거리고 있었다.

2. 학교

점심시간

이틀 후 점심시간, 나는 교실에서 미르카와 얘기를 나누었다.

"테트라가 의욕이 넘치던걸?" 내가 말했다.

"흠." 미르카는 초코바를 한 입 떼어 먹으며 물었다. "리사는?"

"리사는 조금 냉정하게 말하긴 했지만 테트라가 내용을 다 정리하면 발표 보고서 만드는 걸 도와주겠대."

"그럴 줄 알았어."

"그렇지? 누가 1학년 학생이라고 생각하겠어?"

"실력 이야기가 아니야. 넌 학회에 갈 거니?" 미르카가 물었다.

"나라비쿠라 도서관에? 물론 가야지. 유리한테도 물어보려고. 그날 미르카는 국내에 없는 거지?"

"응."

"이번엔 무슨 일로?"

"거기서 흥미로운 수론 모임이 있어. 일주일 정도 있다가 올 거야. 학회 다음 날 귀국해."

퀵 정렬 알고리즘

수업을 마친 후 도서실에 갔더니 리사와 테트라가 먼저 와서 기다리고 있었다.

"선배! 퀵 정렬 이야기 좀 들어 주세요. 아직 모르는 부분도 있지만 리사랑 둘이서 준비했어요!"

"힘이 넘치네." 내가 말했다.

"그럼 바로 입력과 출력부터." 테트라는 노트를 펼쳤다.

◆◆◆

퀵 정렬에서는 입력하는 수열 A를 다음과 같이 구분된 상자에 나타내서 L부터 R까지의 범위를 정렬해요. 범위 밖은 그대로 두고요. 전체를 정렬하고 싶으면 L=1, R=n으로 해요.

정렬하는 범위

퀵 정렬의 절차는 이렇게 돼요.

퀵 정렬 알고리즘(절차)

R1:   procedure QUICKSORT(A, L, R)
R2:   if L < R then
R3: $p \leftarrow$ L
R4: $k \leftarrow$ L+1
R5:   while $k \leqq$ R do
R6:   if A[k] < A[L] then
R7:   A[p+1] $\longleftrightarrow$ A[k]
R8: $p \leftarrow p$+1
R9:   end-if
R10: $k \leftarrow k$+1
R11:   end-while
R12:   A[L] $\longleftrightarrow$ A[p]
R13:   A $\leftarrow$ QUICKSORT(A, L, p−1)
R14:   A $\leftarrow$ QUICKSORT(A, p+1, R)
R15:   end-if
R16:   return A
R17:   end-procedure

"어디 보자. L은 왼쪽이고 R은 오른쪽이라는 뜻이지?" 내가 말했다.

"네. 어제 하루 종일 이 알고리즘을 연구했어요. 웬만하면 선배 시간을 빼앗지 않으려고 리사의 도움을 받아서 정리했어요." 테트라는 옆에 둔 리포트 용지 묶음을 가리켰다. "먼저 퀵 정렬이 실행하는 걸 그림으로 보여드릴게요."

◆ ◆ ◆

이건 QUICKSORT에 A = ⟨5, 1, 7, 2, 6, 4, 8, 3⟩, L=1, R=8을 입력했을 때 어떤 모습인지 그린 거예요.

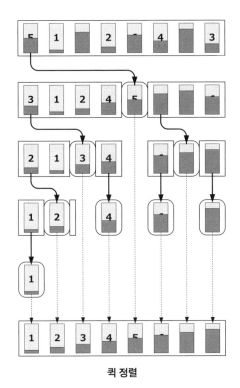

퀵 정렬

처음에는 **기준점**이라 불리는 원소를 선택해요. 기준점은 크고 작은 걸 분류하기 위한 기준값이에요. QUICKSORT에서는 왼쪽 끝에 있는 원소를 기준점으로 선택하죠.

그림에서 기준점으로 처음에 선택한 건 5예요. 기준점보다 작은 수는 왼쪽으로 이동하고 기준점 이상인 수는 오른쪽으로 이동하고 그 경계로 기준점이 이동하죠. 이 작업을 **'기준점으로 분할하기'**라고 해요. 그림으로 말하면 ⟨3, 1, 2, 4⟩와 ⟨7, 8, 6⟩ 사이에 기준점인 5가 끼어 있죠.

그렇게 분류해서 만들어진 두 수열을 다시 퀵 정렬해요. 이 작업을 **'부분 수열의 정렬'**이라고 해요.

퀵 정렬은 다음 작업을 반복해서 만들어져요.

- 기준점으로 분할하기(R3부터 R12)
- 부분 수열의 정렬(R13과 R14)

이 두 가지 작업을 순서대로 설명할게요!

기준점으로 하는 수열의 분할(두 날개)

'기준점으로 수열 분할하기'를 해요.

가장 왼쪽 상자인 A[L]의 내용물을 기준점으로 하고, 그림에서는 '='로 표시해요. 기준점과 똑같다는 뜻이죠.

기준점과 다른 원소의 대소 관계는 확인할 때까지 알 수 없어요. 대소 관계가 확인되지 않은 곳은 '?'로 표시해요.

변수 p와 k는 R3과 R4에서 초기화되니까 그림처럼 되죠.

A[L]의 값을 기준점으로 하기

R6의 if 문에서 한 원소를 기준점과 비교해요.

R5부터 R11까지의 while 문에서 처리를 반복하죠.

$$\vdots$$

R5:   while $k \leqq R$ do
R6:   if $A[k] < A[L]$ then
R7: $A[p+1] \longleftrightarrow A[k]$
R8: $p \leftarrow p+1$
R9:   end-if
R10: $k \leftarrow k+1$

R11: end-while

    ⋮

■ A[2]< 기준점일 경우

A[2]가 기준점보다 작을 경우에는 R7부터 R10까지 실행해요. 그 결과, R11부터 R5로 돌아왔을 때는 이런 상태가 되어 있죠.

A[2]의 값은 1, 기준점의 값은 5이니까 A[2]의 값은 '기준점보다 작다'라는 사실이 확인됐어요. 기준점보다 작은 걸 그림에서는 '<'로 표시해요.

R7의 A[$p+1$] ⟷ A[k]에서 원소를 교환해요. 지금은 쓸데없이 A[2]끼리 교환해서 처리하게 되었는데, 그건 하필 $p+1=k$라서 그래요. $p+1 \neq k$일 때는 분할을 위해 의미 있는 교환을 하게 돼요.

■ A[2]≧ 기준점일 경우

A[2]가 기준점 이상인 경우, p는 그대로 있고 k만 늘어나요.

그럼 R5의 조건 $k \leq$ R을 만족하는 동안, 지금 했던 것과 똑같은 걸 반복할게요. 그 결과 기준점보다 작은가 큰가에 따라 각 원소가 분류돼요. 분류하는 중에는 이런 상태가 돼요.

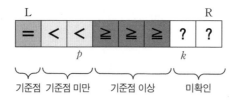

L

R

| = | < | < | ≥ | ≥ | ≥ | ? | ? |

p k

기준점   기준점 미만   기준점 이상   미확인

이 그림을 보면 현재의 분류 상황을 잘 알 수 있죠.

- '기준점 미만'인 원소는 $L+1$ 이상 p 이하인 곳에 있어요.
- '기준점 이상'인 원소는 $p+1$ 이상 $k-1$ 이하인 곳에 있어요.
- '미확인'인 원소는 k 이상인 곳에 있어요.

변수 p는 '기준점 미만'과 '기준점 이상'인 원소의 경계를 가리키고, 변수 k 는 분류된 곳 가장 앞부분을 가리켜요.

k가 커져서 $k≤R$이 성립하지 않게 되면 while 문은 끝이 나요. 루프가 종료되는 거죠.

⋮

R3: $p \leftarrow L$

R4: $k \leftarrow L+1$

R5:   while $k≤R$ do

⋮   ⋮

R11:   end-while

R12: $A[L] \longleftrightarrow A[p]$

⋮

루프가 끝나고 R12에 왔을 때, 일반적으로는 이런 모양이 되어 있어요.

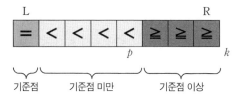

기준점   기준점 미만   기준점 이상

이 상태로 R12에서 A[L]과 A[p]를 교환해요.

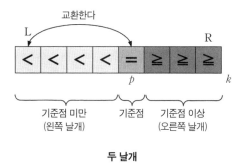

두 날개

기준점보다 왼쪽에 있는 원소들을 **왼쪽 날개**라고 하고, 기준점보다 오른쪽에 있는 원소들을 **오른쪽 날개**라고 부를게요.

수열은 기준점 때문에 **두 날개**로 분할된 거예요!

왼쪽 날개＝기준점 미만인 원소의 집합

오른쪽 날개＝기준점 이상인 원소의 집합

하지만 리사가 알려줬는데요, 기준점이 왼쪽 끝이나 오른쪽 끝에 오는 경우가 있어요. 이때는 한쪽 날개가 사라지게 돼요.

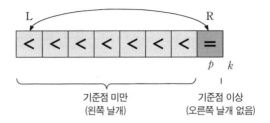

기준점 미만
(왼쪽 날개)

기준점 이상
(오른쪽 날개 없음)

기준점이 오른쪽 끝에 올 때는 '오른쪽 날개'가 사라진다

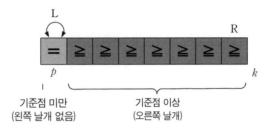

기준점 미만
(왼쪽 날개 없음)

기준점 이상
(오른쪽 날개)

기준점이 왼쪽 끝에 올 때는 '왼쪽 날개'가 사라진다

이렇게 해서 '기준점에 따른 수열의 분할' 설명이 끝나요.

부분 수열의 정렬(재귀)

이번에는 '부분 수열의 정렬'을 설명할게요.

지금 우리 눈앞에는 '왼쪽 날개'와 '오른쪽 날개'라는 두 부분의 수열이 있어요. 이제 왼쪽은 왼쪽, 오른쪽은 오른쪽으로 각각 정렬하면 돼요. 그러면 전체가 정렬되는 셈이죠!

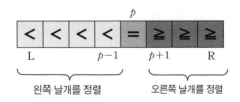

왼쪽 날개를 정렬

오른쪽 날개를 정렬

'두 날개'를 각각 정렬

'왼쪽 날개'는 L 이상 $p-1$ 이하 범위, '오른쪽 날개'는 $p+1$ 이상 R 이하 범위예요. R13과 R14에서 그 범위를 정렬하는 거예요.

$$\vdots$$

R13:　　　A ← QUICKSORT$(A, L, p-1)$

R14:　　　A ← QUICKSORT$(A, p+1, R)$

$$\vdots$$

이렇게 QUICKSORT를 정의하는 데 QUICKSORT 자신을 쓰는 방법을 **재귀**(recursion)라고 한대요. 이것도 리사가 가르쳐 줬어요. 이건 수학의 귀납식이랑 살짝 비슷하죠.

실행 스텝 수 해석

"그렇구나. 재미있네. '왼쪽 날개'와 '오른쪽 날개'로 분할해서 각각 정렬하는구나."

"분할 통치." 리사가 말했다.

"퀵 정렬의 움직임만 알아본 건 아니에요." 테트라가 말했다.

"실행 스텝 수의 해석도 꽤 진행됐어요. 그치!"

테트라가 동의를 구하듯 미소를 보내자 빨강머리 소녀는 고개를 끄덕였다.

"늘 하던 것처럼 각 행의 실행 횟수를 세어 볼게요." 테트라가 말했다.

	실행 횟수 $(L \geq R)$	실행 횟수 $(L < R)$	퀵 정렬
R1:	1	1	procedure QUICKSORT(A, L, R)
R2:	1	1	if L<R then
R3:	0	1	$p \leftarrow$ L
R4:	0	1	$k \leftarrow$ L+1
R5:	0	R−L+1	while $k \leq$ R do
R6:	0	R−L	if A[k]<A[L] then

R7:	0	W	$A[p+1] \longleftrightarrow A[k]$
R8:	0	W	$p \leftarrow p+1$
R9:	0	W	end-if
R10:	0	$R-L$	$k \leftarrow k+1$
R11:	0	$R-L$	end-while
R12:	0	1	$A[L] \longleftrightarrow A[p]$
R13:	0	T_{left}	$A \leftarrow \text{QUICKSORT}(A, L, p-1)$
R14:	0	T_{right}	$A \leftarrow \text{QUICKSORT}(A, p+1, R)$
R15:	0	1	end-if
R16:	1	1	return A
R17:	1	1	end-procedure

절차 QUICKSORT의 해석

실행 횟수 칸에서 몇 개 변수가 되어 있는 부분이 있어요.

- R과 L은 입력해서 주어진 값이에요.
- W란 R7에서 교환이 일어나는 횟수인데…… 이게 좀 알쏭달쏭해요. 왜냐하면 입력의 수열에 따라 W가 변화하거든요.
- T_{left}는 '왼쪽 날개' 정렬에 드는 실행 스텝 수예요.
- T_{right}는 '오른쪽 날개' 정렬에 드는 실행 스텝 수예요.

T_{left}와 T_{right}도 입력에 따라 변화하니까 어떻게 생각해야 할지 잘 모르겠어요. 그래도 우리가 진행한 부분까지는 설명할게요.

'QUICKSORT의 실행 스텝 수(L부터 R까지)'를 $T_Q(R-L+1)$로 나타낼게요.

$$T_Q(R-L+1) = R1+R2+R3+R4+R5+R6+R7+R8+R9$$
$$+R10+R11+R12+R13+R14+R15+R16+R17$$
$$= 1+1+1+1+(R-L+1)+(R-L)+W+W+W$$

$$+(R-L)+(R-L)+1+T_{\text{left}}+T_{\text{right}}+1+1+1$$
$$=9+4R-4L+3W+T_{\text{left}}+T_{\text{right}}$$

아, 위의 식은 $L<R$일 때예요. $L<R$일 때…… 실제로는 $R-L+1=0$(크기가 0) 또는 $R-L+1=1$(크기가 1)일 때는 이렇게 돼요.

$$T_Q(0)=R1+R2+R16+R17=1+1+1+1=4$$
$$T_Q(1)=R1+R2+R16+R17=1+1+1+1=4$$

선배, 끝났어요.

우리는 여기까지 알아냈어요!

테트라와 리사의 퀵 정렬 해석

R에서 L까지 QUICKSORT로 정렬할 때의 실행 스텝 수는 이렇게 된다($L<R$일 때).

$$T_Q(R-L+1)=9+4R-4L+3W+T_{\text{left}}+T_{\text{right}}$$

단, 각 문자는 다음을 나타낸다.

- W는 R7에서 원소의 교환 횟수
- T_{left}는 '왼쪽 날개'의 실행 스텝 수
- T_{right}는 '오른쪽 날개'의 실행 스텝 수

경우 나누기

테트라가 설명을 마치자 리사가 가볍게 고개를 끄덕였다. 오늘은 리사도 빨간 노트북을 열지 않고 이야기에 집중하고 있다.

테트라와 리사가 알아낸 퀵 정렬 해석은 다음과 같다.

$$T_Q(R-L+1)=9+4R-4L+3W+T_{\text{left}}+T_{\text{right}}$$

나는 테트라의 설명을 들으면서 흥미를 느꼈다.

이 식은 어떻게 평가해야 될까?

"재미있다. 먼저 문자를 줄여 보자." 내가 말했다.

"그게 무슨 말이에요?"

"L부터 R까지 정렬할 때 원소 수는 R−L+1이잖아. 테트라는 그걸 의식해서 $T_Q(R-L+1)$을 생각했을 거야."

"네, 맞아요."

$$\langle 원소\ 수\rangle = \langle 오른쪽\ 끝\rangle - \langle 왼쪽\ 끝\rangle + 1$$

"이렇게 되니까요."

"원소 수를 n으로 놓으면, $T_Q(R-L+1)$은 $T_Q(n)$으로 쓸 수 있지. 그러면 T_{left}랑 T_{right}도 $T_Q(\cdots\cdots)$의 꼴로 쓸 수 있을까?"

"쓸 수 있죠. '왼쪽 날개'의 정렬은 QUICKSORT$(A, L, p-1)$이니까 이렇게 돼요."

$$\begin{aligned}\langle 왼쪽\ 날개의\ 원소\ 수\rangle &= \langle 오른쪽\ 날개\rangle - \langle 왼쪽\ 날개\rangle + 1\\ &= (p-1)-L+1 = p-L\end{aligned}$$

"'오른쪽 날개'는 QUICKSORT$(A, p+1, R)$이니까 이렇게 돼요."

$$\begin{aligned}\langle 오른쪽\ 날개의\ 원소\ 수\rangle &= \langle 오른쪽\ 날개\rangle - \langle 왼쪽\ 날개\rangle + 1\\ &= R-(p+1)+1 = R-p\end{aligned}$$

"그러면 다음과 같은 식이 성립하네요!"

$$\begin{cases} T_{\text{left}} = T_Q(p-L)\\ T_{\text{right}} = T_Q(R-p)\end{cases}$$

"그런가?" 나는 뭔가 마음에 걸렸다.

"그렇죠. 이렇게 하면 변수를 줄일 수 있잖아요." 테트라가 말했다.

$$T_Q(R-L+1) = 9 + 4R - 4L + 3W + T_{left} + T_{right}$$
$$T_Q(n) = 9 + 4R - 4L + 3W + T_Q(p-L) + T_Q(R-p)$$

"안 줄었어." 리사가 말했다.

"아차! $R, L, W, T_{left}, T_{right}$가 n, R, L, W, p가 됐을 뿐이네요."

"$9+4R-4L$은 $R-L+1$로 묶으면 n으로 나타낼 수 있어." 내가 말했다.

$$\begin{aligned}
T_Q(n) &= 9 + 4R - 4L + 3W + T_Q(p-L) + T_Q(R-p) \\
&= 4(\underline{R-L+1}) + 5 + 3W + T_Q(p-L) + T_Q(R-p) \\
&= 4\underline{n} + 5 + 3W + T_Q(p-L) + T_Q(R-p)
\end{aligned}$$

"W는 어떻게 할까요?"

"어떻게 할까……. 지금은 실행 스텝 수를 평가하고 싶으니까 W를 큼직하게 평가해 볼까? W는 교환 횟수였지? R6의 if문에는 $R-L$번이 오니까, W의 실행 횟수는 많아야 $R-L$번이 될 거야."

	실행 횟수 $(L \geq R)$	실행 횟수 $(L < R)$	퀵 정렬
$\vdots$			
R6:	0	$R-L$	if $A[k] < A[L]$ then
R7:	0	W	$A[p+1] \longleftrightarrow A[k]$
R8:	0	W	$p \leftarrow p+1$
R9:	0	W	end-if
$\vdots$			

"그렇군요."

"그러니까 넓게 W=R−L=n−1로 어림잡아 보자."

$$T_Q(n)=4n+5+3\underline{W}+T_Q(p-L)+T_Q(R-p)$$
$$=4n+5+3(\underline{R-L})+T_Q(p-L)+T_Q(R-p)$$
$$=4n+5+3(\underline{n-1})+T_Q(p-L)+T_Q(R-p)$$
$$=7n+2+T_Q(p-L)+T_Q(R-p)$$

"우와……. 꽤 간략해졌네요."

$$T_Q(n)=7n+2+T_Q(p-L)+T_Q(R-p)$$

"지금 넓게 어림잡았으니까, 엄밀히 말하자면 $T_Q(n)$은 조금 효율이 떨어지는 알고리즘의 실행 스텝 수를 나타낸 셈이 됐어. 하지만 그보다……." 나는 아까부터 느꼈던 불편함에 대해 얘기했다. "p라는 건 기준점이 들어가는 곳이지. 그러니까 p는 입력한 수열 A에 의존해. 그건…… 괜찮은 건가?"

"p가 여러 가지 값이 된다는 뜻인가요?"

"맞아. 물론 p를 얻을 수 있는 범위가 L≦p≦R이라는 건 알아. 그러니까 p−L의 범위는 이렇게 되겠지."

$$0≦p-L≦R-L=n-1$$

"마찬가지로 R−p의 범위도 이렇게 된다는 걸 알 수 있어."

$$0≦R-P≦R-L=n-1$$

"그런데 말이야……."
"실제로 어떤 게 될지 모르겠다는 뜻이군요."
"맞아. 경우를 나누는 게 성가셔."

"좋아." 리사가 말했다.

"좋아……라니, 경우 나누는 걸 말하는 거야?" 테트라가 물었다.

리사는 고개를 끄덕였다.

"뭐, 좋고 싫은 건 둘째 치고 경우를 나누긴 해야지. 아무리 n을 정해도 p를 정하지 않아서 $T_Q(n)$의 값이 하나로 정해지지 않으면 곤란하니까. $0 \leq p - L \leq n - 1$이라는 건 $p - L$은 n가지 경우가 있다는 말이니까. 기준점의 위치에 의존한 귀납적 식이 되고 말지." 내가 말했다.

"그렇군요."

"이제 슬슬 길을 잃지 않도록 해 줄 '리본'을 나뭇가지에 묶어 두자. 귀납적 식을 써 두는 거야."

QUICKSORT의 단서가 되는 '리본'

$$\begin{cases} T_Q(0) = 4 \\ T_Q(1) = 4 \\ T_Q(n) = 7n + 2 + T_Q(p - L) + T_Q(R - p) \qquad (n = 2, 3, 4, \cdots) \end{cases}$$

(하지만 변수 p가 남았네……)

최대 실행 스텝 수

"p에 따라 경우를 나누지 않으면 되겠네요." 테트라가 말했다.

"응, 그렇지."

"선배, 잠깐 생각이 났는데요, 방금 W를 '많아야 $R - L$'이라고 정해서 평가했던 것처럼 최대인 경우를 생각하는 건 어떨까요? 분할했더니 매번 '기준점은 왼쪽 끝'이 됐다고 하는 거예요. 그러면 $p = L$로 고정되잖아요!"

"아하, 그럼 그때의 $T_Q(n)$을 $T'_Q(n)$이라고 쓸까?" 내가 말했다.

$$T'_Q(n) = \langle \text{QUICKSORT의 최대 실행 스텝 수} \rangle$$

테트라는 서둘러 식을 변형했다.

$$
\begin{aligned}
T'_Q(n) &= 7n+2+T'_Q(p-L)+T'_Q(R-p) \\
&= 7n+2+T'_Q(L-L)+T'_Q(R-L) \qquad p{=}L로 \\
&= 7n+2+T'_Q(0)+T'_Q(n-1) \qquad 계산 \\
&= 7n+2+4+T'_Q(n-1) \qquad T'_Q(0){=}4를\ 사용 \\
&= T'_Q(n-1)+7n+6 \qquad 순서\ 변경
\end{aligned}
$$

"이런 귀납적 식이 돼요."

$$
\begin{cases}
T'_Q(0)=4 \\
T'_Q(1)=4 \\
T'_Q(n)=T'_Q(n-1)+7n+6 \qquad\qquad (n=2,3,4,\cdots)
\end{cases}
$$

"오! 이건 바로 풀리는 귀납적 식이야, 테트라." 내가 말했다.

◆◆◆

$n, n-1, n-2, \cdots\cdots$ 이렇게 점점 줄이면 규칙성은 바로 보여.

$$
\begin{aligned}
T'_Q(n) &= \underline{T'_Q(n-1)}+7n+6 \\
&= \underline{T'_Q(n-2)+7(n-1)+6}+7n+6 \\
&= \underline{T'_Q(n-2)}+(7(n-1)+6)+(7n+6) \\
&= \underline{T'_Q(n-3)+7(n-2)+6}+(7(n-1)+6)+(7n+6) \\
&= \underline{T'_Q(n-3)}+(7(n-2)+6)+(7(n-1)+6)+(7n+6)
\end{aligned}
$$

n을 $n-0$으로 쓰면 패턴이 더 잘 보이지.

$$
T'_Q(n)=T'_Q(n-3)+(7(\underline{n-2})+6)+(7(\underline{n-1})+6)+(7(\underline{n-0})+6)
$$

$\sum$를 사용해서 써 보자.

$$= T'_Q(n-3) + \sum_{j=n-2}^{n-0} (7j+6)$$

$n-4, n-5, \cdots\cdots, n-k$까지 줄이는 거야.

$$T'_Q(n) = T'_Q(n-k) + \sum_{j=n-k+1}^{n} (7j+6)$$

마지막으로 $n-(n-1)$, 그러니까 1까지 줄여.

$$\begin{aligned} T'_Q(n) &= T'_Q(1) + \sum_{j=2}^{n}(7j+6) \\ &= 4 + \sum_{j=2}^{n}(7j+6) \qquad (\text{$T'_Q(1)=4$를 사용}) \end{aligned}$$

$\sum$를 $j=1$부터 시작하기 위해 조정할게.

$$\begin{aligned} T'_Q(n) &= 4 - (7\cdot1+6) + \sum_{j=1}^{n}(7j+6) \\ &= -9 + \sum_{j=1}^{n}7j + \sum_{j=1}^{n}6 \\ &= -9 + 7\sum_{j=1}^{n}j + 6n \\ &= 6n - 9 + 7\sum_{j=1}^{n}j \\ &= 6n - 9 + \frac{7n(n+1)}{2} \quad (\text{$1+2+3+\cdots+n = \frac{n(n+1)}{2}$을 사용}) \end{aligned}$$

n에 대해 식을 정리하면 다음 식을 얻을 수 있어.

$$T'_Q(n) = \frac{7}{2}n^2 + \frac{19}{2}n - 9$$

◆ ◆ ◆

"그러니까 O 표기법을 쓰면 이렇게 돼." 나는 정리했다.

$$T'_Q(n) = O(n^2)$$

"어? 많아야 n^2의 오더…… 그럼 거품 정렬이랑 똑같은 거 아닌가요?"
테트라가 말했다.

"응. 이건 '기준점이 왼쪽 끝'이라는 조건을 달았으니까."

"선배, 이상해요! 기준점으로 왼쪽 끝을 선택한 거니까 '매번 기준점이 최소'라는 건 왼쪽 끝이 항상 최소라는 건데…… 그러니까 입력한 게 정렬이 끝난 수열이라는 거 아닌가요?"

"오, 그러네. 그렇게 되겠다."

"정렬이 끝난 수열을 주면 퀵 정렬에서 최대 실행 스텝 수는 $O(n^2)$이 되네요."

$$T'_Q(n) = O(n^2)$$

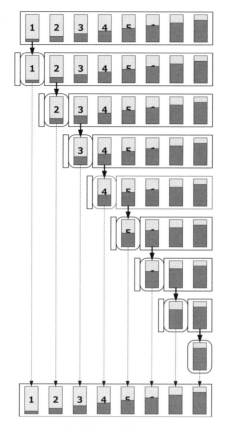

정렬이 끝난 수열을 퀵 정렬

"여기서 막혔네요. 기준점의 위치를 정하면 경우를 나누지 않아도 될 줄 알았는데……." 테트라는 자신의 두 볼을 쭉 잡아당겼다.

"기준점 장소는 1부터 n까지 n가지 있어요. 많은 값들을 전부 한꺼번에 계산할 수도 없고요."

"그렇지. 게다가 n가지 있으니까 일반화해서 생각하면 안 돼."

"많은 값, 많은 값." 테트라가 중얼거렸다.

"응? 뭐라고 했어?"

"미르카 선배가 '많은 값이 등장할 때, 그걸 요약하고 싶어지는 건 자연스러운 거'라고 했어요. 많은 값을 축약할 수 있으면 좋겠는데."

"미르카가 그런 말을 했지. 그건 아마 평균 이야기를……."

"아!" 테트라가 외쳤다.

"그렇구나!" 나도 외쳤다.

"평균 $\begin{Bmatrix} 이죠 \\ 이야 \end{Bmatrix}$ 이야!" 나와 테트라는 동시에 소리쳤다.

"……!" 리사는 말이 없었다.

"목표를 바꾸자. 단순한 실행 스텝 수가 아니라 평균 실행 스텝 수를 구하자!" 내가 말했다.

평균 실행 스텝 수

"이제부터 퀵 정렬의 평균 실행 스텝 수를 생각해 보자. 퀵 정렬에서 크기가 n인 모든 입력에 대한 실행 스텝 수의 평균을 구하는 거야. 이름을 $T_Q(n)$이라고 할게."

$$T_Q(n) = 평균 \ 실행 \ 스텝 \ 수$$

"우리가 단서로 묶어 두었던 '리본'부터 다시 시작하자. 평균 실행 스텝 수의 귀납적 식을 세우는 거야." 내가 말했다.

"그런데 크기가 n인 입력은 무수히 많은데, 수열의 원소 범위에는 제한이 없으니까 ⟨5, 1, 7, 2, 6, 4, 8, 3⟩도 되고 ⟨500, 100, 700, 200, 600, 400, 800, 300⟩도 돼요. 무수한 평균인가요?"

"아니, 지금은 원소의 값 그 자체는 생각할 필요 없어. 원소 사이의 대소 관계만 생각하면 되거든. 해석을 간단히 하기 위해 모든 원소를 달리 해서 1, 2, 3, ……, n이라는 n개의 수를 정렬한다고 생각하면 돼."

"그런데 평균은 어떻게 구해요?"

"어렵지 않아. 크기가 n인 입력은 이 n개 수의 모든 순열($n!$가지)이 돼. 모든 순열을 생각하는 거니까 기준점의 위치가 1부터 n까지 어디가 되어도 똑같지. 그러니까 $p = $ L, L+1, L+2, ……R−1, R의 범위에서 p를 움직인다고 생각해. p의 위치는 $R-L+1$, 그러니까 n가지의 경우가 있어. 평균을 구해야 하니까 모두 더해서 n으로 나눠. 전부 더해서 전체 개수 n으로 나누면 귀납적 식을 만들 수 있어."

◆◆◆

전부 더해서 전체 개수 n으로 나누면 귀납적 식을 만들 수 있어.

QUICKSORT의 귀납적 식($\bar{T}_Q(n)$은 평균 실행 스텝 수)

$$\begin{cases} \bar{T}_Q(0)=4 \\ \bar{T}_Q(1)=4 \\ \bar{T}_Q(n)=\dfrac{1}{n}\sum\limits_{p=L}^{R}\Big(7n+2+\bar{T}_Q(p-L)+\bar{T}_Q(R-p)\Big) \quad (n=2,3,4,\cdots) \end{cases}$$

$j=p-L+1$로 두면 식이 보기 쉬워져. $p-L=j-1$이고, $R-p=R-(j+L-1)=(R-L+1)-j=n-j$를 사용해.

$$\bar{T}_Q(n)=\frac{1}{n}\sum_{j=1}^{n}\Big(7n+2+\bar{T}_Q(j-1)+\bar{T}_Q(n-j)\Big)$$

먼저 $\sum$를 없애고 $\bar{T}_Q(n)$의 귀납적 식 꼴로 나타내자.

우선 j에 의존하지 않는 식 $7n+2$를 $\sum$ 밖으로 뺄게. 이 식은 $\sum$에 따라 1부터 n까지 n번 더하는 거니까 밖으로 나올 때는 n배를 해야 해. 애초에 $\frac{1}{n}$을 곱했으니까 n은 바로 없어지지만.

$$\begin{aligned} \bar{T}_Q(n) &= \frac{1}{n}\sum_{j=1}^{n}\Big(\underline{7n+2}+\bar{T}_Q(j-1)+\bar{T}_Q(n-j)\Big) \\ &= \frac{1}{n}\cdot n\cdot(\underline{7n+2})+\frac{1}{n}\sum_{j=1}^{n}\Big(\bar{T}_Q(j-1)+\bar{T}_Q(n-j)\Big) \\ &= 7n+2+\frac{1}{n}\sum_{j=1}^{n}\Big(\bar{T}_Q(j-1)+\bar{T}_Q(n-j)\Big) \\ &= 7n+2+\frac{1}{n}\sum_{j=1}^{n}\bar{T}_Q(j-1)+\frac{1}{n}\sum_{j=1}^{n}\bar{T}_Q(n-j) \end{aligned}$$

여기에 나오는 두 개의 $\sum$ 결과는 같아. 왜냐하면 이 두 개는 단순히 더하는 순서만 반대로 바꾼 거라서. 이렇게 쓰면 바로 알 수 있어.

$$\begin{cases} \displaystyle\sum_{j=1}^{n} \overline{T}_Q(j-1) = \overline{T}_Q(0) + \overline{T}_Q(1) + \overline{T}_Q(2) + \cdots + \overline{T}_Q(n-1) \\ \displaystyle\sum_{j=1}^{n} \overline{T}_Q(n-j) = \overline{T}_Q(n-1) + \cdots + \overline{T}_Q(2) + \overline{T}_Q(1) + \overline{T}_Q(0) \end{cases}$$

그러면 이 두 개의 $\sum$를 하나로 묶을 수 있어.

$$\begin{aligned} \overline{T}_Q(n) &= 7n + 2 + \frac{1}{n}\sum_{j=1}^{n}\overline{T}_Q(j-1) + \frac{1}{n}\sum_{j=1}^{n}\overline{T}_Q(n-j) \\ &= 7n + 2 + \frac{2}{n}\sum_{j=1}^{n}\overline{T}_Q(j-1) \qquad \text{(묶어서 계수를 2배)} \end{aligned}$$

여기서 $\frac{2}{n}$ 부분이 신경 쓰이니까 양변에 n을 곱해서 분모 n을 없앨게.

$$n \cdot \overline{T}_Q(n) = 7n^2 + 2n + 2\sum_{j=1}^{n}\overline{T}_Q(j-1)$$

이제 꽤 깔끔해졌군.

$\overline{T}_Q(n)$의 꼴을 찾으려면 우변에 있는 $\sum$를 처리해야 해.

어떻게 해야 좋을까……. 귀납적 식을 풀 때 쓰는 비례배분을 사용하자.

$(n+1) \cdot \overline{T}_Q(n+1) - n \cdot \overline{T}_Q(n)$을 계산할게. 이건 $\sum$를 없애려고 하는 거야.

$$\begin{aligned} &(n+1) \cdot \overline{T}_Q(n+1) - n \cdot \overline{T}_Q(n) \\ &= \left(7(n+1)^2 + 2(n+1) + 2\sum_{j=1}^{n+1}\overline{T}_Q(j-1)\right) - \left(7n^2 + 2n + 2\sum_{j=1}^{n}\overline{T}_Q(j-1)\right) \\ &= \left(\cancel{7n^2} + 14n + 7 + \cancel{2n} + 2 + 2\sum_{j=1}^{n+1}\overline{T}_Q(j-1)\right) - \left(\cancel{7n^2} + \cancel{2n} + 2\sum_{j=1}^{n}\overline{T}_Q(j-1)\right) \\ &= 14n + 9 + 2\left(\sum_{j=1}^{n+1}\overline{T}_Q(j-1) - \sum_{j=1}^{n}\overline{T}_Q(j-1)\right) \\ &= 14n + 9 + 2 \cdot \overline{T}_Q((n+1)-1) \end{aligned}$$

$$=14n+9+2\cdot\overline{\mathrm{T}}_{\mathrm{Q}}(n)$$

마지막 $\sum$를 없애는 부분에서는 이걸 썼어.

$$\sum_{j=1}^{n+1}\overline{\mathrm{T}}_{\mathrm{Q}}(j-1)=\underbrace{\overline{\mathrm{T}}_{\mathrm{Q}}(0)+\overline{\mathrm{T}}_{\mathrm{Q}}(1)+\cdots+\overline{\mathrm{T}}_{\mathrm{Q}}(j-1)}_{\sum\limits_{j=1}^{n}\overline{\mathrm{T}}_{\mathrm{Q}}(j-1)}+\overline{\mathrm{T}}_{\mathrm{Q}}(n)$$

$j=1,\cdots\cdots,n,n+1$의 합에서 $j=1,\cdots\cdots,n$의 합을 빼면 $j=n+1$의 항만 남겠지. 그러면 양변에 $\overline{\mathrm{T}}_{\mathrm{Q}}(n)$을 포함하는 항이 있으니까 $n\cdot\overline{\mathrm{T}}_{\mathrm{Q}}(n)$을 우변으로 이항하자.

$$(n+1)\cdot\overline{\mathrm{T}}_{\mathrm{Q}}(n+1)-n\cdot\overline{\mathrm{T}}_{\mathrm{Q}}(n)=14n+9+2\cdot\overline{\mathrm{T}}_{\mathrm{Q}}(n)$$
$$(n+1)\cdot\overline{\mathrm{T}}_{\mathrm{Q}}(n+1)=n\cdot\overline{\mathrm{T}}_{\mathrm{Q}}(n)+14n+9+2\cdot\overline{\mathrm{T}}_{\mathrm{Q}}(n)$$
$$(n+1)\cdot\overline{\mathrm{T}}_{\mathrm{Q}}(n+1)=(n+2)\cdot\overline{\mathrm{T}}_{\mathrm{Q}}(n)+14n+9$$

여기까지 $n=2,3,\cdots$일 때 아래의 귀납적 식이 성립한다는 사실을 알았어. 봐, 비례배분을 했더니 $\sum$가 없어졌지.

$$(n+1)\cdot\overline{\mathrm{T}}_{\mathrm{Q}}(n+1)=(n+2)\cdot\overline{\mathrm{T}}_{\mathrm{Q}}(n)+14n+9$$

$n=2$일 때 어떻게 할지 생각해 보자.

$$\overline{\mathrm{T}}_{\mathrm{Q}}(n)=\frac{1}{n}\sum_{j=1}^{n}\Big(7n+2+\overline{\mathrm{T}}_{\mathrm{Q}}(j-1)+\overline{\mathrm{T}}_{\mathrm{Q}}(n-j)\Big)$$
$$\overline{\mathrm{T}}_{\mathrm{Q}}(2)=\frac{1}{2}\sum_{j=1}^{2}\Big(7\cdot2+2+\overline{\mathrm{T}}_{\mathrm{Q}}(j-1)+\overline{\mathrm{T}}_{\mathrm{Q}}(2-j)\Big)$$
$$=\frac{1}{2}\Big((7\cdot2+2+\overline{\mathrm{T}}_{\mathrm{Q}}(0)+\overline{\mathrm{T}}_{\mathrm{Q}}(1))+(7\cdot2+2+\overline{\mathrm{T}}_{\mathrm{Q}}(1)+\overline{\mathrm{T}}_{\mathrm{Q}}(0))\Big)$$
$$=14+2+\overline{\mathrm{T}}_{\mathrm{Q}}(0)+\overline{\mathrm{T}}_{\mathrm{Q}}(1)$$
$$=14+2+4+4$$
$$=24$$

이제 여기부터 점근적 해석으로 가 보자.

◆◆◆

"아, 저는 지쳐 버렸어요. 그런데 선배는 수식을 쓸 때 힘이 나는 것 같아요." 테트라가 말했다.

"그럴지도 모르겠네."

"이 $\overline{T}_Q(n)$, 퀵 정렬의 평균 실행 스텝 수는 어느 정도일까요……."

"퀵 정렬은 비교 정렬이니까…… 적어도 $n \log n$의 오더는 되지. 위에서부터도 $n \log n$의 오더로 줄일 수 없을까?"

그때 미즈타니 선생님이 등장했다.

"퇴실 시간입니다."

문제 10-1 퀵 정렬의 평균 실행 스텝 수

QUICKSORT의 평균 실행 스텝 수 $\overline{T}_Q(n)$은 다음 귀납적 식을 만족한다.

$$\begin{cases} \overline{T}_Q(0)=4 \\ \overline{T}_Q(1)=4 \\ \overline{T}_Q(2)=24 \\ (n+1) \cdot \overline{T}_Q(n+1)=(n+2) \cdot \overline{T}_Q(n)+14n+9 \qquad (n=2,3,4,\cdots) \end{cases}$$

이때 다음 식은 성립하는가?

$$\overline{T}_Q(n)=O(n \log n)$$

귀갓길

"거품 정렬과 퀵 정렬 이야기를 발표할 거야?" 귀갓길에 테트라에게 물었다.

"네. 학회에서 스스로 해석하는 즐거움을 전하고 싶거든요. 리사나 선배들에게 많은 도움을 많이 받고 있지만요."

그리고 보면 테트라는 의외로 고집이 센 것 같다. 그리고 리사는 의외로 오지랖이 넓다. 굳이 말로 표현하지는 않아도 뒤에서 테트라를 돕고 있으니 말이다.

"미르카 선배는 오늘……."

"안 왔어. 무슨 볼일이 있는 것 같아."

"학회 발표하는 날도 마찬가지겠죠?"

"응. 그럴 거라고 했어. 올해는 몇 차례 미국에 다녀올 거라고."

"그렇군요."

리사는 아무 말도 없다.

3. 집

형태를 바꿔서

토요일, 나는 유리에게 퀵 정렬의 실행 스텝 수 평가에 관한 이야기를 들려줬다.

문제 10-1 퀵 정렬의 평균 실행 스텝 수

QUICKSORT의 평균 실행 스텝 수 $\overline{T}_Q(n)$은 다음 귀납적 식을 만족한다.

$$\begin{cases} \overline{T}_Q(0) = 4 \\ \overline{T}_Q(1) = 4 \\ \overline{T}_Q(2) = 24 \\ (n+1) \cdot \overline{T}_Q(n+1) = (n+2) \cdot \overline{T}_Q(n) + 14n + 9 \qquad (n = 2, 3, 4, \cdots) \end{cases}$$

이때 다음 식은 성립하는가.

$$\overline{T}_Q(n) = O(n \log n)$$

"이런 귀납적 식을 바로 풀 수 있을까?" 유리가 물었다.

"예를 들어 $f(n)$이 이렇게 단순한 형태라면 가능하겠지." 내가 말했다.

$$\begin{cases} f(1) = \langle 식 \rangle \\ f(n+1) = f(n) + \langle 식 \rangle \qquad (n = 1, 2, 3, \cdots) \end{cases}$$

"함수 $f(n)$의 n을 점점 줄이는 방식이지. 이번 귀납적 식은 $\overline{T}_Q(n)$과 n을 포함한 식이 섞여 있으니까."

"n을 포함하는 식이 문제면 확 없애면 되잖아."

"확 없앨 수 있으면 고생할 일도 없지……. 어?"

"왜 그래?"

"아, 없앨 수도 있겠는데? 양변을 $(n+1)(n+2)$로 나누면…… 봐!"

$$(n+1)\cdot\overline{T}_Q(n+1) = (n+2)\cdot\overline{T}_Q(n)+14n+9 \qquad \text{귀납적 식에서}$$

$$\frac{\overline{T}_Q(n+1)}{n+2}=\frac{\overline{T}_Q(n)}{n+1}+\frac{14n+9}{(n+1)(n+2)} \qquad \text{양변을 } (n+1)(n+2)\text{로}\atop\text{나눔}$$

"오! ……아니, 잘 모르겠어. 너무 헷갈려!"

"정의식을 쓰면 돼, 유리. 예를 들어 이렇게 정의해 볼게."

$$F(n)=\frac{\overline{T}_Q(n)}{n+1}$$

"이렇게 하면 $F(n)$을 써서 나타낼 수 있어."

$$\frac{\overline{T}_Q(n+1)}{n+2}=\frac{\overline{T}_Q(n)}{n+1}+\frac{14n+9}{(n+1)(n+2)} \qquad \text{위에서 얻은 식}$$

$$F(n+1)=F(n)+\frac{14n+9}{(n+1)(n+2)} \qquad F(n)\text{으로 나타냄}$$

"오! ……근데 역시 모르겠어. 이상한 분수가 들어 있는데!"

"분수 $\dfrac{14n+9}{(n+1)(n+2)}$는 합의 꼴로 분해할 수 있어."

◆◆◆

예를 들어 a와 b를 적용해서 다음과 같은 합으로 분해했다고 하자.

$$\frac{14n+9}{(n+1)(n+2)}=\frac{a}{n+1}+\frac{b}{n+2}$$

이걸 계산하면 이렇게 돼.

$$\frac{a}{n+1}+\frac{b}{n+2}=\frac{(a+b)n+(2a+b)}{(n+1)(n+2)}$$

즉 다음 식이 성립한다는 뜻이야.

$$\frac{\boxed{14}n+\boxed{9}}{(n+1)(n+2)}=\frac{(\boxed{a+b})n+(\boxed{2a+b})}{(n+1)(n+2)}$$

따라서 $\begin{cases} a+b=14 \\ 2a+b=9 \end{cases}$ 이런 연립방정식을 풀면 돼.

이걸 풀면 $(a,b)=(-5,19)$가 되니까 다음 식을 얻을 수 있어.

$$\frac{14n+9}{(n+1)(n+2)}=\frac{-5}{n+1}+\frac{19}{n+1}$$

여기서 $\mathrm{F}(n+1)$의 식으로 돌아갈게.

$$\mathrm{F}(n+1)=\mathrm{F}(n)+\frac{14n+9}{(n+1)(n+2)}$$

분수 부분을 합으로 바꿔.

$$\mathrm{F}(n+1)=\mathrm{F}(n)+\frac{-5}{n+1}+\frac{19}{n+1}$$

귀납적 식을 써서 $\mathrm{F}(n)$을 단순한 식으로 치환해 보자. 패턴을 찾는 거야.

$$\mathrm{F}(n)=\mathrm{F}(n-1)+\frac{-5}{n-0}+\frac{19}{n+1}$$
$$=\mathrm{F}(n-2)+\frac{-5}{n-1}+\frac{19}{n-0}+\frac{-5}{n-0}+\frac{19}{n+1}$$

$$=\mathrm{F}(n-2)+\frac{-5}{n-1}+\left(\frac{19}{n-0}+\frac{-5}{n-0}\right)+\frac{19}{n+1}$$

$$=\mathrm{F}(n-2)+\underset{\sim\sim\sim\sim\sim}{\frac{-5}{n-1}}+\frac{14}{n-0}+\frac{19}{n+1}$$

$$=\mathrm{F}(n-3)+\underset{\sim\sim\sim\sim\sim}{\frac{-5}{n-2}}+\frac{19}{n-1}+\frac{-5}{n-1}+\frac{14}{n-0}+\frac{19}{n+1}$$

$$=\mathrm{F}(n-3)+\frac{-5}{n-2}+\left(\frac{19}{n-1}+\frac{-5}{n-1}\right)+\frac{14}{n-0}+\frac{19}{n+1}$$

$$=\mathrm{F}(n-3)+\underset{\sim\sim\sim\sim\sim}{\frac{-5}{n-2}}+\frac{14}{n-1}+\frac{14}{n-0}+\frac{19}{n+1}$$

$$=\mathrm{F}(n-4)+\frac{-5}{n-3}+\underset{\sim\sim\sim\sim\sim}{\frac{19}{n-2}}+\frac{-5}{n-2}+\frac{14}{n-1}+\frac{14}{n-0}+\frac{19}{n+1}$$

$$=\mathrm{F}(n-4)+\frac{-5}{n-3}+\left(\frac{19}{n-2}+\frac{-5}{n-2}\right)+\frac{14}{n-1}+\frac{14}{n-0}+\frac{19}{n+1}$$

$$=\mathrm{F}(n-4)+\frac{-5}{n-3}+\underset{\substack{\sim\sim\sim\sim\sim\sim\sim\sim\sim\sim\sim\sim\sim\\ \text{패턴 발견!}}}{\frac{14}{n-2}+\frac{14}{n-1}+\frac{14}{n-0}}+\frac{19}{n+1}$$

14로 묶을게.

$$=\mathrm{F}(n-4)+\frac{-5}{n-3}+14\left(\underset{\sim\sim\sim\sim\sim\sim\sim\sim\sim\sim\sim}{\frac{1}{n-2}+\frac{1}{n-1}+\frac{1}{n-0}}\right)+\frac{19}{n+1}$$

$\sum$로 표현할게.

$$=\mathrm{F}(n-4)+\frac{-5}{n-3}+14\underset{\sim\sim\sim\sim}{\sum_{j=n-2}^{n}\frac{1}{j}}+\frac{19}{n+1}$$

우변의 $\mathrm{F}(n-4)$가 $\mathrm{F}(2)$가 될 때까지 계속 치환을 해.

$$\mathrm{F}(n)=\mathrm{F}(n-(n-2))+\frac{-5}{n-(n-2)+1}+14\sum_{j=n-(n-2)+2}^{n}\frac{1}{j}+\frac{19}{n+1}$$

$$=\mathrm{F}(2)+\frac{-5}{3}+14\sum_{j=4}^{n}\frac{1}{j}+\frac{19}{n+1}$$

$$=\mathrm{F}(2)+\frac{-5}{3}-14\left(\frac{1}{1}+\frac{1}{2}+\frac{1}{3}\right)+14\sum_{j=1}^{n}\frac{1}{j}+\frac{19}{n+1}$$

$$F(2) = \frac{\overline{T}_Q(2)}{2+1} = \frac{24}{3} = 8\text{을 사용해.}$$

$$F(n) = \underbrace{8 + \frac{-5}{3} - 14\left(\frac{1}{1} + \frac{1}{2} + \frac{1}{3}\right)}_{\text{정수 부분}} + 14\sum_{j=1}^{n}\frac{1}{j} + \frac{19}{n+1}$$

$$= K + 14\sum_{j=1}^{n}\frac{1}{j} + \frac{19}{n+1}$$

여기서 정수 부분을 K로 놨어.

$$K = 8 + \frac{-5}{3} - 14\left(\frac{1}{1} + \frac{1}{2} + \frac{1}{3}\right)$$

그리고 $F(n)$으로 돌아가.

$$F(n) = K + \frac{19}{n+1} + 14\sum_{j=1}^{n}\frac{1}{j}$$

$$= K + \frac{19}{n+1} + 14H_n$$

◆◆◆

"잠깐만! 오빠, $\sum$가 갑자기 H_n으로 바뀌었어!"

"이 H_n은 우리 친구야. 조화수라고 해. 정의는 이런 거야."

$$H_n = \frac{1}{1} + \frac{1}{2} + \frac{1}{3} + \cdots + \frac{1}{n} = \sum_{j=1}^{n}\frac{1}{j}$$

"흠."

"이제 기계적으로 계산만 하면 돼."

$$F(n) = \frac{\overline{T}_Q(n)}{n+1}$$

"그러니까 $\overline{T}_Q(n)$을 $F(n)$으로 나타낼 수 있어."

$$\overline{T}_Q(n) = (n+1) \cdot F(n)$$
$$= (n+1) \cdot \left(K + \frac{19}{n+1} + 14\,H_n \right)$$
$$= K \cdot (n+1) + 19 + 14(n+1)H_n$$
$$= \underbrace{14n \cdot H_n}_{\text{점근적으로 큰 항}} + K \cdot n + 14H_n + K + 19$$
$$= O(n \cdot H_n)$$

"나왔다!"

$$\overline{T}_Q(n) = O(n \cdot H_n)$$

QUICKSORT의 평균 실행 스텝 수 $\overline{T}_Q(n)$은 다음 식을 만족한다.

$$\overline{T}_Q(n) = O(n \cdot H_n)$$

단, H_n은 아래에서 정의되는 조화수다.

$$H_n = \frac{1}{1} + \frac{1}{2} + \frac{1}{3} + \cdots + \frac{1}{n}$$

"앗, 아직 안 나왔잖아! $\overline{T}_Q(n) = O(n \cdot H_n)$이 아니라 $\overline{T}_Q(n) = O(n \log n)$을 알아보는 거잖아?"

"응. 그렇긴 한데, 애초에 점근적으로 조화수는 로그함수와 같은 오더야. 그러니까 이 식이 성립하지."

$$H_n = O(\log n) \text{ 그리고 } n \cdot H_n = O(n \log n)$$

"그러니까 $\overline{T}_Q(n) = O(n \log n)$도 성립한다고 할 수 있어."

풀이 10-1 퀵 정렬의 평균 실행 스텝 수

QUICKSORT의 평균 실행 스텝 수 $\overline{T}_Q(n)$에 대해 다음 식이 성립한다.

$$\overline{T}_Q(n) = O(n \log n)$$

H_n과 $\log n$

"오빠, 조화수는 $\frac{1}{1}, \frac{1}{2}, \frac{1}{3}, \cdots\cdots, \frac{1}{n}$을 더한 거지? 그건 나도 알겠어. 그런데 갑자기 $\log n$이 어쩌고 하니까 좀……."

"방금 나온 $H_n = O(\log n)$ 말이야?"

"응. 아직 학교에서 배우지 않은 분야라서…… 속상해."

"속상할 거 없어. 전부 수학인데 뭐. 학교에서 배웠든 안 배웠든 관계없어. H_n이 $\log n$보다 작다는 건 $\sum \frac{1}{k}$이 $\int \frac{1}{x} dx$보다 작다는 걸로 증명할 수 있어. 적분이 쓰이긴 하지만."

"적분도 어려운걸……."

"그래프로 이미지를 그려 보면 돼. 왼쪽이 조화수고 오른쪽이 로그함수."

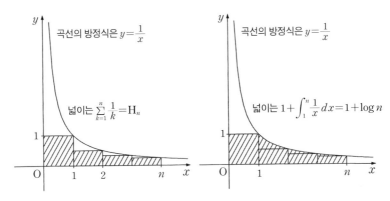

조화수와 로그함수

"왼쪽보다 오른쪽 넓이가 더 크다는 거야?"

"그렇지. 여기서는 넓이가 적분의 값이 되니까 넓이의 대소 관계에 따라 부등식이 성립한다는 걸 알 수 있어."

"적분과 넓이……. 왠지 아쉽네. 흑!"

"조만간 같이 공부해 보자."

"오빠, 그런데 전제 조건은?"

"전제 조건이라니?"

"저번에 '전제 조건을 명확히 한 정량적 평가'가 중요하다고 했잖아. 퀵 정렬의 평균 실행 스텝 수를 평가할 때 전제 조건은 없냐고."

"전제 조건은 없어. 그냥 평균이니까." 내가 말했다.

4. 도서실

미르카

"큰 전제 조건이 있어." 미르카가 말했다.

월요일 오후, 나는 도서실 멤버에게 퀵 정렬의 평균 실행 스텝 수 $T_Q(n)$의 결과를 들려줬다.

$$\overline{T}_Q(n) = O(n \log n)$$

"큰 전제 조건? 그런 게 있어?" 내가 말했다.

"넌 실행 스텝 수의 평균을 취했어. 그때 '모든 입력이 같은 확률로 주어진다'고 가정했지. 이게 전제 조건이야. 넌 입력의 확률분포가 **균등분포**라는 전제 조건을 뒀잖아."

"아……."

"그래서 기준점의 위치가 1부터 n 사이에서 한결같다고 주장할 수 있고, 실행 스텝 수의 총합을 n으로 나누어 평균을 구할 수 있었어."

"확실히 그렇지." 나는 인정했다.

"하, 하지만 균등분포라는 건, 그러니까 모든 입력이 같을 확률이라는 건 아주 자연스러워서 나쁜 일은 아니잖아요." 테트라가 말했다.

"테트라, 균등분포가 나쁘다는 게 아니야. 전제 조건을 잊어서는 안 된다는 말을 하고 싶은 거야. 퀵 정렬의 평균 실행 스텝 수는 $O(n \log n)$이라고 주장할 때, '입력은 균등분포를 따른다'라는 단서가 붙는 거야." 미르카는 긴 머리카락을 손가락으로 빗어 내리며 말했다.

"아하!"

"예를 들어 정렬이 끝난 수열만 퀵 정렬로 처리한다고 하자. 이때 평균 실행 스텝 수가 $O(n \log n)$이 된다는 주장은 잘못됐어."

"그렇죠……. 정렬이 끝났다면 $O(n^2)$가 되겠죠." 테트라도 인정했다.

"그럼 알고리즘의 전제 조건은 적은 편이 좋겠네." 내가 말했다.

"'좋다'의 정의에 따라 다르겠지. 물론 '입력은 균등분포를 따른다'라는 단서를 없애고 '입력의 확률분포는 임의다'라고 하면 적용 범위가 넓어지겠지."

"잠깐, 미르카. 입력의 확률분포가 임의인 상황에서 실행 스텝 수를 해석할 수 있을까?"

"무작위 알고리즘을 사용하면 그걸 다룰 수 있어. 무작위 알고리즘을 해석할 때는 입력의 확률분포에 의존하지 않는 평가로 가져가는 경우가 있거든. 며칠 전에 했던 RONDOM-WALK-3-SAT라는 무작위 알고리즘도 그랬어. 입력으로서 주어진 논리식의 확률분포가 어떤 것이든 상관없이 성공 확률을 평가했고 실행 스텝 수도 점근적으로 해석했어."

"미르카 선배, 그렇지만 랜덤 워크와 정렬은 꽤나 다르지 않나요? 흩뿌려진 것들을 모아서 열거하는 게 정렬인데, 무작위 알고리즘 같은 걸 쓸 수 있는 거예요?" 테트라가 손으로 머리를 감싸며 말했다.

"정렬에 무작위 알고리즘? 물론 쓸 수 있지. 예를 들면……." 미르카는 손가락을 세우고 미소를 지었다. "무작위 퀵 정렬."

무작위 퀵 정렬

"**무작위 퀵 정렬**에서는 기준점을 무작위로 선택해. 어느 기준점을 선택해도 실행 스텝 수는 변화하는데, 반드시 정렬할 수 있어. 그래서 난수를 사용해서 기준점을 골라도 정렬할 때는 문제가 없지."

"아……. 그렇군요."

"퀵 정렬의 기준점 선택을 바꾸면 무작위 퀵 정렬이 돼."

무작위 퀵 정렬 알고리즘(절차)

▶ **R1a**:   procedure RANDOMIZED-QUICKSORT(A, L, R)

  R2:   if $L<R$ then

▶ **R2a**: $r \leftarrow$ RANDOM(L, R)

▶ **R2b**: $A[L] \longleftrightarrow A[r]$

  R3: $p \leftarrow L$

  R4: $k \leftarrow L+1$

  R5:   while $k \leq R$ do

  R6:   if $A[k]<A[L]$ then

  R7: $A[p+1] \longleftrightarrow A[k]$

  R8: $p \leftarrow p+1$

  R9:   end-if

  R10: $k \leftarrow k+1$

  R11:   end-while

  R12: $A[L] \longleftrightarrow A[p]$

▶ **R13a**: $A \leftarrow$ RANDOMIZED-QUICKSORT($A, L, p-1$)

▶ **R14a**: $A \leftarrow$ RANDOMIZED-QUICKSORT($A, p+1, R$)

  R15:   end-if

  R16:   return A

  R17:   end-procedure

"RANDOMIZED-QUICKSORT를 하기 위한 본질적인 변경은 R2a와 R2b를 추가한 거야. R2a에서는 L 이상 R 이하의 정수 r을 1개 무작위로 선택하고, R2b에서는 A[L]과 A[r]을 교환해."

"차이점은 그것뿐인가요?"

"이름이 바뀌는 걸 빼고는 QUICKSORT와 다르지 않아." 미르카가 말했다.

"그것만 변경됐다면 귀납적 식의 차이도 크지 않겠네." 내가 말했다.

RANDOMIZED-QUICKSORT의 귀납적 식

$$\begin{cases} \overline{T}_R(0) = 4 \\ \overline{T}_R(1) = 4 \\ \overline{T}_R(n) = \dfrac{1}{n}\sum_{p=L}^{R}\Big(7n + 4 + \overline{T}_R(p-L) + \overline{T}_R(R-p)\Big) \quad (n = 2, 3, 4, \cdots) \end{cases}$$

덧붙여서 나는 말했다.

"$p = L, L+1, \cdots, R-1, R$ 대신에 $j = 1, 2, \cdots, n-1, n$으로 하면 귀납적 식은 다음과 같이 바꿔 쓸 수 있어."

$$\begin{cases} \overline{T}_R(0) = 4 \\ \overline{T}_R(1) = 4 \\ \overline{T}_R(n) = 7n + 4 + \dfrac{1}{n}\sum_{j=1}^{n}\Big(\overline{T}_R(j-1) + \overline{T}_R(n-j)\Big) \quad (n = 2, 3, 4, \cdots) \end{cases}$$

"그러니까 무작위 퀵 정렬의 평균 실행 스텝 수의 오더는 이렇게 되겠지."

$$\overline{T}_R(n) = O(n \log n)$$

"그래. 하지만 의미는 달라." 미르카가 대답했다.

"$\overline{T}_R(n)$은 균등분포를 따르는 입력에 대한 평균이 아니야. 기준점을 무작위로 선택했으니까 실행 스텝 수는 입력에 의존하지 않아. 비록 같은 입력을 하더라도 무작위 퀵 정렬을 실행할 때마다 실행 스텝 수가 바뀔 수 있어. $\overline{T}_R(n)$은 실행 스텝 수의 기댓값인 거지. 크기가 n이면 어떤 입력을 줘도 $\overline{T}_R(n)$의 실행 스텝 수가 되는 걸 기대할 수 있어. 그리고 그 기댓값은 많아야 $n \log n$의 오더야."

■$\overline{T}_Q(n) = O(n \log n)$

퀵 정렬의 경우,

균등분포를 따르는 입력에 대한 평균 실행 스텝 수는

많아야 $n \log n$의 오더가 된다.

■$\overline{T}_R(n) = O(n \log n)$

무작위 퀵 정렬의 경우,

어떤 입력에 대해서도 실행 스텝 수의 기댓값은

많아야 $n \log n$의 오더가 된다.

"기준점을 무작위로 선택해야 전제 조건에서 자유로워질 수 있다니, 정말 신기하네요." 테트라가 말했다.

비교 관찰

미르카가 눈을 감았다. 그리고 그대로 집게손가락으로 공중에 모양을 알 수 없는 도형을 그렸다. 우리는 가만히 그 모습을 바라보았다.

"우리는……." 눈을 뜬 미르카는 천천히 얘기를 시작했다. "퀵 정렬이라는 알고리즘이 기준점에 따른 분할을 반복해서 정렬을 한다고 알고 있어. 분할을 하면 '기준점 미만인 원소'는 왼쪽으로 모이고, '기준점 이상인 원소'는 오른쪽으로 모이지."

"네, '왼쪽 날개'와 '오른쪽 날개'죠!"

"맞아. '두 날개'를 만들 수 있어. 그런데 우리는 분할을 받치는 '원소 비교'를 잘 이해하고 있을까? ……여기서 **퀴즈**!"

수열 '$1, 2, 3, \cdots\cdots, n$'을 무작위 퀵 정렬로 정렬할 때

원소 j와 원소 k는 어떤 때에 비교되는가? (단, $1 \le j < k \le n$)

"음…… 경우에 따라 달라요." 테트라가 바로 말했다.

"경우에 따라 다르다. 빙고!" 미르카가 말했다.

"두 원소 j와 k는…… 비교되지 않기도 하고 여러 번 비교되기도 해요."

"그런가?" 미르카가 장난스럽게 되물었다.

둘의 이야기를 들으면서 나는 생각했다.

무작위 퀵 정렬에서 두 원소 j와 k는 어떤 때에 비교될까……. 물론 한 번도 비교되지 않는 경우는 있다. 예를 들어 '1, 2, 3'을 무작위 퀵 정렬에 입력해서 기준점으로 2가 무작위로 선택됐다고 하자. 분할할 때 '1과 2' 그리고 '2와 3'은 각각 한 번씩 비교된다. 분할이 끝나면 '왼쪽 날개'의 원소는 1만 있고 '오른쪽 날개'의 원소는 3만 있게 되며, 결국 '1과 3'은 비교되지 않는다. 그럼 일반적으로 '1, 2, 3, …, n'에서 j와 k는 어떤 때에 비교될까…….

"분할의 예시를 관찰할게." 미르카가 말했다.

"기준점은 무작위로 선택되니까 날개 안의 원소 순서는 중요하지 않아. 그러니까 날개를 수의 집합으로서 다루자."

◆ ◆ ◆

날개를 수의 집합으로 다루는 예를 들어 보자.

일단 주어진 입력은 아래 8개의 수라고 하자.

$$\{1, 2, 3, 4, 5, 6, 7, 8\}$$

이 가운데 무작위로 5가 기준점으로 선택되면 '두 날개'는 이렇게 돼.

$$\underbrace{\{1, 2, 3, 4\}}_{\text{왼쪽 날개}} \quad \underbrace{5}_{\text{기준점}} \quad \underbrace{\{6, 7, 8\}}_{\text{오른쪽 날개}}$$

이 '두 날개'를 만들기 위해 비교된 원소는 무엇과 무엇인가.

이 질문은 어렵지 않아. '왼쪽 날개'의 원소는 모두 기준점보다 작아. 이건 기준점인 5를 1, 2, 3, 4와 각각 비교했기 때문에 알 수 있지. 그리고 '오른쪽 날개'의 원소는 모두 기준점 이상이고. 이건 기준점인 5와 6, 7, 8을 각각 비교했기 때문이야. 즉 한 번 분할하면 이런 사실을 알 수 있어.

'비교는 기준점과 그 이외의 원소 사이에서 이루어진다.'

한 번 분할하면 기준점을 제외한 원소들끼리는 비교되지 않아.

그리고 양 날개는 각각 재귀적으로 정렬돼. 하지만 지금 분할에 사용한 기준점 5는 아무 날개에도 들어가지 않아. 즉 한 번 기준점으로 뽑힌 원소는 두 번 다시 기준점으로 뽑히지 않아.

비교할 두 원소 중 하나는 반드시 기준점이어야 하고, 한 번 기준점으로 뽑힌 원소는 두 번 다시 뽑히지 않아. 즉 한 번 퀵 정렬을 하면 이렇게 된다는 걸 알 수 있어.

'비교는 두 원소 사이에서 많아야 한 번밖에 이루어지지 않는다.'

원소 j와 원소 k를 비교하는 횟수는 많아야 한 번. 즉 0번 아니면 1번인 거야. 방금 만든 '두 날개'를 더 관찰해 보자.

$$\underbrace{\{1, 2, 3, 4\}}_{\text{왼쪽 날개}} \quad \underbrace{5}_{\text{기준점}} \quad \underbrace{\{6, 7, 8\}}_{\text{오른쪽 날개}}$$

'왼쪽 날개'와 '오른쪽 날개'는 각각 재귀적으로 정렬돼. 그 과정에서 '왼쪽 날개'의 각 원소 1, 2, 3, 4와 '오른쪽 날개'의 각 원소 6, 7, 8 사이에 비교가 이루어질 일은 절대로 없어. 그러니까 이렇게 말할 수 있어.

'양 날개에 걸쳐 이루어지는 비교는 하나도 없다.'

◆ ◆ ◆

"정말, 정말, 정말 그러네요!" 테트라가 말했다.

"그렇구나." 나도 동의했다.

"당연한 건데도 수식으로 풀 때는 생각하지 못했어."

"그러면 비교는 반드시 날개 안에서 이루어지는군요. 날개 안에서 기준점을 고르고, 그 기준점은 날개에 남아 있는 원소와 비교해야 하니까요. 그게 바로 '양 날개에 걸쳐 이루어지는 비교는 없다'라는 거군요."

"바로 그거야. 자, 중요한 건 지금부터야." 미르카가 일어서더니 말했다. "비교에 대해 여기까지 생각했다면, 퀵 정렬에서 다음 물음에 대답할 수 있을 거야."

원소 j와 원소 k는 어떤 경우에 비교되는가?

"j 아니면 k, 둘 중 하나가 기준점이 될 때예요!" 테트라가 말했다.

"틀렸어. 방금 들었던 예시로 생각해야 돼. 분할 첫 번째 기준점은 5이고 분할 두 번째 기준점은 3이라고 치자. 그럼 3과 7은 비교될까? 3은 분할 두 번째 기준점이지만, 그렇다 해도 3과 7이 비교될 일은 없어." 내가 말했다.

"그건 그렇지만…… 첫 분할에서 j와 k가 두 날개로 '각각' 나눠진 상태라면요?"

"원소 j와 원소 k는 어떤 경우에 비교될까?" 미르카가 다시 물었다.

"비교하는 명확한 조건을 묻는 거네." 내가 말했다.

"j와 k가 '각각' 나눠지지 않고…… j와 k 중 하나가 기준점이 될 때라면 어떨까요?"

"그렇다면 말이 돼." 내가 말했다. "$j \leqq \bigcirc \leqq k$라는 범위에서 j 또는 k가 처음에 기준점이 된다. 그때에만 원소 j와 원소 k는 비교돼."

"그런가요? 잘 모르겠어요." 테트라가 말했다.

"어떤 경우에 j와 k가 각각 흩어지는지를 생각하면 돼. j와 k가 양 날개로 각각 흩어지는 경우는 '$j < p < k$'인 원소 p가 존재하고, j나 k보다 p가 먼저 기준점으로 뽑힐 때야. 반면 j와 k가 양 날개로 각각 흩어지지 않는 경우는 이걸 부정해서 생각하면 돼. 그러니까 '$j < p < k$'의 부등식을 만족하고 어떤 원소 p보다 먼저 j나 k가 기준점으로 뽑히면 돼." 내가 말했다.

"그렇군요! 이해했어요! 그러니까 미르카 선배의 퀴즈 '원소 j와 원소 k는 어떤 경우에 비교되는가?'에 대한 질문에 대한 답을 정리하면 이렇군요."

$$j \text{ 이상 } k \text{ 이하인 원소 중에서}$$
$$j \text{ 또는 } k \text{가 처음에 기준점으로 뽑힐 때}$$

"정확히 이해했어." 까만 머리의 천재 소녀는 가볍게 고개를 끄덕였다. "원소 j와 원소 k가 비교되는 경우를 더 깊이 이해하게 됐어. 그래서 비교 횟수가 0번 또는 1번이라는 사실을 확인했어. 그런데 '원소 j와 원소 k의 비교 횟수가 0번 또는 1번이다'라는 말을 들으면 우리는 기분이 좋아질 수밖에 없지."

"왜요?" 테트라가 물었다.

"수를 세는 도구가 떠오르니까."

"인디케이터?" 리사가 말했다.

"인디케이터!" 테트라가 소리를 높였다.

"인디케이터! 0 아니면 1의 값을 취하는 변수야, 확실히." 내가 말했다.

"정확히 말하면 **인디케이터 확률변수**지. 원소 j와 원소 k의 비교 횟수는 시행할 때마다 바뀔 수 있지만, 0이거나 1일 때만 그렇지. 즉 인디케이터 확률변수야. 이걸 $X_{j,k}$로 할게."

$$X_{j,k} = \begin{cases} 1 & \text{원소 } j \text{와 원소 } k \text{가 비교될 때} \\ 0 & \text{원소 } j \text{와 원소 } k \text{가 비교되지 않을 때} \end{cases}$$

"인디케이터 확률변수는⋯⋯ 얼마 전 동전 던지기에서 앞면이 나올 횟수를 셀 때 썼어요."

"맞아. 인디케이터 확률 변수는 수를 세는 편리한 도구야. 여기까지 이해한 걸 바탕으로 우리는 귀납적 식을 풀지 않고 '총 비교 횟수의 기댓값'을 평가할 수 있어. 왜냐하면 총 비교 횟수는 두 원소의 비교 횟수를 모두 합쳐서 나타낼 수 있으니까. 여기서 이런 게 나와야지."

'합의 기댓값은 기댓값의 합'

"기댓값의 선형성." 리사가 말했다.

기댓값의 선형성

미르카의 설명이 이어졌다.

"원소의 총 비교 횟수를 나타내는 확률변수를 X, 원소 j와 원소 k의 비교 횟수를 나타내는 인디케이터 확률변수를 $X_{j,k}$라고 할게. 그러면 X와 $X_{j,k}$의 합으로 분해할 수 있어. $1 \leq j < k \leq n$을 만족하는 모든 j, k 짝꿍에 대한 합이야."

$$X = \sum_{j=1}^{n-1} \sum_{k=j+1}^{n} X_{j,k} \qquad \text{X를 } X_{j,k}\text{의 합으로 표현}$$

$$E[X] = E\left[\sum_{j=1}^{n-1} \sum_{k=j+1}^{n} X_{j,k} \right] \qquad \text{양변의 기댓값을 취함}$$

$$= \sum_{j=1}^{n-1} E\left[\sum_{k=j+1}^{n} X_{j,k} \right] \qquad \text{기댓값의 선형성에서}$$

$$= \sum_{j=1}^{n-1} \sum_{k=j+1}^{n} E[X_{j,k}] \qquad \text{기댓값의 선형성에서}$$

"이렇게 $E[X]$는 $E[X_{j,k}]$의 합으로 나타낼 수 있어. 그러니까 우린 $X_{j,k}$의 기댓값을 알아보면 돼. 여기서 $X_{j,k}$가 인디케이터 확률 변수인 게 중요한 역할을 하지. 그 이유는 '인디케이터 확률변수의 기댓값은 확률과 같다'이기 때문이야."

인디케이터 확률변수의 기댓값은 확률과 같다

인디케이터 확률변수의 기댓값이 확률과 같다는 건 기댓값의 정의를 보면 바로 알 수 있다.

$$E[X_{j,k}] = 0 \cdot Pr(X_{j,k} = 0) + 1 \cdot Pr(X_{j,k} = 1) \qquad \text{기댓값의 정의}$$

$$=Pr(X_{j,k}=1)\qquad\qquad \text{0을 곱한 항은 지워진다}$$

즉 기댓값 $E[X_{j,k}]$는 바로 $X_{j,k}=1$이 될 확률이다. $X_{j,k}$는 원소 j와 원소 k를 비교할지를 나타내는 인디케이터 확률변수이기 때문에 다음 사실을 말할 수 있다.

$$E[X_{j,k}]=(원소\ j와\ 원소\ k를\ 비교할\ 확률)$$

그럼 바로 '원소 j와 원소 k를 비교할 확률'을 구하자. 사실 '원소 j와 원소 k는 어떤 때 비교되는가?'라는 문제의 해답을 생각하면 다음과 같이 바로 구할 수 있다.

(원소 j와 원소 k를 비교할 확률)
$=(j$ 이상 k 이하인 원소 중에서 j 또는 k가 처음에 기준점으로 뽑힐 확률)

즉 j 이상 k 이하라는 $k-j+1$개의 원소에서 j 또는 k가 뽑힐 확률을 구하면 된다. 이건 간단하다.

$$\underbrace{\underset{\textstyle\textcircled{\normalsize j}}{},\ j+1,\ \cdots,\ k-1,\ \textcircled{\normalsize k}}_{k-j+1개}$$

$j,\ j+1,\ \cdots,\ k-1,\ k$라고 적혀 있는, '$k-j+1$ 사각형 룰렛'을 상상하자. 이 룰렛을 한 번 돌렸을 때 j 또는 k가 될 확률은? 대답은 물론 이렇다.

$$\frac{\langle j\ 또는\ k가\ 되는\ 경우의\ 수\rangle}{\langle 모든\ 경우의\ 수\rangle}=\frac{2}{k-j+1}$$

따라서 다음 식이 성립한다.

$$\mathrm{E}[\mathrm{X}_{j,k}]=(\text{원소 } j\text{와 원소 } k\text{를 비교할 확률})=\frac{2}{k-j+1}$$

'합의 기댓값은 기댓값의 합'으로 돌아가자.

$$
\begin{aligned}
\mathrm{E}[\mathrm{X}] &= \sum_{j=1}^{n-1}\sum_{k=j+1}^{n}\mathrm{EX}[\mathrm{X}_{j,k}] \\
&= \sum_{j=1}^{n-1}\sum_{k=j+1}^{n}\frac{2}{k-j+1} \qquad \mathrm{E}[\mathrm{X}_{j,k}]\text{는 확률이 된다} \\
&= 2\sum_{j=1}^{n-1}\sum_{k=j+1}^{n}\frac{1}{k-j+1}
\end{aligned}
$$

k가 $j+1\leq k\leq n$의 범위에서 움직일 때, $k-j+1$은 $2\leq k-j+1\leq n-j+1$의 범위에서 움직이므로 $m=k-j+1$이라고 하면 다음 식을 얻을 수 있다.

$$
\begin{aligned}
\mathrm{E}[\mathrm{X}] &= 2\sum_{j=1}^{n-1}\sum_{m=2}^{n-j+1}\frac{1}{m} \\
&= 2\sum_{j=1}^{n-1}\left(\sum_{m=2}^{n-j+1}\frac{1}{m}-\frac{1}{1}\right) \qquad 1\text{부터 합한 것으로 고침} \\
&= 2\sum_{j=1}^{n-1}(\mathrm{H}_{n-j+1}-1) \qquad \mathrm{H}_n\text{을 사용해서 표현} \\
&= 2\sum_{j=1}^{n-1}\mathrm{H}_{n-j+1}-2\sum_{j=1}^{n-1}1 \\
&= 2\sum_{j=1}^{n-1}\mathrm{H}_{n-j+1}-2(n-1)
\end{aligned}
$$

j가 $1\leq j\leq n-1$의 범위에서 움직일 때, $n-j+1$은 $2\leq n-j+1\leq n$의 범위에서 움직이므로 $l=n-j+1$이라고 하면 다음 식을 얻을 수 있다.

$$
\begin{aligned}
\mathrm{E}[\mathrm{X}] &= 2\sum_{l=2}^{n}\mathrm{H}_l-2(n-1) \\
&= 2(\mathrm{H}_2+\mathrm{H}_3+\cdots+\mathrm{H}_n)-2n+2 \\
&\leq 2\underbrace{(\mathrm{H}_n+\mathrm{H}_n+\cdots+\mathrm{H}_n)}_{n-1\text{개}}-2n+2
\end{aligned}
$$

$$
\begin{aligned}
&= 2(n-1)\mathrm{H}_n - 2n + 2 \\
&= 2n \cdot \mathrm{H}_n - 2\mathrm{H}_n - 2n + 2 \\
&= \mathrm{O}(n \cdot \mathrm{H}_n) \\
&= \mathrm{O}(n \log n)
\end{aligned}
$$

이렇게 무작위 퀵 정렬에서 비교를 관찰하고 '기댓값의 선형성'과 '인디케이터 확률변수의 기댓값은 확률과 같다'를 사용해서 총 비교 횟수의 기댓값의 오더를 평가했다.

$$
\mathrm{E}[\mathrm{X}] = \mathrm{O}(n \log n)
$$

무작위 퀵 정렬의 총 비교 횟수의 기댓값은 많아야 $n \log n$의 오더이다.

5. 패밀리 레스토랑

다양한 무작위 알고리즘

"RANDOM-WALK-3-SAT에 RANDOMIZED-QUICKSORT. 무작위 알고리즘은 그밖에도 있나요?" 테트라가 물었다.

우리는 전철역 앞 패밀리 레스토랑으로 자리를 옮겼다.

"무작위 알고리즘은 무수히 많아." 미르카가 대답했다.

"가장 알기 쉬운 건 **전체를 파악하기 위한 무작위 알고리즘**이야. 전체 그림을 보고 싶은데 너무 커서 파악하기 힘든 경우 랜덤 샘플링을 해. 적은 수고로 조금이라도 전체를 살펴보려는 거지."

"수프를 휘저은 다음 맛을 보는 이치네요."

"**최악의 경우를 회피하기 위한 무작위 알고리즘**도 있어. 무작위 퀵 정렬이 그런 거야. 고정적으로 기준점을 골랐다면 최악의 사태에 빠질지도 모르잖아. 그래서 기준점을 무작위로 뽑는 거지."

"그렇군요."

"다수의 증거를 얻기 위한 무작위 알고리즘이라는 것도 있어. 확률적 소수 판정이 그런 경우인데, 자릿수가 큰 정수를 입력한 다음 그 수가 소수인지 아닌지 판정하는 알고리즘이야. 출력은 '확실히 합성수다' 또는 '아마도 소수다'라는 결과로 나와."

"저…… '아마도'라는 표현은 수학 용어로 적합한 건가요?"

"실패 확률을 제대로 평가하는 게 중요하다고 생각해. 그러니까 단순히 '실패할 때도 있다'가 아니라 실패 확률은 얼마 이하라는 식으로 평가하는 거지." 내가 말했다.

"'아마도 소수다'라는 결과가 나오면 시간이 들긴 하겠지만 엄밀한 소수 테스트를 해도 돼." 미르카가 말했다.

"시간과 엄밀함의 균형을 취하는 거지. 그런 공학적 접근이 나쁠 건 하나도 없어."

"상충 관계." 리사가 말했다.

준비

"학회 준비는 어때?" 내가 테트라에게 물었다.

"아…… 거품 정렬과 퀵 정렬을 소개할 생각이었는데요." 테트라가 말했다. "미르카 선배에게 들은 무작위 알고리즘 이야기도 하고 싶어졌어요."

"뭐야! 또 보태겠다는 거야? 발표 시간이 부족해지잖아."

"시간을 늘리면……?" 테트라는 리사를 보면서 말했다.

"안 돼." 리사는 단호했다.

"안 되는구나……."

"자료를 나눠 주면 돼." 리사가 말했다.

"아, 그러네. 자세한 설명이 필요한 부분이나 식의 변형 같은 부분은 자료로 만들어서 청중에게 나눠 주면 되겠네." 내가 말했다.

"그렇군요! 참석한 청중에게 편지를 쓰는 셈이네요! 그런데 그걸 준비하기가 더 힘들 것 같아요."

"도와줄게." 리사가 말했다.

"테트라는 사람들 앞에서 얘기할 때 별로 긴장하지 않지?" 내가 물었다.

"아니요, 엄청 긴장해요! 하지만 이번에 내 얘기를 듣는 상대는 거의 중학생일 테고 많이 오지도 않을 테니까 그나마 마음이 놓여요."

"강의실은 정해졌어?" 미르카가 리사에게 물었다.

"지금 볼게." 리사는 바로 노트북을 열고 뭔가를 실행했다.

"앗, 그것도 컴퓨터로 확인할 수 있다고?" 테트라가 물었다.

"학회의 모든 정보가 리사를 중심으로 연결되어 있을걸?" 미르카가 말했다.

"아이오딘." 리사가 화면을 보면서 대답했다.

"흠, 강당에서 하는구나." 미르카가 말했다.

"가, 강당?" 테트라가 말했다.

"청중이 많아짐." 리사가 말했다.

6. 나라비쿠라 도서관

아이오딘

학회가 있는 날 아침. 일기예보에서는 날이 맑을 거라고 했는데 이슬비가 내리고 있다.

나와 테트라 그리고 유리가 나라비쿠라 도서관에 도착하자 리사가 우리를 기다리고 있었다.

"이쪽." 리사가 우리를 안내했다.

"완전 멋있는 사서님은 어디 있어요?" 유리가 물었다.

"저기." 리사의 시선을 따라가자 키 큰 남성이 책장을 정리하고 있었다.

"미즈타니 씨." 리사가 말했다.

"뭐?" 나는 깜짝 놀랐다.

"미즈타니라니, 혹시 우리 학교 도서관 미즈타니 선생님의……."

"동생." 리사가 말했다.

"키가 크다. 남자들은 본인의 키가 얼마나 되는지 알아 둘 필요가 있어."
유리는 이렇게 말하면서 자기 이마를 쓸어내렸다.

"그런데 미르카 언니는?" 유리가 물었다.

"말했잖아, 여기 없다고. 내일 귀국한대." 내가 말했다.

"힝!" 유리는 무척 섭섭한 모양이다.

테트라는 내내 말이 없다.

"긴장되니?" 내가 물었다.

"괜찮아요……. 발표할 건 다 써 왔어요." 테트라는 손에 든 종이를 보여
주었다. 하지만 괜찮아 보이지 않는다.

긴장

발표를 할 아이오딘 강당에는 많은 중학생과 고등학생이 참석해 있었다.

"이렇게나 많이……." 테트라가 전체를 둘러보며 말했다.

공간이 대강당 규모는 아니다. 하지만 작은 세미나실 같은 데서 소박하게
발표하는 줄 알았던 테트라에게는 꽤 충격인 모양이다.

중고등학생을 위한 프로그램의 첫 순서는 대학교수의 이산수학 강의이
고, 그다음이 테트라의 발표다. 자기 차례를 기다리는 동안 테트라는 초조한
모습으로 원고를 훑어보고 있었다.

드디어 테트라가 발표할 순간이 오자 스크린에 '무작위 퀵 정렬'이라 쓰
인 화면이 떴다. 테트라가 자리에서 일어나 앞으로 나가다가 단상에서 발을
헛디뎌 앞으로 넘어질 뻔했다. 그 순간 나는 자리에서 벌떡 일어났다. 다행히
테트라는 넘어지지 않고 손에 들려 있던 원고 뭉치를 떨어뜨렸다. 당황해서
종이를 주워 모으는 테트라. 나는 조마조마한 심정으로 지켜보았다.

테트라가 고개 숙여 인사하자 여기저기서 박수 소리가 났다.

"오늘 저는 무작위 퀵 정렬……."

거기서 테트라의 말이 멈췄다. 말문이 막혀 버린 모양이다.

입을 떼어 보려 노력하고 있지만 긴장이 극에 달했는지 굳은 표정으로 아
무 말도 하지 못하고 있다. 청중 사이에서 웅성웅성하는 소리가 나기 시작했

다. 여기저기서 '왜 그러지?'라는 속삭임이 들렸다.

"오빠, 테트라 언니 어떡해." 유리가 속삭였다.

단상에 올라가 도와줄 수도 없는 노릇이라 나도 애가 탔다.

바로 그때 은은한 시트러스 향과 함께 낯익은 목소리가 들렸다.

"테트라가 곤란해하잖아, 리사!"

뒤돌아보니 미르카였다!

"대처하는 중." 리사는 무릎 위에 올려놓은 빨간 노트북을 열면서 대답했다.

리사가 자판을 두드렸다. 그러자 주파수 맞추는 듯한 음향이 크게 울렸다.

리사가 다시 자판을 두드리자 테트라 등뒤의 스크린 화면에 문장이 띄워졌다.

'조용히 해 주시기 바랍니다.'

그러자 웅성거리는 소리가 잦아들고 강당은 조용해졌다.

리사가 다시 자판을 두드리자 스크린은 원래 화면으로 돌아갔다.

"테트라 씨!" 리사가 허스키한 목소리로 불렀다. "시작하세요!"

발표

테트라는 크게 심호흡을 하고 발표를 시작했다.

"실례했습니다. 지금부터 무작위 퀵 정렬에 대한 이야기를 하겠습니다."

차분해진 테트라의 목소리에 나는 안도의 한숨을 내쉬었다.

안정감을 찾은 테트라는 능숙하게 용어 설명을 한 다음 알고리즘의 점근적 해석에 대해 설명했다. 구체적인 사례가 많고 수식은 적다. 설명하는 속도도 적당하다. 중간 중간 핵심 용어를 설명할 때 참석한 학생들의 주의가 집중되는 것을 느낄 수 있었다.

'예시는 이해를 돕는 시금석'

'당연해 보이는 것부터 시작하는 건 좋은 습관'

'변수의 도입에 따른 일반화'

'전제 조건을 명확히 한 정량적 평가'

알고리즘을 실제로 작동시켜 보여 주는 데모 영상도 있었다.

단상에 서 있는 테트라의 얼굴에 점점 미소가 번졌다.

"따라서 '양 날개를 걸쳐 이루어지는 비교는 하나도 없다'는 사실을 알 수 있죠."

테트라가 결론을 말하자 사람들은 크게 고개를 끄덕였다. '아하' 하는 소리도 들렸고, 열심히 메모를 하는 사람도 있었다.

'기댓값의 선형성.'

'합의 기댓값은 기댓값의 합.'

'인디케이터 확률변수의 기댓값은 확률과 같다.'

'인디케이터 확률변수는 세는 도구.'

이제 긴장이 풀린 테트라는 커다란 눈을 반짝이며 이야기를 이어 나갔다. 청중들도 씩씩한 소녀의 발표를 즐기고 있었다.

전하다

이렇게 해서 무작위 퀵 정렬의 설명을 마치겠습니다.

마지막으로…… 제가 느낀 것을 조금만 얘기할게요.

수학은 주어진 문제를 풀기만 하는 것으로 끝나는 게 아닙니다.

모르는 것, 복잡한 것, 알쏭달쏭한 것을 어떻게든 풀어내려는 마음을 갖는 게 중요합니다. 직접 문제를 만들고 머리와 손을 쓰는 게 매우 중요합니다.

그러다 보면…… 가끔 깜짝 놀랄 만남이 찾아오곤 합니다.

저는 질서를 만들어 내는 정렬이라는 알고리즘에서 무작위 선택이 도움이 된다는 걸 상상도 못 해 봤는데, 공부해 보고 나서 정말 놀랐습니다. 그리고 그 놀라움을 여러분에게 전해 드리고 싶었습니다.

오늘 발표를 준비하면서 옛 시대에 활동했던 수학자들과 최근의 수학자들, 학교 선생님, 선배들, 그리고 나라비쿠라의 리사……. 많은 분들에게 도움을 받았습니다. 감사합니다.

아, 제 얘기가 너무 길어졌죠. 죄송합니다.

정말 마지막으로, 제가 좋아하는, 아니 존경하는 선배의 말을 빌려 발표를 마치고자 합니다.

여러분은 라이프니츠를 아시나요? 2진법을 연구한 17세기의 라이프니츠는 21세기의 컴퓨터를 몰랐습니다. 하지만 역사적으로 많은 수학자가 2진법을 연구했고, 그게 현대의 컴퓨터에 적용되었습니다. 지금 라이프니츠는 이세상에 없지만 그의 수학은 시간을 초월해 오늘의 우리에게 전해지고 있습니다.

수학은, 우리들의 수학은 시간을 초월해 살아갑니다.

저는 오늘 보잘 것 없는 발표를 여러분에게 전했습니다.

여러분도 부디 스스로 배운 수학을 주변 사람들에게 전파해 주세요.

수학의 기쁨을, 배우는 기쁨을, 기쁨을 전하는 기쁨을 꼭 전파해 주세요.

'수학은 시간을 초월한다'는 말을 끝으로 제 발표를 마치겠습니다.

들어 주셔서 감사합니다.

◆◆◆

테트라가 단상에 서서 고개 숙여 인사했다.

사람들의 큰 박수가 쏟아졌다.

"아, 맞다. 하나 더."

테트라가 갑자기 양손을 휘저으며 박수 소리를 가라앉혔다.

"피보나치 사인…… 수학 애호가들의 인사를 다 같이 해 볼까요?"

그러더니 테트라는 손가락을 펼쳤다.

$$1, 1, 2, 3$$

앉아 있던 사람들이 모두 손을 들고 대답했다.

$$5\cdots$$

그러자 다시 한번 큰 박수가 쏟아졌다.

테트라는 성공적으로 발표를 끝마쳤다.

옥시젠

"아, 정말 얼마나 긴장했다고요." 테트라가 말했다. "정말 머릿속이 새하얘져서……."

"연습 부족." 리사가 밀크티를 마시며 말했다.

지금은 점심시간, 우리는 나라비쿠라 도서관 3층에 있는 카페 레스토랑 옥시젠에 모여 있다. 비가 그치고 푸른 하늘이 펼쳐져 있다.

"잘 극복했어." 미르카가 말했다.

"피보나치 사인까지 하고 말이야." 내가 말했다.

"아! 정말 긴장했어요. 오후 시간에는 편히 쉬고 싶어요. 그런데 재미있어 보이는 프로그램이 있네요." 테트라가 팸플릿을 보며 말했다.

"중학생을 위한 프로그램도 몇 개 있는데……." 유리가 안절부절못하는 시선으로 주변을 두리번거리며 말했다.

우리가 식사를 하고 있는 동안 몇몇 사람들이 찾아와 테트라에게 말을 걸었다. 일본 학생들뿐만 아니라 중국 청년, 스웨덴 소녀도 찾아왔다. 그들 손에는 테트라가 나눠 준 자료가 쥐어져 있었다. 수학은 시간만 초월하는 게 아니라 국경도 초월하는 모양이다.

금발에 푸른 눈을 지닌 인형처럼 예쁜 소녀의 등장에 나는 넋을 잃고 말았다. 그 소녀는 테트라에게 영어로 말을 걸었고, 테트라는 정확하게 영어로 대답했다.

"테트라, 대단하다." 금발의 소녀가 돌아간 뒤 내가 말했다.

"영어로 수학에 대해 말하려니까 어렵네요." 테트라가 얼굴을 붉히며 대답했다.

"미르카 선배, 방금 전에 와서 외국인 친구가 말한 'probabilistic analysis of algorithms(알고리즘의 확률적 해석)'이랑 'analysis of randomized algorithms(무작위 알고리즘의 해석)'의 차이가 뭐예요?"

"예를 들어서 입력의 확률분포를 가정해서 알고리즘의 실행 시간을 논하는 건 '알고리즘의 확률적 해석'이라고 할 수 있어. 그와 반대로 '무작위 알고리즘의 해석'에서는 입력의 확률분포를 가정할 필요가 없을 때가 있어. 테트라가 발표한 무작위 퀵 정렬이 그런 경우지."

잇다

"그러고 보니 아이오딘은 무슨 뜻이지?" 내가 물었다.

"그러니까…… 또 하나의 아이(I)예요." 테트라가 미소 지었다.

"또 하나의 아이?"

"아이오딘(Iodine)이란 요오드를 말하죠. 원소 기호는 'I'이고."

"아, 그 말이구나."

테트라의 표정이 갑자기 진지해졌다.

"미르카 선배는 세상에서 시간을 초월하여 마음을 전달하는 방법은 '논문'이라고 했잖아요. 그런데 저는 다른 방법도 있다고 생각해요. 예를 들자면 교육이죠. 남을 가르친다는 것은 한 사람의 생각이 다른 사람에게 전해지는 거니까. 그렇게 전달하는 방법도 좋을 것 같아요."

"흠……." 미르카가 팔짱을 꼈다.

옆에서 유리가 한숨을 내쉬었다.

"유리야, 기운이 없어 보이네?"

"남에게 생각을 전하는 게 가능할까?" 어깨가 축 처진 채 유리가 말했다. "멀리 떨어져 있는 사람과 마음을 연결한다는 게……."

"가능해." 테트라가 말했다. "거리는 문제가 아니야. 말에는 힘이 있으니까."

유리가 고개를 들어 주변을 둘러봤다. 그때 누군가가 유리의 이름을 불렀다.

중학생으로 보이는 한 남자애가 다른 테이블에서 이쪽을 보며 손을 흔들고 있었다.

"뭐야, 왔으면 왔다고 말을 하지." 유리는 투덜대면서 일어나더니 소년이 있는 테이블로 달려갔다.

"이마 뽀뽀했던 상대잖아요." 테트라가 작은 소리로 말했다.

"이마 뽀뽀?"

뜰

옥시젠에서 식사를 하고 난 뒤 나는 미르카와 함께 정원으로 나갔다.

비가 막 그쳐서 공기가 촉촉하다.

"누가 보면 유리 부모인 줄 알겠다." 미르카가 말했다.

"언제 돌아온 거야?"

"하루 일찍 왔어." 미르카는 대답하더니 내 손을 꽉 잡았다.

"왜 이렇게 차가워." 미르카가 얼굴을 찌푸리며 말했다.

"아……." 이럴 때 무슨 말을 해야 할까.

"난…… 괜찮은데?"

"네 손이 차갑다는 말이야."

"아…… 난 아직 아무 약속도 할 수 없지만, 언젠가 미르카에게 의지가 되어……." 머리가 어지럽다. 내가 무슨 말을 하고 있는 건지…….

"넌 아무것도 몰라." 한숨 섞인 말투로 미르카가 말했다. "너의 존재는……."

"존재?"

"아무것도 아니야." 미르카는 얼버무리며 나의 눈을 피했다.

"언젠가 꼭 약속할게. 그건 약속해." 내가 말했다.

"메타 약속이야? 그럼 그 약속 미리 해 줘."

"미리?"

"전화가 아니라……."

미르카는 그렇게 말하며 내 앞으로 다가왔다. 나는 한 걸음 뒤로 물러났다.

"편지도 아니고…… 있잖아, 바로 옆에 있다는 것의 의미는?"

"옆에 있는 것?"

미르카는 내 손을 잡아당기며 한 걸음 더 다가왔다.

"모르겠어?"

"아……." 나는 우물거렸다.

"바로 알 수 있어." 미르카는 그렇게 말하더니 얼굴을 가까이 댔다.

바로 옆에는 미르카. 금속 테 안경. 옅은 푸른색이 비치는 렌즈. 그리고 그 안의 고요한 눈동자.

"그래, 1분도 안 걸려."

약속의 증표

2분 후, 테트라가 정원으로 나왔다.

"여기 계셨네요. 와, 무지개 예쁘다!"

비가 갠 후 파랗게 변한 하늘에는 커다란 무지개가 떠 있었다.

"오후 프로그램 시작해요!"

나는 나라비쿠라 도서관으로 향하려다가 뒤돌아서 다시 한번 선명한 무지개를 올려다봤다.

'무지개는 약속의 증표잖아요.'

하늘에 걸린 무지개다리는 확실히 커다란 약속의 증표로 보였다.

이제 곧 장마가 걷힌다.

그리고…… 더운 여름이 온다.

탄생하고 이미 30년 이상 지난
무작위 알고리즘의 개념은
알고리즘 이론 분야에서는 완전히 시민권을 얻었다.
오늘날 알고리즘이라고 하면 무작위 알고리즘을 포함한다는
생각이 일반적이다.
그러나 실용 알고리즘 세계에서 무작위 알고리즘의 효과와 가치가
충분히 인식되어 있다고 말하기는 어렵다.
_다마키 히사오, 『무작위 알고리즘』

"선생님!" 소녀가 교무실로 뛰어 들어왔다.

"뭐야?" 서류에서 눈을 떼고 고개를 들었다.

"오늘은 제가 문제 낼게요!"

판매소 A와 판매소 B 두 군데에서 복권을 팔고 있다.

'판매소 A보다 판매소 B에서 당첨이 나올 확률이 높다'라는 소문에 대해 생각해 보라.

"수학적으로는 난센스." 난 이런 함정에 속지 않는다.

"그런데 이 소문은 사실이었어요!" 소녀는 킁킁 웃었다.

"말도 안 돼. 속임수가 있었던 거 아니야?"

"헤헤, 아니에요. 사실 판매소 A보다 판매소 B의 판매량이 많았어요! 애초에 더 많이 팔리면 그 판매소에서 당첨이 나올 확률은 높아져요, 선생님."

"그렇다고 복권 하나하나가 당첨될 확률이 높아지는 건 아니잖아."

"게다가 그 소문을 들은 사람들이 판매소 B로 몰리는 바람에 판매소 B에서 당첨이 나올 확률이 높아졌다는 결말이 나와 있어요."

"야, 야……."

"가끔은 이런 트릭도 괜찮죠?" 소녀는 한 번 더 큭큭 하고 웃었다. "그러니까 선생님, 새 카드 주세요."

"그럼 이거."

"뭐야, 뭐야……."

'난수표에서 하나의 수를 바꾼 경우 난수표라 할 수 있는가?'

"이게 뭐예요?"

"난수표 알아?"

```
8 0 0 5 8 9 6 7 7 0 2 9 7 5 9 6 8 5 1 4
5 8 2 7 7 2 1 7 6 6 0 8 1 5 6 2 2 3 6 1
5 2 8 9 9 2 0 7 5 0 1 0 1 6 8 9 8 9 6 7
3 5 1 9 4 6 2 9 8 9 7 7 1 1 3 6 3 9 2 2
9 4 8 6 5 8 4 7 5 4 5 1 5 7 9 4 4 1 9 9
4 0 4 9 7 3 5 0 1 3 8 2 6 2 0 3 8 7 7 5
3 5 6 3 1 3 4 8 7 2 2 0 3 8 5 5 1 8 4 8
2 9 3 8 4 5 9 0 7 6 0 2 9 5 4 6 0 6 4 0
1 8 7 0 5 6 1 4 7 2 6 6 1 5 9 3 1 8 0 2
5 8 7 1 0 3 5 8 4 6 6 1 6 1 9 5 6 7 …
```

"당연히 알죠. 난수표란 무작위로 수를 나열해서 만든 표잖아요. 무작위로 수를 나열했으니까 하나쯤 바꿔도 난수표라고 할 수 있지 않을까요?"

"난수표의 수를 하나 바꿔도 난수표다?"

"그렇죠."

"그렇다면 수를 하나 바꿔서 생긴 난수표의 수를 하나 더 바꿔도 난수표가 되겠네?"

"음……." 소녀는 당황했다.

"수를 몇 개 바꿔도 난수표가 된다는 거지? 그렇다면 임의의 수표는 난수표라고 부를 수 있겠네?"

"으으……." 소녀는 앓는 소리를 내며 생각에 잠겼다.

"집에 가서 천천히 생각해 봐. 이제 비도 그쳤으니."

"선생님, 난수는 그렇다 치고요. 수업 시간에 선생님이 자주 하시는 말 있잖아요. '예시는 이해의 시금석'이라고."

소녀는 카드를 손가락으로 만지작거리며 말했다.

"그렇지. 시금석(touchstone)이란 원래 귀금속 감정에 쓰는 검은 돌이야. 시금석은 평가한다는 걸 비유해서 말하는 거야. 테스트라 할 수 있지. '예시는 이해의 시금석'이라는 건, '구체적인 예시를 제시하라. 정말 이해하는지 그걸로 테스트하겠다'는 뜻이야."

"그런데 저한테 진정한 테스트란 어떤 걸까요?"

"진정한 테스트?"

"'이 단계를 통과하면 이제 당신은 좋아질 것입니다.' 이런 테스트요. 대학 입시는 제가 앞으로 제대로 살아갈 수 있다는 걸 시험하는 진정한 시금석이라 할 수 있나요?"

"입시는 그야말로 대학에 들어가기 위한 선발 시험일 뿐이야."

"저는 제대로 살아갈 수 있을까요?" 소녀는 심각한 표정을 지었다.

제대로 대답해 주고 싶지만, 교사가 해 줄 수 있는 말은 별로 없다. 17세의 '문제'에 대한 '해답'은 본인이 찾을 수밖에.

"선생님도 고등학생 때 그런 생각을 했어."

"정말요?"

"응, 똑같아."

"그럼 나이가 들면 살기가 더 쉬워질까요?"

"이봐, 늙은이 취급은 거절이야."

소녀는 혼잣말처럼 말을 꺼냈다.

"사실 이 세상에 태어나서 제가 가진 시간을 어떻게 써야 할지 고민이에요. 전 대체 뭘 해야 할까요? 수학을 좋아하고 입시 공부도 열심히 할 생각이에요. 그런데 대학 입시가 끝난 뒤에 어떤 길이 있는지 아무도 가르쳐 주지 않아요. 책을 읽고 생각하고 배우면 배울수록 제가 아무것도 모른다는 사실만 깨닫게 될 뿐……. 선생님, 혹시 좋은 대학교에 들어가면, 좋은 회사에 들어가면, 훌륭한 일을 하면, 멋진 남성을 만난다면, 그러면 제 고민도 사라질까요?"

"글쎄."

"선생님은 수학 교사가 된 것에 만족하세요?"

"그렇지. 난 가르치는 것도 좋아하고 수학도 좋아해. 특히 학생들과 수학 '대화'를 하는 걸 좋아해. 진지한 질문과 진지한 대답을. 사람들은 수백 년, 수천 년이나 수학에 힘을 쏟고 가르쳐 왔어. 이제 그 이유를 조금은 알 것 같아."

"오……."

"수학은…… 시간을 초월하니까."

"시간을 초월? 그럼 우리는 '영원'과 닿아 있는 거네요, 선생님."

"바로 그거야. 영원과 닿아 있지. 현재를 통해 영원과 닿아 있어."

"그렇군요! 지금밖에 없군요! 조금 힘이 났어요!"

"나도."

"아하, 처음 들었어요. 선생님이 '나'라고 하는 거."

"아, 그랬나?"

"또 올게요, 선생님."

"그래."

소녀는 교무실에서 나가려다 다시 돌아왔다.

"선생님, 다른 답 발견!"

"무슨 소리야?"

"방금 했던 난수표 얘기요. 난수표의 수를 하나 바꿔도 난수표인가."

"응? ……다른 답?"

"이런 대답은 어때요? '애초에 난수표란 존재하지 않는다.'"

"흠!"

"아니면…… '난수표인가, 아닌가'라는 양자택일 문제 자체가 틀린 것일 수도 있어요. '어느 정도의 난수표인가'라는 무작위 정도를 평가해야 하지 않을까요?"

"하!"

"뭐, 오늘의 대화는 이런 정도로 끝내죠. 감사합니다!"

소녀는 씩씩하게 손가락을 까딱까딱 흔들고 교무실을 나갔다.

창문으로 밖을 내다봤다.

교문을 나가는 소녀가 보인다.

이쪽을 보며 손을 흔드는 소녀.

나도 창가에서 천천히 손을 흔들었다.

두뇌 회전이 참 빠른 아이다.

소녀의 배움…… 앞으로 나아가는 걸음이 꿈과 희망으로 넘쳐흐르길 바란다.

문득 위를 쳐다봤다.

비가 갠 말갛게 푸르디푸른 하늘……

약속의 무지개.

> 많은 응용에서 무작위 알고리즘은
> 얻을 수 있는 가장 단순한 알고리즘인가?
> 가장 빠른 알고리즘인가?
> 아니면 둘 다인가?
> _*"Randomized Algorithms"*

감추려 해도 채 감추지 못하고
드러나는 것이 글쓰기다.
_고다 아야, 『감싸다』

『미르카, 수학에 빠지다』 제4권의 등장인물은 '나', 미르카, 테트라, 이종사촌 유리, 그리고 허스키한 목소리의 리사, 이렇게 다섯 명입니다. 이 소년 소녀들은 여느 때처럼 수학을 통해 자신들만의 청춘 이야기를 펼쳐 갑니다.

이번 책은 필자가 이들 청소년들의 활동을 기술하는 방식으로 이끌어 갔습니다. 어려운 수학 문제가 주어지고 각기 자신만의 접근법으로 도전하는 모습을 볼 수 있지요. 해답에 이를 때도 있지만 중간에 막혀 고민하고 좌절하는 경우가 더 많습니다. 그러면서 숨이 막힐 만큼 새로운 발견에 이르는, 그야말로 무슨 일이 일어날지 모르는 나날들을 맞이하게 됩니다. 필자 자신도 그들의 발견에 놀라고 감탄하기 일쑤였습니다.

이 책을 읽는 독자 여러분들도 이러한 앎의 기쁨을 느낄 수 있으면 좋겠습니다.

배움의 즐거움을 가르쳐 주신 아버지께 이 책을 바칩니다.
수학 걸 시리즈를 응원해 주시는 모든 분들께 감사의 인사를 드립니다.
여러분의 격려는 둘도 없이 소중한 보물입니다.
또 언제, 어딘가에서 다시 만나길 기원합니다.

예기치 못한 사건이 일어나는 하루하루에서 경이로움과 감사를 느끼며
유키 히로시

수학 걸 웹사이트 www.hyuki.com/girl

입학식이 끝나고 교실로 가는 시간이다. 나는 놀림감이 될 만한 자기소개를 하고 싶지 않아 학교 뒤쪽 벚나무길로 들어선다. "제가 좋아하는 과목은 수학입니다. 취미는 수식 전개입니다."라고 소개할 수는 없지 않은가? 거기서 '나'는 미르카를 만난다. 이 책의 주요 흐름은 나와 미르카가 무라키 선생님이 내주는 카드를 둘러싸고 벌이는 추리다.

무라키 선생님이 주는 카드에는 식이 하나 있다. 그 식을 출발점으로 삼아 문제를 만들고 자유롭게 생각해 보는 일은 막막함에서 출발한다. 학교가 끝나고 도서관에서, 모두가 잠든 밤에는 집에서, 그 식을 찬찬히 뜯어보고 이리저리 돌려보고 꼼꼼히 따져 보다가 아주 조그만 틈을 발견한다. 그 틈을 비집고 들어가 카드에 적힌 식의 의미를 파악하고 정체를 벗겨 내는 일, 위엄을 갖고 향기를 발산하며 감동적일 정도로 단순하게 만드는 일. 그 추리를 완성하는 것이 '나'와 미르카가 하는 일이다. 카드에는 나열된 수의 특성을 찾거나 홀짝을 이용해서 수의 성질을 추측하는 나름 쉬운 것이 담긴 때도 있지만 대수적 구조인 군, 환, 체의 발견으로 이끄는 것이나 페르마의 정리의 증명으로 이끄는 묵직한 것도 있다.

빼어난 실력을 갖춘 미르카가 간결하고 아름다운 사고의 전개를 보여 준다면 후배인 테트라와 중학생인 유리는 수학을 어려워하는 독자를 대변하는 등장인물이다. 테트라와 유리가 깨닫는 과정을 따라가다 보면 '아하!' 하며 무릎을 치게 된다. 그동안 의미를 명확하게 알지 못한 채 흘려보냈던 식의 의미가 명료해지는 순간이다. 망원경의 초점 조절 장치를 돌리다가 초점이 딱 맞게 되는 순간과 같은 쾌감이 온다. 그래서 이 책은 수학을 좋아하고 즐기는 사람에게도 권하지만, 수학을 어려워했던, 수학이라면 고개를 절레절레 흔들었던 사람에게도 권하고 싶다. 누구에게나 '수학이 이런 거였어?' 하는 기억이 한 번쯤은 있어도 좋지 않은가? 더구나 10년도 더 전에 한 권만 소개되었던 책이 6권 전권으로 출간된다니 천천히 아껴 가면서 즐겨보기를 권한다.

남호영

미르카, 수학에 빠지다 ④
선택과 무작위 알고리즘

초판 1쇄 인쇄일 2022년 5월 25일
초판 1쇄 발행일 2022년 6월 3일

지은이   유키 히로시
옮긴이   김소영
펴낸이   강병철

펴낸곳   이지북
출판등록   1997년 11월 15일 제105-09-06199호
주소   04047 서울시 마포구 양화로6길 49
전화   편집부 (02)324-2347, 경영지원부 (02)325-6047
팩스   편집부 (02)324-2348, 경영지원부 (02)2648-1311
이메일   ezbook@jamobook.com

ISBN 978-89-5707-236-3 (04410)
     978-89-5707-224-0 (세트)